2018년도 대한민국학술원 선정
우수학술도서
수학적 접근방법에 의한
개정판
전략적 국방분석
강정흥 지음
KYOWOO

머리말

국방전력의 모델링과 시뮬레이션(M&S)은 앞으로 군에서 주요 연구 및 적용에 이르기까지 관심의 대상이 될 것이다. 따라서 정예장교를 육성하는 초급장교 양성기관에서부터 전투 모델링과 실제 전투에 대비하는 운용능력을 갖추어야 된다고 생각한다. 부여된 임무나 작전을 준비하는데 있어 계획한 작전을 사전에 시뮬레이션해보고 나타난 결과들을 더욱 보완 발전시켜 아군의 인적 물적 피해를 최소화시키면서 성공적으로 작전임무를 수행할 수 있도록 최상의 계획을 수립해야 된다. 특히 워게임을 전담하는 전문가들은 지휘관에서 적절한 참모판단을 할 수 있도록 M&S의 이론적인 내용을 충분히 잘 알고 있어야한다.

개정된 주요 내용은 기존의 내용과 더불어 미분방정식을 이수하지 않은 독자들을 위해 전투 모델링에 필요한 1계 선형 미분방정식과 연립미분방정식의 주요 부분을 추가하여 이해를 돕고자 하였다. 특히 전투 모델링 부분에 리만 적분관련 시뮬레이션 예제를 추가하였고, 확률형 전투 모델링에 대한 부분을 보완하였다. 수학적 배경 지식이 되는 제1장은 필요에 의해 수업 시 활용하면 되고, 표적탐지와 획득, 란체스터 미분방정식형 전투모델이론과 더불어 확률형 전투 모델이론, 제병과 협동 전투모델까지 확장하여 설명하고 있다. 또한 미국의 미사일 방어시스템을 조명하여 향후 전략적 탄도 미사일 방어에 대한 기본 개념을 확률적으로 분석할 수 있도록 소개하였다.

이 저서를 집필하고 개정하는데 어려움은 국내에서 이 분야에 전문적으로 연구하는 기관이나 전문가가 제한되고 참고문헌도 거의 찾아볼 수가 없었다. 수학적 방법에 의한 국방전력의 모델링 및 시뮬레이션에 대한 연구서가 부족하여 미국 해군대학원과 미국 운영분석학회에서 연구된 일부 자료들을 참고하였다. 특히 J.S. Przemieniecki 저술한 『Mathematical Methods in Defense analysis』에서 학부과정에서 다룰 수 있는 내용을 일부 발췌하여 참고하였고, 또한 2015년도에 화랑대 연구소에서 지원 받아 저술한 군사연구총서 『수학적 국방 전력 M & S』를 기준으로 교재로 다룰 수 있도록 연습문제를 보완하고, 좀 더 쉽게 이해할 수 있도록 재구성하였다.

어느 정도 수학적 지식을 갖춘 독자나 게이머들에게 그들이 운용하는 워게임을 이해하고 연구하는데 참고가 될 수 있도록 설계되었으며, 군 관련자들에게 모델링과 시뮬레이션(M&S)에 보다 많은 영감과 관심이 쏟아지길 바라며, 이러한 M&S에 이론적 지식과 능력을 갖춘 지휘관 및 전문가가 되는데 기여할 수 있길 바랍니다.

끝으로 이 개정판을 출판할 수 있도록 도움을 준 동료 교수 및 출판을 담당해 주신 교우사 사장님을 비롯한 편집부 모든 분들께 진심으로 감사드린다.

저자 씀.

차례

Chapter 3. 란체스터 확정형 전투모델

Chapter 4. 확률형 전투모델 이론

Chapter 5. 제병과 협동 대부대 전투모델

Chapter 6. 전략적 방어 모델

Chapter 7. 전구미사일 방어체계

모델링, 최적화 및 미분방정식

Chapter 1

모든 국가는 자국의 안전보장을 위해 군을 보유하고, 이를 유지하기 위해 적정 수준의 국방비를 지출하고 있다. 따라서 군은 미래의 군사적 위협에 대비해 가용전투력을 기반으로 최적의 작전계획을 수립하고, 실제 전장상황에서 최대의 전투력을 발휘할 수 있는지 모의분석과 이에 따른 상황조치 훈련을 실시하고 있다. 군사적 실병력 기동훈련이 제한되기 때문에 가상 모의 전투 모델링과 시뮬레이션을 통해 최적의 전략수립 및 검증을 위한 수학적 분석방법이 미래전 연구에서 중요하게 대두되고 있다. 따라서 군 지휘관도 이제는 M&S(모델링과 시뮬레이션)에 기반을 둔 합리적 의사 결정에 의한 작전계획을 결심할 수 있는 능력이 요구되고 있다. M&S를 포함한 이러한 과학적 분석방법은 실제 전투 상황에서 부대배치와 최상의 전략, 전술을 수립하는데 필요한 또 다른 방책을 찾는데 합리적 접근 방법을 제공해 줄 것이다.

이 장에서는 모델링과 최적화에 의한 전략적 국방분석 과목 이수에 필요한 선형계획법, 게임이론, 비선형계획법, 미분방정식을 중심으로 증명과정은 생략하지만 수학적 기본 이론들을 두루 살펴보겠다. 물론 가장 많은 수학적 기본지식은 확률론과 미분방정식이지만 이는 기초 선수과목에서 이수한 것으로 간주하고 좀 더 상위과목으로서 수학적 모델링의 간단한 결과에 접목하여 응용할 수 있도록 구성하였다.

1.1 모델링과 시뮬레이션

모델링과 시뮬레이션(M&S : Modeling & Simulation)[1]이란 말 그대로 모델링과 시뮬레이션의 합성어로써 국방분야에서 수행되는 연습, 훈련, 작전계획, 전력분석, 모의 전투실험 등 다양한 모의기법을 이용하여 과학적으로 분석하고 지원하는 도구 및 수단을 총칭하는 것이라 할 수 있다.

모델링이란 모의하고자하는 실 체계, 과정 또는 현상 등 관심분야의 주 속성을 유지하고, 기타 분야의 속성은 추상화 과정을 통해 생략하거나 단순화하여 모의가 용이하도록 논리적 모델을 만드는 과정이라 말할 수 있다. 반면 모델링과정에서 구현된 모델을 활용하여 실 체계, 과정 또는 현상 등을 이해하거나 다양한 요소를 평가할 목적으로 시간의 연속적 흐름 선상에서 반복적으로 모의를 실시하는 과정을 시뮬레이션이라고 정의할 수 있다. 특히 연습·훈련, 분석, 획득, 합동·전투실험 분야에서 활용되는 모델 및 체계 등의 응용체계와 제 분야의 운영 및 관리에 필요한 기반환경 등을 총 망라하는 체계를 국방 M&S 체계라 할 수 있다.

모델은 시뮬레이션 대상체계의 성질 또는 특성을 표현하는 방법에 따라 수학적 모델, 물리모델, 과정모델로 분류된다.

- **수학적 모델**(Mathematical Model) : 모의대상체계의 성질을 수학적인 기호와 관계성으로 표현하는 기호 모델로서 절차와 수학 방정식을 포함하며 주로 무기체계의 손실평가 모델, 기동평가 모델 등이 있다.
- **물리모델**(Physical Model) : 모의대상체계의 물리적 특성을 유사하게 모방하여 만든 모델로 차량 시뮬레이터 등에 사용되는 차량 동역학 모델을 들 수 있다.
- **과정모델**(Process Model) : 모의대상체계에 의해 수행되는 행위의 과정을 모델화한 것으로 논리적 프로세스에 의해 표현된 동적인 관계성을 표현하는 것으로 항공기 이착륙절차 모델을 들 수 있다.

한편, 시뮬레이션은 모의 방식에 따라 실 기동모델, 가상모의체계, 워게임체계로 분류하고 있으며 세부적으로 다음과 같이 정의 할 수 있다.

---

1) 국방 워게임 모델 목록집(2016, 합동참모부 발행).

- 실 기동모의(Live Simulation) : 모의대상체계를 구성하는 인원과 장비 모두가 실제 운용되는 모의 유형으로 사격훈련장, 과학화훈련장, 야외기동훈련 등이 있다.
- 가상모의체계(Virtual Simulation) : 모의대상체계를 구성하는 인원과 장비 중 인원은 실제 운용되고, 장비는 가상으로 운용되는 모의유형으로 각종 시뮬레이터들을 들 수 있다.
- 워게임체계(Constructive Simulation) : 모의대상체계의 인원과 장비 모두를 가상 모의하는 유형으로 창조 21을 포함한 지휘관/참모연습모델을 들 수 있다.

비록 국방 워게임 모델 목록집에서 이렇게 세부적으로 분류하고 있지만 이는 운영자 입장에서 설명하는 것이고 전문적 분석가들이 전략적 국가방위 계획수립 등 연구에 필요한 전투 모델링, 표적탐지, 전략적 미사일 방어 등에서 사용되는 각종 시뮬레이터들을 이용하여 M&S를 구현하는 학문적 배경을 수학적 이론에 근거하여 기술하고자한다.

1.2 수학적 모델링(Mathematical Modeling)

이 절에서 주로 다루고자하는 모델은 실세계를 표현하기 위해 추상적인 기호나 물리량들을 사용하는 기호모델(Symbolic Model)로서 이 모델은 다시 묘사모델(descriptive model)과 수학적 모델(mathematical model)로 분류한다. 묘사모델은 일반적인 차트에서 볼 수 있는 그림이나 도식, 문구들을 말한다. 반면 수학적 모델은 논리적 양적 관계에 의한 실상을 나타내는 것이다. 이는 다시 세부적으로 분석모델(analytic model)과 시뮬레이션 모델(simulation model)로 분류할 수 있는데, 분석모델은 실세계를 나타내는 정확한 수량을 나타내는 반면 불확실성과 위험성을 포함하고 있는 매우 복잡한 문제에 대한 해법을 구하기 위해 접근하는 모델들의 나열이라 볼 수 있다. 다시 이 시뮬레이션 모델은 확정형 모델(deterministic model)과 확률형 모델(probabilistic model)로 나뉜다. 확정형 모델의 예로는 앞으로 다루게 될 란체스터 미분방정식형 전투모델을 들 수 있고, 확률형 모델로는 확률형 전투모델을 들 수 있다.

실세계를 모의하는데 있어, 국방모델은 진행 과정과 사건들에 대한 완벽한 수학적 구현으로부터 워게임과 기동훈련에서 나올 수 있는 병사들의 전술적 행위와 지휘관의 의사결정과정에 이르기까지 추상화할 수 있는 모든 스펙트럼들을 포함해야한다. 이런 스펙트럼을 나타내는 예들은 수학적 분석, 컴퓨터 시뮬레이션, 상호 컴퓨터 교전게임, 컴퓨터 기반 워게임, 군사훈련과 기동훈련을 들 수 있다.

실제 상황과 동일하게 모의하기 위해서 전투 상황 하에서 고려해야하는 무기효과, 병력의 전술적 행위, 지휘 및 통솔 등에 의해 결정되는 물리적 과정들을 구체적이고 논리적으로 구성해야한다. 무기효과는 결과에 심대하게 영향을 주는 소모율 계수에 의해 단순하게 묘사되었다. 이런 비율들의 실질적 평가는 특정한 실세계가 어떤 특정한 값으로 대응되도록 해야 한다. 과거에는 전투 모델링에서 소모율 계수는 비교적 쉽게 이해했고, 모델링 연구에서 보다 많은 관심을 집중하였다. 반면에 전투 모델링에서 두 가지 중요한 요소로 사람의 행위(병력의 전술적 행위)와 지휘 결심을 모델링하기는 무척 어려웠으나 요즘 들어 비교적 많은 연구 관심의 대상이 되고 있다. 특히 병력의 전술적 행동 및 기타 행동에 대한 표출 결과를 예측하기는 무척 어렵다. 이런 어려움을 단적으로 표현해준 워게임의 가치를 본더(Bonder)의 말에서 다음과 같이 쉽게 요약할 수 있다

"게임은 지휘관과 그 참모들로 구성된 하나의 부대 병력들이 실제 야외 기동훈련을 대체하여 가상훈련으로 줄여주는 모델이다. 결심권자(지휘관과 참모 또는 전투병)에 의해 결정되기 때문에 만약 다른 결심을 하였다면 그에 따르는 최고의 결론을 예측하는 것은 어떠한 면에서 가능하다. 그러나 작전시간이 아주 길수록 실제 진행과정에서 나타날 수 있는 하나 이상의 실제 상황은 예측한 상황과 다를 수도 있다. 내가 보는 관점에서 모델링의 이러한 형태는 작전계획을 수립하고 실행하는 과정에서 나타나는 우발 상황에 대응하는 상황조치 전체를 광범위하게 적용할 수 있도록 시스템을 분석하고 구축하기는 그리 쉬운 메카니즘이 아니다. 그러나 작전 경험은 미래 시스템에서 풀어야 될 과제들을 발굴하고 이해함으로써 의사결정자들을 훈련시키는 실행 가능한 메카니즘을 구축하고 계속적으로 개선되는 것을 보여준다."

시뮬레이션 모델은 군사작전에서 발생하는 물리적 사건들의 실제 순서를 수학적으로 상세하게 묘사하여 나타내는데 이용된다. 그러므로 시뮬레이션 과정에서 나타나는 변수들 사이의 다양한 상호관계는 설정되는 시간의 변화에 따라 적용하는 것이 적절하다. 이런 변수들 사이의 관계들 중 많은 것들은 확실성에 기반을 둔 것으로 알려졌지만 반면

다른 것들은 본질적으로 확률적이다.

모델링에서 기본적인 개념은 전투교전, 전선으로의 군수보급 같은 과정 중에 발생하는 특정한 상황을 묘사하는 상황 변수이다. 일반적으로 이러한 변수들은 시간 t에서 가용자원의 수준을 나타낸다. 앞으로 4장에서 나오는 확률형 전투모델에서 시간 t에서 X군의 병력 x와 Y군의 전투력 y를 나타내는 $P(x,y,t)$가 소개될 것이다. 다음 두 가지 간단한 예제에서 이런 상황 변수가 어떻게 연결되는지 설명하겠다.

[예제 1.1(전투 임무)]

아래 그림 1.1은 전투임무에서 전차 또는 전차 편대에 대한 6가지 가능한 상황을 나타낸 상황변수 시스템이다. 6가지 상황은 1) 손상되지 않은 기지내의 전차, 2) 전투임무 수행중인 손상되지 않은 전차, 3) 파괴된 전차, 4) 기지로 귀환해야 되는 손상된 전차, 5) 기지내의 손상된 전차, 6) 수리중인 전차이다. 화살표는 한 상황에서 다른 상황으로의 전환을 의미한다. 1)번과 2)번 상황은 상호 전환이 가능한 상황이고 나머지는 오직 한쪽 방향으로만 전환이 가능하다.

그림 1.1에서 주어진 상황에 대하여 i번째 상황 변수를 y_i로 나타내고 i와 j사이의 변환 비율을 x_{ij}로 나타내면 이 전투임무에서 주어진 6개의 상황변수들 사이에는 다음과 같은 방정식을 유도할 수 있다.

$$y_1{}' = x_{21}{}' - x_{12}{}' + x_{61}{}'$$

$$y_2{}' = x_{12}{}' - x_{21}{}' - x_{23}{}' - x_{24}{}'$$

$$y_3{}' = x_{23}{}' + x_{43}{}'$$

$$y_4{}' = x_{24}{}' - x_{43}{}' - x_{45}{}'$$

$$y_5{}' = x_{45}{}' - x_{56}{}'$$

$$y_6{}' = x_{56}{}' - x_{61}{}'$$

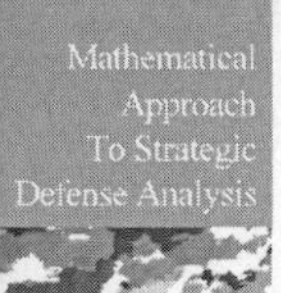

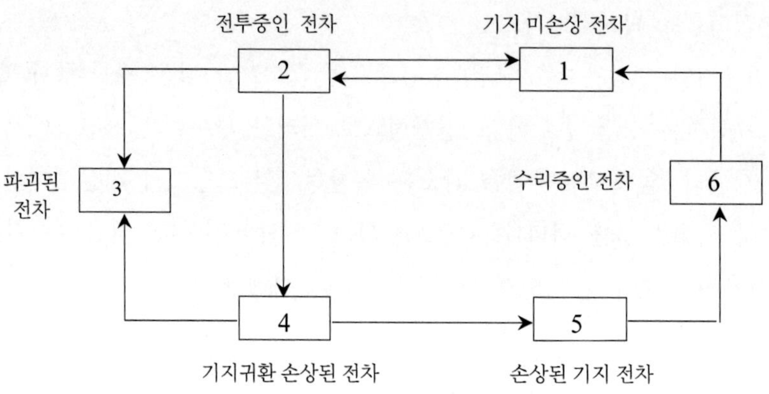

그림 1.1 전투 임무 모델

여기서 $x_i{}'$은 시간에 대한 미분을 나타내며, 모든 상황 변수들은 당연히 음이 아니고, 아래와 같은 조건을 만족한다.

$$y_i \geq 0 \quad i = 1,2,\cdots,6$$

만약 $t=0$에서 y_i의 초깃값과 변환 비율 $x_{ij}{}'$가 알려진다면 위의 y_i에 대한 방정식에서 수치적으로 계산할 수 있다. 시간의 함수로 y_i의 값이 주어진다.

[예제 1.2(장비)]

다음 그림에서는 상황 1과 3사이에 양방향 변환이 가능한 경우이다. 즉 장비를 정비하여 임무에 즉시 투입할 수 있는 상황을 묘사한 모델링이다.

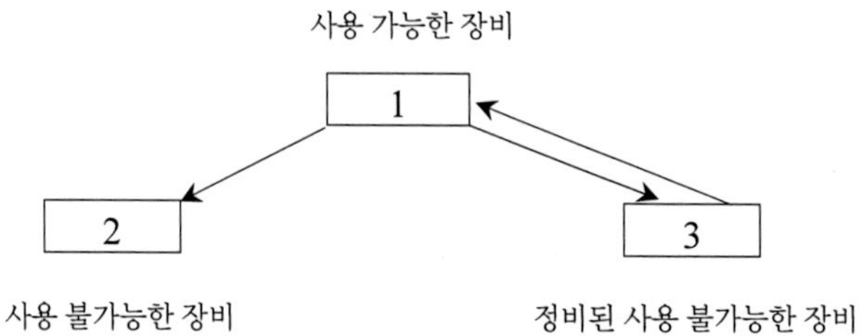

그림 1.2 장비의 이용 과정 모델

이 상황에 대한 적절한 방정식은

$$y_1' = x_{31}' - x_{13}' - x_{12}'$$

$$y_2' = x_{12}'$$

$$y_3' = x_{13}' - x_{31}'$$

이고 $x_i \geq 0,\ i = 1,2,3$이다.

앞의 두 예제는 상황변수와 그들 사이의 관계에 대한 전반적인 모델링의 개념을 설명해 주고 있다. 한 쌍의 상황은 한 상황에서 다른 상황으로 자원(전투력)이 흐르는 것을 보여주는 방향 흐름 통로에 의해 연결된다는 것을 알아야 한다. 일반적으로 각 상황에서 자원들은 각기 다른 차원을 가지고 있고, 모든 상황들이 변환 통로에 의해 연결되지는 않는다. 예를 들면, 몇 가지 상황은 전차를 들 수 있지만 다른 경우는 트럭이나 F-16 전투기를 들 수도 있다. 전차가 파괴된 경우처럼 어떤 방향 흐름은 역행이 불가능하다. 한 상황과 다른 상황들 간의 자원들의 흐름에는 물리적 상황을 묘사하는 흐름 통로를 흘러가는 유동 비율(flow rate)에 의해 통제된다. 그러므로 유의미한 해를 얻기 위해 가장 핵심적인 것이 유동 비율을 모델링하는 것이다. 가장 간단한 유동비율에 대한 모델링은

$$x'(t) = -\frac{n(t)}{T} \tag{1.1}$$

라는 미분방정식으로 나타낼 수 있고, 여기서 $x'(t)$은 시간 t에서 자원의 순간 유동 비율, $n(t)$는 시간 t에서 자원의 수준, 그리고 T는 한 상황에서 자원을 소비하는 평균시간을 나타낸다.

방정식 (1.1)은 한 상황에서 유동 비율은 현재 자원 수준에 대해 비례한다는 것을 보여준다. 만약 i번째와 j번째 상황에서 변환이 발생한다면, 식 (1.1)은 다시 다음과 같이 쓸 수 있다.

$$x_{ij}'(t) = -\frac{n_i(t)}{T_i} \tag{1.2}$$

임의의 개별적인 상황 n_i에 대하여 아래 그림 1.3에서 보는 것처럼 한 상황에서 다른 상황으로 유동되는 자원이 흐름이 있다. 따라서 일반적인 경우는 다음과 같다.

$$n_i'(t) = \sum_k x_{ki}'(t) - \sum_j x'_{ij}(t) \tag{1.3}$$

여기서 $n'_i(t)$는 시간 t에서 상황 i의 변환 비율, $\sum_k x_{ki}'(t)$는 시간 t에서 상황 i로 유입되는 유동비율, $\sum_j x_{ij}'(t)$는 시간 t에서 상황 i에서 유출되는 유동비율을 나타낸다. 식 (1.3)에서 k에 대한 합은 상황 i로 유입되는 자원의 흐름을 모두 더하고, 두 번째 j에 대한 합은 상황 i에서 유출되는 모든 자원들을 더하는 것을 말한다. 시간 증분 Δt에 대하여

$$n_i'(t) \cong \frac{n_i(t+\Delta t) - n_i(t)}{\Delta t}$$

가 된다. 따라서 식 (1.3)을 대치하면

$$\begin{aligned} n_i(t+\Delta t) &\cong n_i(t) + n'_i(t)\Delta t \\ &= n_i(t) + \Big(\sum_k x'_{ki}(t) - \sum_j x'_{ij}(t)\Big)\Delta t \end{aligned} \tag{1.4}$$

으로 근사할 수 있다. 보다 일반적인 경우로 시간 증분 Δt에서 다른 상황에서 불연속적으로 n_i로 유입되거나, 또는 불연속적으로 n_i의 자원으로부터 유출되는 경우도 비슷하게 모델링할 수 있다.

$$\begin{aligned} n_i(t+\Delta t) &\cong n_i(t) + n'_i(t)\Delta t \\ &= n_i(t) + \Big(\sum_k x'_{ki}(t) - \sum_j x'_{ij}(t)\Big)\Delta t \\ &\quad + \sum_k \Delta n_{ki}(t) - \sum_j \Delta n_{ij}(t) \end{aligned}$$

여기서 $\Delta n_{ki}(t)$는 시간 증분 Δt에서 n_k자원에서 n_i로의 어떤 자원의 불연속적 배분이고, $\Delta n_{ij}(t)$는 Δt에서 n_i자원에서 n_j로의 어떤 자원의 불연속적 배분을 말한다.

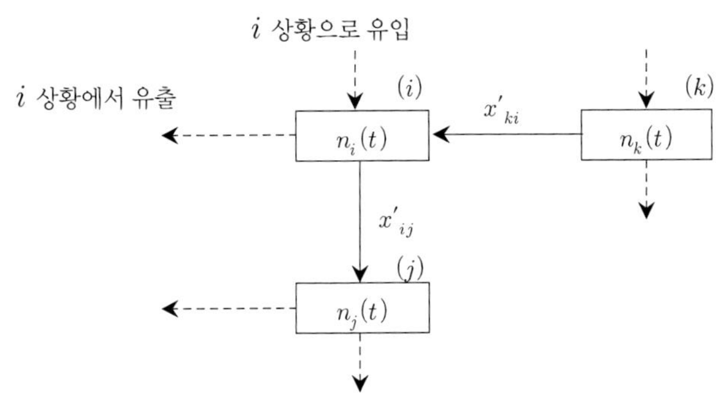

그림 1.3 상항 i에서 자원의 유출입 흐름

1.3 수학적 최적화 이론

최적화 방법에는 다소의 수학적 기본지식이 요구된다. 그러나 엄격한 증명과 사실을 유추하기 보다는 가능하면 기초적인 수학적 사실을 바탕으로 국방 운영분석에 적용할 수 있는 응용에 중점을 두어 소개하고자 한다. 다양한 수학적 기법들이 정적 또는 동역학 문제들을 해결하기 위해 제약 조건의 성질, 의사결정자의 수, 시간의 이용에 따라 분류된다. 앞으로 기술하게 될 국방 분석에서의 이러한 기법들은 대부분 정적인 영역에서 이루어지고 주제도 정적 프로그래밍으로 제한하여 다루게 된다. 또한 게임이론을 통해 탄도 미사일 방어 구상에도 적용된다는 것을 알 수 있을 것이다. 그러나 이 최적화 방법에서 전형적인 최대-최소의 개념, 선형-비선형 프로그래밍, 제약 조건에서의 최적화와 함수의 극대-극소에 대해 간단히 살펴보자.

1.3.1 최적화 프로그래밍(Optimization Programming)

전형적인 프로그래밍 문제는 주어진 동등한 제약 조건을 만족하는 집합에 대하여 주어진 함수 $f(x)$를 최대화 또는 최소화하는 것으로 다음과 같이 최대화 문제로 간단히 표현할 수 있다.

$$\begin{aligned} &maximize \ f(\boldsymbol{x}) \\ &subject \ to \ \ g(\boldsymbol{x}) = \boldsymbol{b} \end{aligned} \tag{1.5}$$

여기서 독립변수는 $\boldsymbol{x}=(x_1,x_2,\cdots,x_n)$이다. 함수 $f(\boldsymbol{x})$는 목적함수(objective function)이고, $g(\boldsymbol{x})$는 제약조건(constrained conditions) 함수이며 $\boldsymbol{b}$는 제약조건 상수들의 열벡터이다. 따라서 식 (1.5)는

$$\begin{aligned} g_1(x_1,x_2,\cdots,x_n) &= b_1 \\ g_2(x_1,x_2,\cdots,x_n) &= b_2 \\ \vdots \qquad \vdots \qquad &\ \ \vdots \\ g_m(x_1,x_2,\cdots,x_n) &= b_m \end{aligned}$$

와 같고, 주어진 조건하에서

$$\max_{x_1,x_2,\cdots,x_n} f(x_1,x_2,\cdots,x_n) \tag{1.6}$$

로 분명하게 쓸 수 있다. 여기서 $n>m$이라 가정했고, 미지수의 개수 n과 방정식의 개수 m의 차 $n-m$을 주어진 문제의 자유도(degree of freedom)라고 한다. 물론 여기서 두 함수 $f(\boldsymbol{x})$와 $g(\boldsymbol{x})$는 변수 $\boldsymbol{x}$에 대해 연속적으로 미분 가능하다고 가정한다.

함수 $f(\boldsymbol{x})$를 최대화하는 상수 a에 대하여 $a+bf(\boldsymbol{x})$, $b>0$를 최대화하는 것과 동치이고, 최소화는 $a+bf(\boldsymbol{x})$, $b<0$인 경우의 최소화와 동치이다. 따라서 -1을 곱하면 최대화 문제를 최소화 문제로 전환할 수 있다.

특별한 경우의 전형적인 최적화 프로그래밍에서 목적함수 $f(\boldsymbol{x})$를 $\boldsymbol{x}$에 관한 2차 형식 함수로 나타낼 수 있다. 이 경우 상수 a, 상수계수 행벡터 $\boldsymbol{c}$, 그리고 $(m\times n)$ 상수계수 행렬 A에 대하여

주어진 식 $A\boldsymbol{x}=\boldsymbol{b}$, $\boldsymbol{x}\geq 0$인 조건하에

$$\min_{\boldsymbol{x}} f(\boldsymbol{x}) = a + \boldsymbol{c}\cdot\boldsymbol{x} + \frac{1}{2}\boldsymbol{x}^{\boldsymbol{T}}\cdot\boldsymbol{Q}\boldsymbol{x} \tag{1.7}$$

로 나타낼 수 있다. 여기서 행렬 $\boldsymbol{Q}$는 정방행렬이고 양의 준정부호(positive semi definite)로 이는 모든 $\boldsymbol{z}$에 대하여

$$\boldsymbol{z}^{\boldsymbol{T}}\cdot\boldsymbol{Q}\boldsymbol{z}\geq 0 \tag{1.8}$$

와 동치이다.

1.3.2 라그랑지 승수(Lagrange multipliers)

고전적인 프로그래밍 문제에 대한 해를 구하는 효과적인 방법으로 라그랑지 승수법을 응용할 수 있다. 계산적으로 쉽게 $\boldsymbol{R}^3$에서 정의되는 함수 f에서 우선 살펴보고, 고차원으로 확장해보자. 우리는 극댓값, 극솟값, 그리고 안장점(saddle point)이 되는 고정값(stationary value)을 찾는다고 가정한다. 이 값들은 다음 세 가지 연립 방정식의 해들로부터 구할 수 있다.

$$\frac{\partial f}{\partial x}=0,\ \frac{\partial f}{\partial y}=0,\ \frac{\partial f}{\partial z}=0. \tag{1.9}$$

여기서 우리는 주어진 함수 f에 대해 제약조건(constraint)을

$$g(x,y,z)=0$$

으로 가정한다.

 **[예제 1.3]**

중심이 원점이고, 가로 $2x$, 세로 $2y$, 높이 $2z$인 직육면체의 체적을 $f(x,y,z)=8xyz$라고 하자. 원점을 중심으로 반경이 1인 구의 내부에 포함되는 직육면체의 최대의 부피는 얼마인가?

해 구의 방정식은 $x^2+y^2+z^2=1$이므로 제약조건은 $g(x,y,z)=x^2+y^2+z^2-1$이 된다. 라그랑지 승수법은 이러한 상황을 다음과 같이 정의되는 4가지 변수들의 함수로 표현된다.

$$L(x,y,z;\lambda)=f(x,y,z)+\lambda g(x,y,z)$$

여기서 $\lambda\in\boldsymbol{R}$는 라그랑지 승수(Lagrange multiplier)이다. 구의 내부에 포함된 상자의 최대 부피를 계산해 보자.

한편 $L(x,y,z;\lambda)=8xyz+\lambda(x^2+y^2+z^2-1)$에 대해 4가지 방정식

$$\frac{\partial L}{\partial x} = 8yz + 2\lambda x = 0$$
$$\frac{\partial L}{\partial y} = 8xz + 2\lambda y = 0$$
$$\frac{\partial L}{\partial z} = 8xy + 2\lambda z = 0$$
$$\frac{\partial L}{\partial \lambda} = x^2 + y^2 + z^2 - 1 = 0$$

이며, 위에서 구한 식에서 λ에 대해 계산하면

$$-\frac{4yz}{x} = -\frac{4xz}{y} = -\frac{4xy}{z}$$

가 되고, 이를 계산하면 $x^2 = y^2 = z^2$이 된다. 이 식을 4번째 방정식에 대입하여 계산하면 $3x^2 = 1$이 되어 구하는 값은

$$x = y = z = 1/\sqrt{3}$$

가 되어 최대 상자의 부피는 $8/3\sqrt{3}$이 된다.

그러나 실제 문제는 위의 예제와 같이 단순하지 않다. 그래서 일반적인 라그랑지 승수법에 대해 알아보자.

m개의 라그랑지 승수 $\lambda_1, \lambda_2, \cdots, \lambda_m$들로 구성된 열행렬을

$$\Lambda = (\lambda_1, \lambda_2, \cdots, \lambda_m)^T$$

라 하고, 라그랑지 함수 $L(\boldsymbol{x}, \Lambda)$는

$$L(\boldsymbol{x}, \Lambda) = f(\boldsymbol{x}) + \Lambda^T(\boldsymbol{b} - g(\boldsymbol{x})) \quad (1.10)$$

로 주어진다. 이 식 (1.10)에 대한 해를 위의 간단한 예제에서 살펴보았듯이 모든 1차 편미분이 0이 되는 방정식으로부터 구할 수 있다. 그러므로 변수 $\boldsymbol{x}$와 Λ에 대한 편미분으로부터 다음 방정식

$$\frac{\partial L(\boldsymbol{x}, \Lambda)}{\partial \boldsymbol{x}} = \frac{\partial f(\boldsymbol{x})}{\partial \boldsymbol{x}} - \Lambda^T \frac{\partial g(\boldsymbol{x})}{\partial \boldsymbol{x}} = 0 \quad (1.11)$$

과

$$\frac{\partial L(\boldsymbol{x},\Lambda)}{\partial \Lambda} = \boldsymbol{b} - g(\boldsymbol{x}) = 0 \tag{1.12}$$

을 유도할 수 있다. 식 (1.11)으로부터 다시 정리하면 이 식은

$$\nabla f(\boldsymbol{x}) = \Lambda^T \frac{\partial g(\boldsymbol{x})}{\partial \boldsymbol{x}} \tag{1.13}$$

로 쓸 수 있고, 여기서 그래디언트

$$\nabla f(\boldsymbol{x}) = \left(\frac{\partial f(\boldsymbol{x})}{\partial x_1} \; \frac{\partial f(\boldsymbol{x})}{\partial x_2} \cdots \frac{\partial f(\boldsymbol{x})}{\partial x_n} \right) \tag{1.14}$$

이고

$$\Lambda^T \frac{\partial g(\boldsymbol{x})}{\partial \boldsymbol{x}} = (\lambda_1 \cdots \lambda_m) \begin{pmatrix} \frac{\partial g_1(\boldsymbol{x})}{\partial x_1} & \frac{\partial g_1(\boldsymbol{x})}{\partial x_2} & \cdots & \frac{\partial g_1(\boldsymbol{x})}{\partial x_n} \\ \frac{\partial g_2(\boldsymbol{x})}{\partial x_1} & \frac{\partial g_2(\boldsymbol{x})}{\partial x_2} & \cdots & \frac{\partial g_2(\boldsymbol{x})}{\partial x_n} \\ \vdots & \vdots & \vdots & \vdots \\ \frac{\partial g_m(\boldsymbol{x})}{\partial x_1} & \frac{\partial g_m(\boldsymbol{x})}{\partial x_2} & \cdots & \frac{\partial g_m(\boldsymbol{x})}{\partial x_n} \end{pmatrix} \tag{1.15}$$

이다. 이 방정식에서 제약조건은

$$g(\boldsymbol{x}) = \boldsymbol{b} \tag{1.16}$$

이다. 식 (1.13)과 식 (1.16)의 $n+m$개의 방정식으로부터 $\boldsymbol{x}$와 Λ에 대한 해를 충분히 구할 수 있다.

고전적인 프로그래밍 중에서 특수한 경우로 목적함수 $f(\boldsymbol{x})$가 어떤 제약도 없는 제약되지 않은 조건하에서의 최적화 문제가 있다. 이러한 경우 $\boldsymbol{x} = \boldsymbol{x}^*$에서 최적해는 주어진 목적함수에 대해 아래 방정식

$$\begin{aligned} \frac{\partial f(\boldsymbol{x})}{\partial \boldsymbol{x}}\Big|_{\boldsymbol{x}=\boldsymbol{x}^*} &= \nabla f(\boldsymbol{x}^*) \\ &= \left(\frac{\partial f(\boldsymbol{x}^*)}{\partial x_1} \; \frac{\partial f(\boldsymbol{x}^*)}{\partial x_2} \cdots \frac{\partial f(\boldsymbol{x}^*)}{\partial x_n} \right) = 0 \end{aligned} \tag{1.17}$$

을 만족한다. 이 조건은 $i = 1,2,\cdots,n$에 대해 x_i방향의 그래디언트

$$\boldsymbol{x} = \boldsymbol{x}^* \text{에서 } \frac{\partial f(\boldsymbol{x}^*)}{\partial x_i} = 0, \; i = 1,2,\cdots,n \tag{1.18}$$

들이 모두 0임을 나타낸다. 그러나 x가 고차원이거나 $f(x)$의 모양이 복잡하고 애매한 경우 $f(x)$를 최적화하여 그 값 x^*를 구하는데 상당한 어려움이 따른다. 이런 경우 반복적인 수치 해석적 방법으로 해를 구할 수 있다. 이런 근사적 방법에 의한 수치 해석적 방법을 아래에서 간단히 살펴보자.

만약 처음 두 번 미분한 편도함수가 연속일 경우 $\nabla f(x)$는 $x = x_0$에서 테일러급수

$$\begin{aligned}\nabla f(x) &= \frac{\partial f(x)}{\partial x} \\ &= \frac{\partial f(x)}{\partial x}\Big|_{x=x_0} + (x - x_0)^T \frac{\partial^2 f(x)}{\partial x^2}\Big|_{x=x_0} \\ &\quad + \text{고차항}(x - x_0)\end{aligned} \tag{1.19}$$

로 전개할 수 있다. 최적점 $x = x^*$과 x^*의 근방 x_0에서 식 (1.19)의 고차항은 무시할 수 있고, 근사적으로

$$\frac{\partial f(x^*)}{\partial x} \approx \frac{\partial f(x)}{\partial x}\Big|_{x=x_0} + (x^* - x_0)^T \frac{\partial^2 f(x)}{\partial x^2}\Big|_{x=x_0} \tag{1.20}$$

로 간단히 표현할 수 있다. 미분의 차수가 크게 영향을 주지 않는 한 $\frac{\partial^2 f(x)}{\partial x^2}$은 대칭행렬이다. 그러므로 식 (1.20)에서 행렬을 전치하면

$$-\left(\frac{\partial f(x)}{\partial x}\Big|_{x=x_0}\right)^T = \frac{\partial^2 f(x)}{\partial x^2}\Big|_{x=x_0}(x^* - x_0) \tag{1.21}$$

또는 이를 다시 정리하면

$$\begin{aligned}x^* &= x_0 - \left(\frac{\partial^2 f(x)}{\partial x^2}\Big|_{x=x_0}\right)^{-1}\left(\frac{\partial f(x)}{\partial x}\Big|_{x=x_0}\right)^T \\ &= x_0 - (Hf(x_0))^{-1}(\nabla f(x_0))^T\end{aligned} \tag{1.22}$$

가 된다. 여기서 헤세(Hessian) 행렬 $Hf(x_0)$와 $\nabla f(x_0)$는

$$Hf(\boldsymbol{x}_0) = \begin{pmatrix} \frac{\partial^2 f(\boldsymbol{x})}{\partial x_1^2} & \frac{\partial^2 f(\boldsymbol{x})}{\partial x_1 \partial x_2} & \cdots & \frac{\partial^2 f(\boldsymbol{x})}{\partial x_1 \partial x_n} \\ \frac{\partial^2 f(\boldsymbol{x})}{\partial x_2 \partial x_1} & \frac{\partial^2 f(\boldsymbol{x})}{\partial x_2^2} & \cdots & \frac{\partial^2 f(\boldsymbol{x})}{\partial x_2 \partial x_n} \\ \vdots & \vdots & \ddots & \vdots \\ \frac{\partial^2 f(\boldsymbol{x})}{\partial x_n \partial x_1} & \frac{\partial^2 f(\boldsymbol{x})}{\partial x_n \partial x_2} & \cdots & \frac{\partial^2 f(\boldsymbol{x})}{\partial x_n^2} \end{pmatrix}_{x=x_0}$$

이고 $\nabla f(\boldsymbol{x}_0) = \left(\frac{\partial f(\boldsymbol{x}_0)}{\partial x_1} \; \frac{\partial f(\boldsymbol{x}_0)}{\partial x_2} \cdots \frac{\partial f(\boldsymbol{x}_0)}{\partial x_n} \right)$이다. 특히 행렬 $\boldsymbol{H}f$는 함수 $f(\boldsymbol{x})$의 헤세(Hessian) 행렬이다.

정리 1.1

만약 $\boldsymbol{x}^*$와 $\boldsymbol{x}$가 $\boldsymbol{R}^n$ 내의 벡터이고 함수 $f(\boldsymbol{x})$가 선분 $[\boldsymbol{x}^*, \boldsymbol{x}] = \{\boldsymbol{w} \in \boldsymbol{R}^n : \boldsymbol{w} = \boldsymbol{x}^* + t(\boldsymbol{x} - \boldsymbol{x}^*),\ 0 \le t \le 1\}$을 포함하는 열린집합에서 연속적으로 1계 및 2계 편미분가능하면 $\boldsymbol{R}^n$의 점 z가 선분 $[\boldsymbol{x}^*, \boldsymbol{x}]$에 존재하여 다음을 만족한다.

$$\begin{aligned} f(\boldsymbol{x}) &= f(\boldsymbol{x}^*) + \nabla f(\boldsymbol{x}^*) \cdot (\boldsymbol{x} - \boldsymbol{x}^*) \\ &\quad + \frac{1}{2}(\boldsymbol{x} - \boldsymbol{x}^*)^T \cdot Hf(z)(\boldsymbol{x} - \boldsymbol{x}^*) \end{aligned} \tag{1.23}$$

위 정리 1.1을 이용하여 최적점 $\boldsymbol{x}^*$에서 함수 $f(\boldsymbol{x})$를 이해하기 위해서 테일러급수로 전개하면

$$\begin{aligned} f(\boldsymbol{x}^*) &= f(\boldsymbol{x}_0) + \frac{\partial f(\boldsymbol{x})}{\partial \boldsymbol{x}}\Big|_{x=x_0}(\boldsymbol{x}^* - \boldsymbol{x}_0) \\ &\quad + \frac{1}{2}(\boldsymbol{x}^* - \boldsymbol{x}_0)^T \cdot \frac{\partial^2 f(\boldsymbol{x})}{\partial \boldsymbol{x}^2}\Big|_{x=x_0} + \cdots \end{aligned} \tag{1.24}$$

이 되고 여기서

$$\delta = \frac{\partial f(\boldsymbol{x})}{\partial \boldsymbol{x}}\Big|_{x=x_0}(\boldsymbol{x}^* - \boldsymbol{x}_0)$$

는 첫 번째 변화량이고

$$\begin{aligned} \delta^2 &= \frac{1}{2}(\boldsymbol{x}^* - \boldsymbol{x}_0)^T \partial^2 f(\boldsymbol{x}) \\ &= \frac{1}{2}(\boldsymbol{x}^* - \boldsymbol{x}_0)^T \cdot Hf(\boldsymbol{x}_0)(\boldsymbol{x}^* - \boldsymbol{x}_0) \end{aligned}$$

은 두 번째 변화량이다.

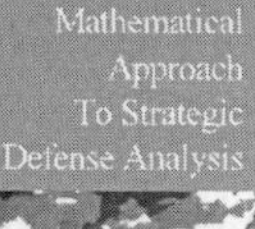

한편 $\boldsymbol{x}=\boldsymbol{x}^*$에서 실변수 함수 $f(\boldsymbol{x})$의 형태는 그림과 같이 3가지로 나눌 수 있다.

(1) $x^* > x_0$ 또는 $x^* < x_0$이고, $f(\boldsymbol{x}^*)$가 극댓값 : $\delta > 0$ & $\delta^2 < 0$

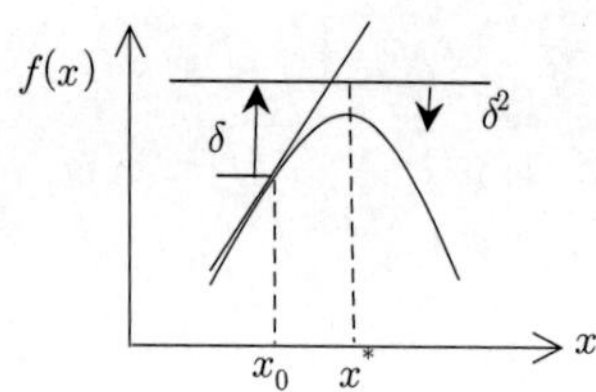

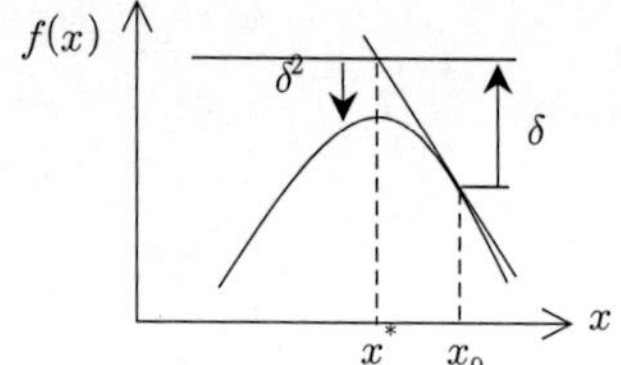

그림 1.4 $x^* > x_0$, $x^* < x_0$ 1차와 2차의 변화량

(2) $x^* > x_0$ 또는 $x^* < x_0$이고, $f(\boldsymbol{x}^*)$가 극솟값 : $\delta < 0$ & $\delta^2 > 0$

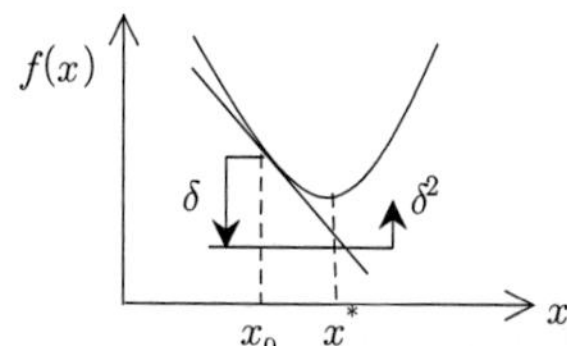

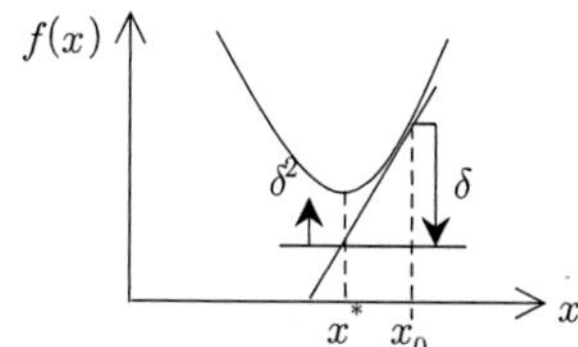

그림 1.5 $x^* > x_0$, $x^* < x_0$ 1차와 2차의 극솟값 변화량

(3) $x^* > x_0$이고, $f(\boldsymbol{x}^*)$가 안장점(변곡점) : $\delta > 0$ & $\delta^2 < 0$ 그러나 $x^* < x_0$인 경우 : $\delta < 0$ & $\delta^2 > 0$

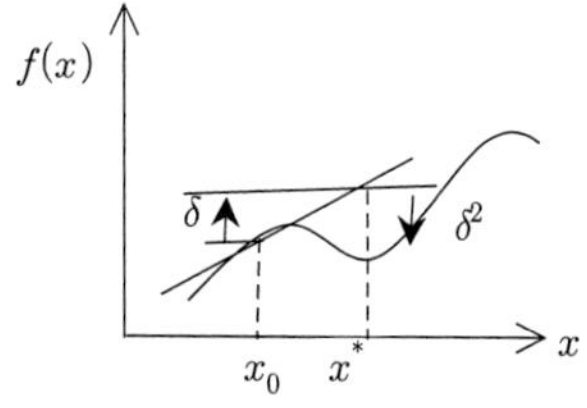

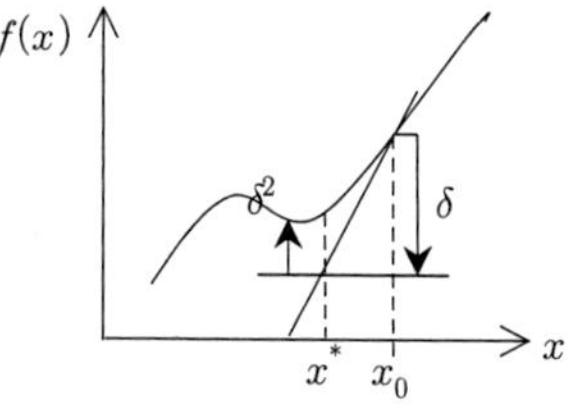

그림 1.6 $x^* > x_0$, $x^* < x_0$ 1차와 2차의 변곡점 변화량

정리 1.2

만약 함수 $f(\boldsymbol{x})$가 1계 및 2계 연속적으로 편미분 가능하고 임계점(critical point) $\boldsymbol{x}^*$이라 할 때, 만약 모든 $z \in [\boldsymbol{x}^*, \boldsymbol{x}]$에 대해

(a) $(\boldsymbol{x}-\boldsymbol{x}^*)^T \cdot Hf(z)(\boldsymbol{x}-\boldsymbol{x}^*) > 0$이면 $\boldsymbol{x}^*$에서 $f(\boldsymbol{x}^*)$가 전체집합에서 엄격한 최솟값(strict minimum)을 갖고 헤세행렬은 양의 정부호(positive definite)이다.

(b) $(\boldsymbol{x}-\boldsymbol{x}^*)^T \cdot Hf(z)(\boldsymbol{x}-\boldsymbol{x}^*) \geq 0$이면 $\boldsymbol{x}^*$에서 $f(\boldsymbol{x}^*)$가 전체집합에서 최솟값(minimum)

을 갖고 헤세행렬은 양의 준정부호(positive semidefinite)이다.

(c) $(\boldsymbol{x}-\boldsymbol{x}^*)^T \cdot Hf(z)(\boldsymbol{x}-\boldsymbol{x}^*) < 0$이면 $\boldsymbol{x}^*$에서 $f(\boldsymbol{x}^*)$가 전체집합에서 엄격한 최댓값(strict maximum)을 갖고 헤세행렬은 음의 정부호(negative definite)이다.

(d) $(\boldsymbol{x}-\boldsymbol{x}^*)^T \cdot Hf(z)(\boldsymbol{x}-\boldsymbol{x}^*) \le 0$이면 $\boldsymbol{x}^*$에서 $f(\boldsymbol{x}^*)$가 전체집합에서 최댓값(maximum)을 갖고 헤세행렬은 음의 준정부호(negative semidefinite)이다.

(e) 만약 $\boldsymbol{x}^*$가 $f(\boldsymbol{x}^*)$의 변곡점이면 헤세 행렬은 양의 정부호도 음의 정부호도 아니다.

이 정리를 좀 더 세밀하게 적용하기 위해 헤세 행렬에 대한 부호 판정 방법을 알아보자. 대칭행렬에 대한 양의 정부호 및 음의 정부호 등을 판정하는 정리를 간단히 증명 없이 기술하면 다음과 같다. 만약 행렬 A가 $n\times n$ 대칭행렬이라 할 때 Δ_k를 위쪽 $k\times k$ 부분행렬의 행렬식이라 하자. 즉 행렬 A에 대하여 $1\le k\le n$인 행렬식의 값 Δ_k를 행렬 A의 k번째 주요 소행렬식(kth principal minor)이라 하고 다음과 같이 정의된다.

$$A=\begin{pmatrix} a_{11} & a_{12} & a_{13} & \cdots & a_{1n} \\ a_{12} & a_{22} & a_{13} & \cdots & a_{2n} \\ a_{13} & a_{23} & a_{33} & \cdots & a_{3n} \\ \vdots & & \vdots & & \vdots \\ a_{1n} & a_{2n} & a_{3n} & \cdots & a_{nn} \end{pmatrix}, \qquad \begin{aligned} \Delta_1 &= a_{11} \\ \Delta_2 &= \det\begin{pmatrix} a_{11} & a_{12} \\ a_{12} & a_{22} \end{pmatrix} \\ &\vdots \\ \Delta_n &= \det A \end{aligned} \tag{1.25}$$

따라서 이 정의에 의한 부호 판정 정리는 다음과 같다.

정리 1.3

만약 행렬 A가 $n\times n$ 대칭행렬이고 Δ_k를 행렬 A의 k번째 주요 소행렬식(kth principal minor)이라 할 때,

(a) 행렬 A가 양의 정부호(positive definite)일 필요충분조건은 $\Delta_k > 0,\ k=1,2,\cdots,n$이다.

(b) 행렬 A가 음의 정부호(positive definite)일 필요충분조건은 $(-1)^k\Delta_k > 0,\ k=1,2,\cdots,n$이다.

비록 비선형 계획법과 관련된 내용은 앞으로 많이 이용되지 않지만 주어진 함수의 특성에 따라 최대 및 최솟값을 구하는 수학적 이론을 이해할 필요가 있다. 특히 $\boldsymbol{R}^n$의 컨벡스 집합에서 정의된 컴벡스 함수를 최소화하는 점(minimizer)을 구하는 방법에 대해 좀 더 세부적으로 살펴보자.

정리 1.4

함수 $f(x)$를 $\boldsymbol{R}^n$의 컨벡스 집합 C에서 정의되는 실수값 함수라 하자. 이 때,

(a) 모든 $\boldsymbol{x}$, $\boldsymbol{y} \in C$와 모든 $\lambda(0 \le \lambda \le 1)$에 대해 $f(\lambda \boldsymbol{x} + [1-\lambda]\boldsymbol{y}) \le \lambda f(\boldsymbol{x}) + [1-\lambda] f(\boldsymbol{y})$ 만족할 때, 함수 $f(x)$를 **컨벡스 함수(convex function)**라 한다.

(b) 모든 $\boldsymbol{x}$, $\boldsymbol{y} \in C(\boldsymbol{x} \neq \boldsymbol{y})$와 모든 $\lambda(0 < \lambda < 1)$에 대해 $f(\lambda \boldsymbol{x} + [1-\lambda]\boldsymbol{y}) < \lambda f(\boldsymbol{x}) + [1-\lambda] f(\boldsymbol{y})$ 만족할 때, 함수 $f(x)$를 **엄격한 컨벡스 함수(strictly convex function)**라 한다.

(c) 만약 위 정의에서 부등호의 방향이 반대이면 각각 **컨케이브(concave)** 함수와 **엄격한 컨케이브(strictly concave) 함수**라 한다.

위의 정의로부터 쉽게 유추할 수 있는 사실은 함수 $f(\boldsymbol{x})$가 컨벡스(엄격한 컨벡스)일 필요충분조건은 $-f(\boldsymbol{x})$가 컨케이브(엄격한 컨케이브) 함수이다. 따라서 컨케이브 함수에 대해서는 이 사실을 적용하면 되기 때문에 컨벡스 함수에 대해서만 기술하겠다.

[예제 1.4]

$\boldsymbol{R}^n$에서 정의되는 임의의 선형함수, 즉 $\boldsymbol{a} \in \boldsymbol{R}^n$와 $b \in R$에 대하여

$$\begin{aligned} f(\boldsymbol{x}) &= \boldsymbol{a} \cdot \boldsymbol{x} + b \\ &= a_1 x_1 + a_2 x_2 + \cdots + a_n x_n + b \end{aligned}$$

는 항상 컨벡스 함수이자 컨케이브 함수이다. 그러나 엄격한 컨벡스나 엄격한 컨케이브 함수는 아니다. 왜냐하면 모든 $\boldsymbol{x}$, $\boldsymbol{y} \in \boldsymbol{R}^n$와 모든 $\lambda(0 \le \lambda \le 1)$에 대해

$$f(\lambda \boldsymbol{x} + [1-\lambda]\boldsymbol{y}) = \lambda f(\boldsymbol{x}) + [1-\lambda] f(\boldsymbol{y})$$

를 만족하기 때문이다.

최적화 문제에서 컨벡스 함수는 대단히 흥미롭고 다루기 용이한 편이다. 이 사실을 다음 정리에서 볼 수 있다.

정리 1.5

R^n의 컨벡스 부분집합 C에서 정의된 컨벡스 함수 $f(x)$의 임의의 국소 최소화점(local minimizer)은 또한 대역적 최소화점(global minimizer)이다. 또한 엄격한 컨벡스 함수 $f(x)$의 임의의 국소 최소화점(local minimizer)은 유일한 대역적 최소화점(global minimizer)이다.

증명 컨벡스 집합 C에서 정의된 함수 $f(x)$의 국소 최소화 점을 x^*라 하자. 그러면 $\delta > 0$가 존재하여 모든 $x \in C$와 $\|x - x^*\| < \delta$에 대해 $f(x) \geq f(x^*)$를 만족한다. x^*가 대역적 최소화점이라는 것을 보이기 위해 임의의 $y \in C$에 대해 $f(y) \geq f(x^*)$임을 보이면 된다. $\lambda (0 < \lambda < 1)$를 충분히 작게 선택하여 $x^* + \lambda(y - x^*) \in C$ 이고 $\|x^* + \lambda(y - x^*) - x^*\| < \delta$가 되도록 하자. 따라서 $f(x)$가 컨벡스 함수이기 때문에

$$\begin{aligned} f(x^*) &\leq f(x^* + \lambda(y - x^*)) \\ &= f(\lambda y + [1 - \lambda]x^*) \\ &\leq \lambda f(x) + [1 - \lambda] f(x^*) \end{aligned}$$

가 된다. 마지막 부등식에서 λ로 나누어 주면 $0 \leq f(y) - f(x^*)$를 보일 수 있다. 엄격한 컨벡스 함수일 경우도 같은 방법으로 보일 수 있다.

다음은 실변수함수에서 접선의 기울기와 같은 접평면으로 컨벡스 함수의 특성을 확장할 수 있다. 증명은 그리 어렵지 않지만 생략하며 정리를 기술하면 다음과 같다.

정리 1.6

R^n의 컨벡스 부분집합 C에서 정의된 컨벡스 함수 $f(x)$가 연속인 편도함수를 갖는다고 하자. 그러면

(a) 함수 $f(x)$가 컨벡스일 필요충분조건은 모든 $x, y \in C$에 대하여 $f(x) + \nabla f(x) \cdot (y - x) \leq f(y)$를 만족한다.

(b) 함수 $f(x)$가 엄격한 컨벡스일 필요충분조건은 모든 $x, y \in C$에 대하여 $f(x) + \nabla f(x) \cdot (y - x) < f(y)$를 만족한다.

이 정리의 직접적인 결과로 인해 다음과 같은 아주 유용한 결과를 유추할 수 있다.

정리 1.7

R^n의 컨벡스 부분집합 C에서 정의된 컨벡스 함수 $f(x)$가 연속인 편도함수를 갖는다고 하자. 그러면 함수 $f(x)$의 임의의 임계점은 함수 $f(x)$의 대역적 최소화점이 된다.

증명 x와 x^*는 컨벡스 집합 C의 점들이고 x^*를 C의 임계점이라 하자. 그러면 $\nabla f(x^*)=0$을 만족하고 정리 1.6에 의해

$$f(x^*)=f(x^*)+\nabla f(x^*)\cdot(x-x^*)\le f(x)$$

가 되어 x^*는 함수 $f(x)$의 대역적 최소화점이 된다.

이 정리로부터 편미분 가능한 컨벡스함수의 최소화점을 찾는데 함수 $f(x)$의 그래디언트 $\nabla f(x)=0$인 점을 체크해 보면 된다. 한편 특정한 예제에서 컨벡스 함수인지를 판별하는 정리가 있다.

정리 1.8

R^n의 컨벡스 부분집합 C에서 정의된 컨벡스 함수 $f(x)$가 연속인 2계 편도함수를 갖는다고 하자. 만약 $f(x)$의 헤세 행렬 $Hf(x)$가 양의 준정부호(정부호)이면 함수 $f(x)$는 컨벡스(엄격한 컨벡스)이다.

증명 x와 y를 컨벡스 집합 C의 임의의 점들이라 하자. 그러면 x와 y를 연결하는 선분 $[x, y]$는 C에 속한다. 그러면 테일러 정리 1.1에 의해 $z\in[x, y]$가 존재하여

$$f(y)=f(x)+\nabla f(x)\cdot(y-x)+\frac{1}{2}(y-x)\cdot Hf(z)(y-x)$$

가 된다. 만약 $Hf(z)$가 양의 준정부호이면 이 등식은

$$f(y)\ge f(x)+\nabla f(x)\cdot(y-x)$$

가 되고, 양의 정부호이고 $x\ne y$이면

$$f(y)>f(x)+\nabla f(x)\cdot(y-x)$$

가 됨을 보일 수 있다.

[예제 1.5]

$\boldsymbol{R}^3$에서 정의된 함수

$$f(x_1,x_2,x_3)=x_1^2+2x_2^2+x_3^2+2x_1x_2+2x_2x_3$$

는 컨벡스 함수임을 보여라.

증명 함수 $f(\boldsymbol{x})$의 헤세 행렬은 다음과 같다.

$$Hf(\boldsymbol{x})=\begin{pmatrix}2&2&0\\2&4&2\\0&2&2\end{pmatrix}$$

헤세 행렬의 소행렬식 $\Delta_1=2$, $\Delta_2=4$, 그리고 $\Delta_3=0$이다. 따라서 정리 1.3에 의해 $Hf(\boldsymbol{x})$는 양의 준정부호이다. 따라서 정리 1.2에 의해 $f(\boldsymbol{x})$는 컨벡스 함수이다.

[예제 1.6]

함수 $f(x_1,x_2,x_3)=x_1^2+x_2^2+x_3^2-x_1x_2+x_2x_3-x_1x_3$를 $\boldsymbol{R}^3$에서 최소화하여라.

풀이 함수 $f(\boldsymbol{x})$의 임계점은 $\nabla f(x_1,x_2,x_3)=\mathbf{0}$이므로

$$\begin{aligned}2x_1-x_2-x_3&=0\\-x_1+2x_2+x_3&=0\\-x_1+x_2+2x_3&=0\end{aligned}$$

가 되고 이 동차연립 1차 방정식의 해는 $x_1=0$, $x_2=0$, $x_3=0$이다. 한편 헤세 행렬

$$Hf(x_1,x_2,x_3)=\begin{pmatrix}2&-1&-1\\-1&2&1\\-1&1&2\end{pmatrix}$$

이고 $\Delta_1=2$, $\Delta_2=3$, $\Delta_3=4$로 $Hf(x_1,x_2,x_3)$는 양의 정부호이다. 따라서 정리 1.2에 의해 임계점 $(0,0,0)$은 함수 $f(x_1,x_2,x_3)$의 엄격한 최소화 점(strict global minimizer)이다.

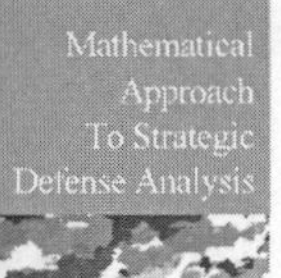

식 (1.22)의 $x^* = x_0 - \left(\frac{\partial^2 f(x)}{\partial x^2}|_{x=x_0}\right)^{-1}\left(\frac{\partial f(x)}{\partial x}|_{x=x_0}\right)^T$ 에서 열행렬 x_0에 대하여 단 한 번의 시행을 통해 최적해 x^*를 구할 수는 없을 것이다. 이 경우 반복적인 근사를 통해 아래와 같이

$$x_k = x_{k-1} - \left(\frac{\partial^2 f(x)}{\partial x^2}|_{x=x_{k-1}}\right)^{-1}\left(\frac{\partial f(x)}{\partial x}|_{x=x_{k-1}}\right)^T$$

최적의 해로 수렴하는 값을 구하면 된다. 이를 좀 더 자세히 정리로 기술하면 다음과 같다.

정리 1.9

R^n에서 정의된 함수 $f(x)$가 연속인 2계 편도함수를 갖고 $x_0 \in R^n$이라 하자. 그러면 뉴톤 방법에 의해 시작점 x_0으로부터 $f(x)$를 최소화하는 수열 (x_k)는 다음과 같은 점화식으로 주어진다.

$$[Hf(x_{k-1})](x_k - x_{k-1}) = -\nabla f(x_{k-1}),\ k \geq 1 \quad (1.26)$$

위 정리의 주어진 식을 다른 방법으로 표현하면

$$x_k = x_{k-1} - [Hf(x_{k-1})]^{-1} \nabla f(x_{k-1}), \quad k \geq 1 \quad (1.27)$$

과 같다. 이러한 공식을 뉴톤-랩슨(Newton-Raphson) 알고리즘이라 한다. 그러나 $\nabla f(x_0) = 0$인 경우 고차원일 때 최적해 x^*는 여러 개가 될 수도 있다는 것을 참고하기 바란다. 이 조건하에서 초깃값이 주어진 경우 최적해 x^*에 가까이 수렴한다.

1.3.3 선형계획법(Linear Programming)

선형계획법은 주어진 다각형 영역에 대해 주어진 선형 함수를 최적화하는 문제이다. 좀 더 구체적으로 말하면 전형적인 최대 또는 최소화 선형계획법 문제의 제약조건은 컨벡스(convex) 집합이고 이런 집합을 다각형 컨벡스 집합(polyhedral convex set)이라 한다. 그러면 선형계획법 문제는 어디에서 최적의 해를 갖는가에 대해 알아보기 위해 기하학적 정의가 요구된다.

정의 1.10

집합 S를 R^n의 컨벡스 부분집합이라 하자. 양의 실수 $t(0<t<1)$에 대하여 $tx+(1-t)y=e$를 만족하는 점 x, y가 존재하지 않을 때 $e\in S$를 **극단점(extreme point)**이라 한다.

선형계획법에서 위 정의를 만족하는 극단점은 다각형 컨벡스 집합의 "모퉁이(corners)"에 해당한다. 그러면 선형계획법을 기하학적으로 해결하는데 이용되는 정리를 증명 없이 기술하면 다음과 같다.

정리 1.11

전형적인 최대화 또는 최소화 선형계획법의 제약조건집합 S가 유계되었을 때 목적함수의 최대 또는 최솟값은 집합 S의 극단점에서 존재한다.

선형계획법 문제에 대해 최적해를 구하는 다양한 방법이 있지만 1940년대에 단지그(Dantzig)의해 개발되어 가장 일반적으로 사용하는 단체방법(simplex method)에 대해 간단히 살펴보고 몇 가지 예를 들어 풀어 보고자 한다.

일반적으로 고차원에 대한 선형계획 문제는 이미 앞에서 언급한 것처럼 1차방정식 형태(다각형 영역)의 제약조건에 대하여 주어진 선형함수 $f(\boldsymbol{x})=\boldsymbol{c}\cdot\boldsymbol{x}$를 최대화 또는 최소화하는 음이 아닌 해를 찾는 것으로 정의할 수 있다. 쉽게 이를 다시 쓰면

상수 계수를 갖는 행렬 $\boldsymbol{c}$와 $m\times n$ 직사각형 행렬A에 대하여

$$\begin{aligned} &maximize \quad f(\boldsymbol{x})=\boldsymbol{c}\cdot\boldsymbol{x}-d \\ &subject\ to \quad A\boldsymbol{x}\le \boldsymbol{b}, \boldsymbol{x}\ge 0. \end{aligned} \tag{1.28}$$

위의 식을 풀어 다시 정리하면

$$\max_{\boldsymbol{x}} f(x_1,x_2,\cdots,x_n)=c_1x_1+c_2x_2+\cdots+c_nx_n-d$$

이고, 주어진 주요 조건은

$$a_{11}x_1+a_{12}x_2+\cdots \quad +a_{1n}x_n \le b_1$$

$$a_{21}x_1+a_{22}x_2+\cdots \quad +a_{2n}x_n \le b_2$$

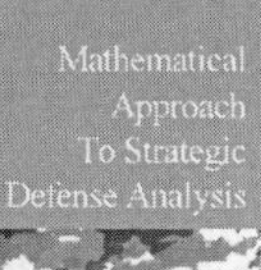

$$\vdots \qquad \vdots \qquad \vdots$$
$$a_{m1}x_1 + a_{m2}x_2 + \cdots + a_{mn}x_n \le b_m$$

과

$$x_1 \ge 0,\ x_2 \ge 0,\ \cdots,\ x_n \ge 0$$

이다. 여기서 다시 새로운 변수 $t_1, t_2, \cdots, t_m \ge 0$을 도입하여 다시 정리하면 윗 식은

$$\begin{aligned}
a_{11}x_1 + a_{12}x_2 + \cdots + a_{1n}x_n + t_1 &= b_1 \\
a_{21}x_1 + a_{22}x_2 + \cdots + a_{2n}x_n + t_2 &= b_2 \\
\vdots \qquad \vdots \qquad \vdots \\
a_{m1}x_1 + a_{m2}x_2 + \cdots + a_{mn}x_n + t_m &= b_m
\end{aligned}$$

이 식을 정리하여 선형계획법 문제 (1.28)은

$$\begin{aligned}
\text{maximize} \quad & f(x_1, x_2, x_3, \cdots, x_n) = c_1x_1 + c_2x_2 + \cdots + c_nx_n - d \\
\text{subject to} \quad & a_{11}x_1 + a_{12}x_2 + \cdots + a_{1n}x_n - b_1 = -t_1 \\
& a_{21}x_1 + a_{22}x_2 + \cdots + a_{2n}x_n - b_2 = -t_2 \\
& \vdots \qquad \vdots \qquad \vdots \\
& a_{m1}x_1 + a_{m2}x_2 + \cdots + a_{mn}x_n - b_m = -t_m \\
& x_1, x_2, x_3, \cdots, x_n \ge 0,\ t_1, t_2, \cdots, t_m \ge 0
\end{aligned}$$

와 같이 정의할 수 있다.

정의 1.12

위에서 정의된 선형계획법을 **기본형 슬렉 최대화 선형계획**(canonical slack maximization linear programming)이라 하고, 변수 $t_1, t_2, \cdots, t_m$을 **슬렉변수**(slack variables)라 한다.

슬렉(부가) 변수들은 주어진 제약조건의 부등식을 등식으로 바꾸어 주기 때문에 도입되었고 위 기본형 슬렉 최대화 선형계획법을 간결하게 표현하면 다음과 같다.

정의 1.13

기본형 슬렉 최대화 선형계획을 변수들과 연산기호를 제거한 다음 표를 **터커 테이블**

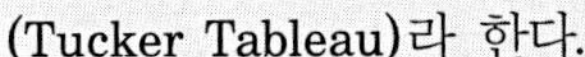

(Tucker Tableau)라 한다.

x_1	x_2	$\cdots$	x_n	-1	
a_{11}	a_{12}	$\cdots$	a_{1n}	b_1	$=-t_1$
a_{21}	a_{22}	$\cdots$	a_{2n}	b_2	$=-t_2$
$\vdots$	$\vdots$		$\vdots$	$\vdots$	$\vdots$
a_{m1}	a_{m2}	$\cdots$	a_{mn}	b_m	$=-t_m$
c_1	c_2	$\cdots$	c_n	d	$=f$

여기서 변수 $x_1, x_2, \cdots x_n$은 독립변수(independent variables)이고 슬렉변수 $t_1, t_2, \cdots, t_m$은 종속변수(dependent variables)이다.

주어진 최대화 선형계획법의 터커 테이블에서 단계별로 동치인 가능해(feasible solution)를 구하는 피벗변환(pivot transformation)에 대해 알아보자.

정리 1.14

피벗 연산(Pivot Transformation)

(1) 테이블 내의 영이 아닌 피벗 원 p를 선택한다. 이 때 이 원은 목적함수의 행이나 -1에 해당하는 열에 속한 원은 아니어야한다.

(2) 원 p를 포함하는 행과 열의 변수를 서로 바꾸고 부호는 그대로 둔다.

(3) p는 $1/p$로 바꾼다.

(4) p와 같은 행의 다른 원 q들은 q/p로 바꾼다.

(5) p와 같은 열의 다른 원 r들은 $-r/p$로 바꾼다.

(6) p와 다른 행 과 다른 열에 있는 원 s에 대하여 p와 같은 행이면서 s와 같은 열에 해당하는 원 q를 찾고, 또한 s와 같은 행이고 p와 같은 열에 해당하는 원 r을 찾는다. 그리고 원 s는 $(ps-qr)/p$로 바꾸어준다.

피벗 연산은 행렬의 기본행 연산과 같이 가능해를 그대로 유지한다. 그러면 어떻게 피벗원(pivot entry)를 선택하는지 알아보자.

모든 터커 테이블의 독립변수들을 영으로 하여 얻어진 해들을 기본해(basic solution)라 한다. 정의 1.13의 터커 테이블에서 만약 $b_1, b_2, \cdots, b_m \geq 0$이면 최대 기본 가능(maximum basic feasible) 테이블이라 한다. 만약 임의의 $b_i < 0$이면 일반적인 최대화 테이블(maximum tableau)이라 한다. 그러면 최적해를 구하는 단체 방법(simplex algorithm)을 알아보자.

정리 1.15

최대 기본형 단체법 알고리즘(Simplex algorithm)

(1) $b_1, b_2, \cdots, b_m \geq 0$인 최대 기본 가능 테이블 구성

(2) 만약 $c_1, c_2, \cdots, c_n \leq 0$이면, 알고리즘을 종료하고 이 가능해가 최적해가 된다.

(3) $c_j > 0$을 선택한다.

(4) 만약 $a_{1j}, a_{2j}, \cdots, a_{mj} \leq 0$이면 최대화 문제는 유계되지 않아 알고리즘을 종료한다. 그렇지 않다면 계속 시행한다.

(5) 다음 $\min_{1 \leq i \leq m}\{b_i/a_{ij} : a_{ij} > 0\} = b_p/a_{pj}$ 구한다. 이 때, a_{pj}를 피벗으로 선택하고 계속해서 1단계로 돌아간다. 약 b_p/a_{pj}가 최소인 p가 많을 때는 이들 중 임의로 선택하면 된다.

지금까지 기본형 선형계획법에 대해 최적의 해를 구하는 방법에 대해 알아봤다. 그러나 기본형 최대화 선형계획법 문제가 최대 가능형이 아닌 경우에 대해서는 언급하지 않았다. 그러면 이 문제를 어떤 방법으로 기본형 최대 가능형으로 변환하는지 알아보자.

정리 1.16

최대 단체법 알고리즘(Simplex algorithm for maximum)

(1) $b_1, b_2, \cdots, b_m \geq 0$이면 알고리즘 1.15의 (2)으로 가서 실행하고 아니면 계속 다음 단계로 진행한다.

(2) $b_i < 0$이 되는 가장 큰 i를 선택한다.

(3) 만약 $a_{i1}, a_{i2}, \cdots, a_{im} \geq 0$이면 최대화 문제는 불능이다. 아니면 계속 다음 단계로 진행한다.

(4) 만약 $i = m$이면 $a_{mj} < 0$을 선택하고 a_{mj}를 피벗으로 선택하고 (1)단계로 돌아간다. 만약 $i < m$이면 $a_{ij} < 0$를 선택하여

$$\min_{k > i}(\{b_i/a_{ij}\} \cup \{b_k/a_{ij} : a_{kj} > 0\}) = b_p/a_{pj}$$

를 계산한 후 a_{pj}를 피벗으로 선택하고 1)단계로 돌아간다. 여기서 만약 b_p/a_{pj}가 최소가 되는 p가 많을 경우 임의로 p를 선택한다.

(5) 모든 $b_1, b_2, \cdots, b_m \geq 0$가 되면 알고리즘 1.15를 시행한다.

한편 이 문제를 일반화하면 부등식과 등식을 제약조건으로 부여할 수 있다. 그러면 식 (1.28)은 다음과 같이 쓸 수 있다.

상수 계수를 갖는 행렬 a와 c, 직사각형 행렬A와 G에 대하여$Ax \leq b$, $Gx = a$ $x \geq 0$ 인 조건에 대하여,

$$\max_x f(x) = c \cdot x. \tag{1.29}$$

위 식 (1.29)의 부가적인 제약조건 $Gx = a$는

$$g_{11}x_1 + g_{12}x_2 + \cdots + g_{1n}x_n = a_1$$

$$\begin{aligned} g_{21}x_1 + g_{22}x_2 + \cdots + g_{2n}x_n &= a_2 \\ \vdots \qquad\qquad \vdots \qquad\qquad & \vdots \\ g_{p1}x_1 + g_{p2}x_2 + \cdots + g_{pn}x_n &= a_p \end{aligned}$$

으로 쓸 수 있다.

선형계획법 문제에 대한 해를 구하는 몇 가지 예를 표적 할당을 포함하여 전형적인 군사적 응용에서 찾아보고자 한다. 만약 변수가 두 개이면 그래프를 도식하여 비교적 쉽게 해를 구할 수 있다. 반면 변수가 둘 이상인 경우 단체방법(simplex method)에 의해 해를 구할 수 있다.

[예제 1.7]

72대의 F-16 전투기로 구성된 전투단은 목적함수의 최상의 값들에 의해 결정되는 전차와 스커드 미사일 발사대를 포함한 표적에 최대한 타격을 주는 임무를 부여 받았다. 표적들은 각각 다른 값들을 취하고 있다. 비행대가 스커드 미사일 발사대를 파괴할 경우 10단위, 전차만을 파괴하는 경우 1단위의 값을 부여한다. 표적 살상률(표적 소모율)은 미사일 발사대에 대한 F-16의 1회 출격 대비 : $a_S = 0.2$, 전차에 대한 F-16의 1회 출격 대비 : $a_T = 1.0$라고 가정하자. 주어진 임무를 완수하기 위한 F-16 전투기의 최적 배치를 구하여라.

풀이 변수 x를 미사일 발사대에 대한 F-16의 전투기의 배치, y를 전차에 대한 F-16의 전투기의 배치라 하고 목적 함수를

$$f_{\max} = 10 \times 0.2x + 1.0 \times 1.0y = 2x + y$$

로 나타내자. 여기에 작전 제한 조건들이 있는데,

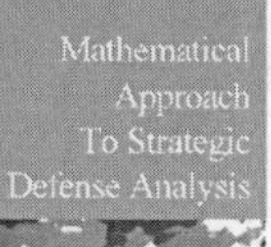

(1) 최소한 5개의 스커드 미사일 발사대를 파괴해야 된다.

(2) 최소한 25대의 전차를 파괴해야한다.

(3) 비행단 전투기 72대는 단 한번 출격할 수 있다.

이 제약조건을 수식으로 나타내면,

$$0.2x \geq 5$$

$$1.0y \geq 25$$

$$x + y \leq 72$$

와 같다.

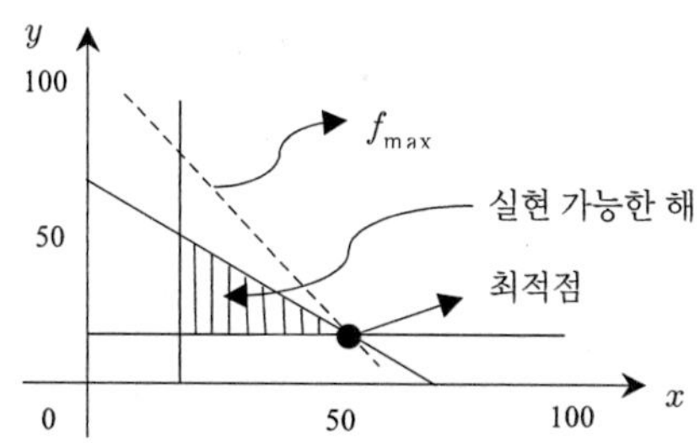

그림 1.7 F-16전투기의 표적 파괴 임무

단체법 알고리즘을 적용하여 계산하면 다음과 같다.

x	y	-1	
-1	0	-25	$=-t_1$
0	-1^*	-25	$=-t_2$
1	1	72	$=-t_3$
2	1	0	$=f$

x	t_2	-1	
-1^*	0	-25	$=-t_1$
0	-1	25	$=-y$
1	1	47	$=-t_3$
2	1	-50	$=f$

t_1	t_2	-1	
-1	0	+25	$=-x$
0	-1	25	$=-y$
1	1	22	$=-t_3$
2	1	-75	$=f$

t_3	t_2	-1	
+1	1	47	$=-x$
0	-1	25	$=-y$
1^*	1	22	$=-t_1$
-2	-1	-119	$=f$

이 문제에 대한 그래프를 그려 주어진 임무를 완수하기 위한 F-16 전투기의 최적 배치에 대한 해는 $x = 47$, $y = 25$이고 목적함수 $f_{max} = 119$가 된다.

[예제 1.8]

두 종류의 수송기를 이용하여 권역별 분쟁 지역에 가능한 많은 보급품을 공중 지원하고자 한다. 수송기의 종류는 30톤을 수송할 수 있는 20대의 C-141과 120톤을 수송할 수 있는 12대의 C-5A/B이다. C-141에 적재하기 위해서는 4명의 승무원이 2시간 소요되고, C-5A/B는 6명이 2시간 소요된다. 전체 적재 시간은 240시간을 초과하지 않아야 한다. 각 수송기는 단 한 차례 비행가능하며, 승무원은 교대 가능하다. 주어진 제약 조건하에서 수송임무를 부여하는 최적의 해를 구하여라.

풀이 변수 x를 C-141 수송기의 수, y를 C-5A/B 수송기의 수라고 하자. 그러면 주어진 조건을 고려하여 식을 세우면

$$f_{\max} = 30x + 120y$$

$$x \le 20$$

$$y \le 12$$

$$8x + 12y \le 240$$

으로 표현된다.

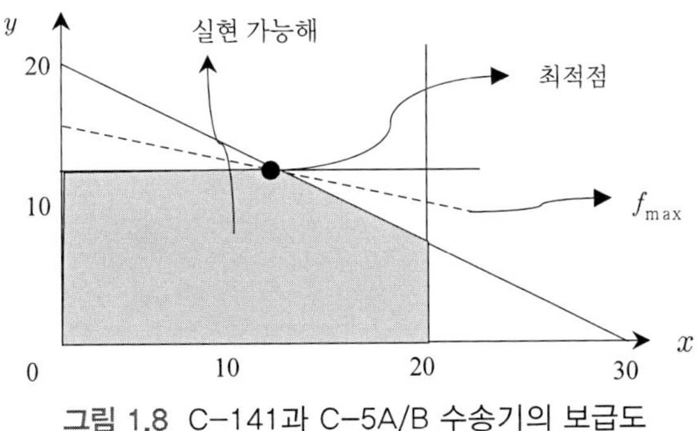

그림 1.8 C-141과 C-5A/B 수송기의 보급도

단체법 알고리즘에 의해 수송 임무부여에 대한 최적의 해는 $x = 12$, $y = 12$이고 목적함수의 최댓값은 $f_{\max} = 1800$이 된다.

한편 독립변수가 음이 아니라는 제약조건이 없는 선형계획법을 제약받지 않은 조건(unconstrained)이라하고 또 다른 형태는 제약 조건에 부등식이 아닌 등식으로 주어진 비정형 선형계획법에 대해서는 피벗 연산을 어떻게 하여 최적화 문제를 해결하는 지 간단히 살펴보자. 선형계획법의 단체 방법을 적용할 때 아래와 같은 원칙을 적용하여 전형적인 선형계획법 문제로 변환시켜 문제를 해결하면 된다.

(1) 비정형 터커 테이블에서 제약되지 않은 독립변수들은 피벗 다운하여 최대화 문제에서는 북쪽에서 동쪽으로 이동한다. 이 경우에 어떤 상황에서도 −1에 해당하는 행과 열 또는 목적함수의 행과 열에서는 피벗 원으로 선택할 수 없음을 명심하기 바란다.

(2) 비정형 터커 테이블의 제약조건 중 등식에 해당하는 0의 슬렉 변수는 위로 피벗하여 최대화 문제에서는 동쪽에서 북쪽으로 이동한다. 여기서도 어떤 상황에서도 −1에 해당하는 행과 열 또는 목적함수의 행과 열에서는 피벗 원으로 선택할 수 없다.

(3) 비정형 최대화 테이블에서 제약되지 않은 변수를 피벗하여 얻은 행은 파일하고 삭제한다.

(4) 같은 비정형 최대화 테이블에서 0의 슬렉 변수에 해당하는 열은 삭제된다.

(5) 어떠한 경우도 비정형 터커 테이블이 정형의 터커 테이블로 변환될 때까지 단체법 알고리즘을 적용하지 말아야 한다. 정형인 터커 테이블은 제약되지 않은 독립변수와 0의 슬렉변수를 포함하고 있지 않음을 명심하기 바란다.

다음 예제에서 이런 방식으로 어떻게 비정형 선형계획법 문제를 정형적인 선형계획법 문제로 바꾸는지 살펴보자.

[예제 1.9]

다음에 주어진 선형계획법의 최적해를 구하여라.

$$Maximize\ f(x,y,z) = x + 2y + z$$

$$subject\ to\quad \begin{array}{l} x+y+z=6 \\ x+y \le 1 \\ x,z \ge 0 \end{array}$$

풀이 이 문제에서 등식인 제약조건은 $x+y+z=6$이고 제약되지 않은 독립변수는 y이다. 따라서 이에 대한 터커 테이블은

x	ⓨ	z	-1	
1	1	1	6	$=-0$
1	1	0	1	$=-t_1$
1	2	1	0	$=f$

이 된다. 여기서 위의 원칙에서 언급한 1)과 2)을 적용하여 제약되지 않은 독립변수 y는 동쪽 아래로 이동하고, 0의 슬렉 변수는 북쪽 위로 이동시켜야 한다. 이 경우 동시에 $a_{12}=1$을 피벗으로 선정하면 해결된다.

x	ⓨ	z	-1	
1	1	1	6	$=-0$
1	1	0	1	$=-t_1$
1	2	1	0	$=f$

피벗 y 다운

→

피벗 0 업

x	0	z	-1	
1	1	1	6	$=-$ⓨ
0	-1	-1	-5	$=-t_1$
-1	-2	-1	-12	$=f$

파일 등식

$x+z-6=-y$

→

y행, 0열 삭제

x	z	-1	
0	-1^*	-5	$=-t_1$
-1	-1	-12	$=f$

→

단체법 알고리즘

x	t_1	-1	
0	-1^*	5	$=-z$
-1	-1	-7	$=f$

최종 테이블에서 기본해는 최적이다. 따라서 비정형 최대화 선형계획법의 최적해는 $x=t_1=0,\ z=5,\ y=1$(풀이과정 중 등식에서 유추)

$$\max f = 7$$

임을 얻을 수 있다.

1.4 게임이론(Game Theory)

게임이론(game theory)은 한 명 이상의 의사결정자와 임의의 의사결정자가 자신의 선택뿐만 아니라 다른 의사결정자의 선택도 고려하는 상황을 포함하여 전체적인 결과를 연구하는 학문분야이다. 일반적인 실내 게임(parlor games)의 전략과 유사하며, 의사결정자들을 게이머라 말하기 때문에 게임이론이라 부른다. 게이머가 자신에게 가장 유리한 최적의 전략을 선택하는 것이 게임이론의 핵심이고, 때때로 전략 게임(games of strategy)이라고도 한다. 제 6장에서 다루게 될 ABM(대탄도미사일) 방어에 대한 전략적 분석은 서로 이해마찰을 빚는 두 게이머(공격과 방어자)의 게임이다. 그들의 의사결정 결과에 따라 각 게이머들이 채택한 양측의 특정한 전략에 대한 이익분배함수로 측정된다.

예를 들어 공격과 방어의 두 선수에 대한 이익분배함수는 각각 미사일 발사대의 생존개수와 파괴된 개수들이다. 분명히 두 게이머들의 목표는 그들의 지향하는 이익분배함수를 극대화하는 것이다. 만약 방어자가 m개의 서로 다른 전략을 선택하고, 공격자가 n개의 전략을 선택했다면 이에 해당하는 이익분배함수는 주어진 대체 가능한 양측의 전략으로부터 두 선수들의 이익분배를 보여주는 두 개의 이익분배 행렬(payoff matrix)로 공식화할 수 있다. 이해하기 쉽도록 두 행렬은 중첩하여 하나의 행렬 A로 나타내고 각 원들은 두 숫자 $(a_{ij,} b_{ij})$로 구성하자. 여기서 이익분배 행렬 A의 구성원에서 i번째 방어 전략과 j번째 공격 전략에 대한 첫 번째 원 a_{ij}는 방어자의 이익분배이고 b_{ij}는 공격자의 이익분배이다. 이제까지 설명한 이익분배 행렬 A는

$$A = \begin{pmatrix} (a_{11}, b_{11}) & (a_{12}, b_{12}) & \cdots & (a_{1n}, b_{1n}) \\ (a_{21}, b_{21}) & (a_{22}, b_{22}) & \cdots & (a_{2n}, b_{2n}) \\ \vdots & \vdots & \vdots & \vdots \\ (a_{m1}, b_{m1}) & (a_{m2}, b_{m2}) & \cdots & (a_{mn}, b_{mn}) \end{pmatrix} \tag{1.30}$$

으로 표현한다.

정의 1.17

제로섬(영합) 게임(two-person zero-sum game)은 $a_{ij} + b_{ij} = 0$인 게임으로 두 번째 게이머의 이익은 단순히 처음 게이머의 이익의 마이너스($b_{ij} = -a_{ij}$)로 정의한다.

이익분해 행렬 A는 각각의 $i\ j$ 전략 쌍에 대하여 식 (1.30)에서처럼 하나의 원으로 나타낼 수 있다. 그러나 첫 번째 선수의 이익은 a_{ij}이고, 두 번째 선수의 이익은 $-a_{ij}$임을 이해하고 있어야한다. 그러므로 식 (1.30)은

$$A = \begin{pmatrix} a_{11} & a_{12} & \cdots & a_{1n} \\ a_{21} & a_{22} & \cdots & a_{2n} \\ \vdots & \vdots & \vdots & \vdots \\ a_{m1} & a_{m2} & \cdots & a_{mn} \end{pmatrix} \tag{1.31}$$

으로 간단히 표현할 수 있다. 이를 행렬게임(matrix game)이라 한다.

예를 들어 탄도미사일 방어 문제는

$$a_{ij} + b_{ij} = C(상수)$$

로 표현되는 상수-합 게임의 범주에 들어가고, 이 식은 제로섬 게임으로 나타낼 수 있다. 이 식을 설명하기 위하여 몇 가지 정의.

$$\begin{aligned} a_{ij} &= \text{생존한 발사대의 수} \\ b_{ij} &= \text{파괴된 발사대의 수} \\ d &= \text{전체 발사대의 수} \end{aligned}$$

가 필요하다. 그러면

$$a_{ij} + b_{ij} = d \quad \Rightarrow \quad b_{ij} = d - a_{ij}$$

가 된다. 이익분배행렬의 원들의 쌍은 $(a_{ij}, d - a_{ij})$가 되고, 각 원에서 $\frac{1}{2}d$를 빼면 $(a_{ij}', b_{ij}') = \left(a_{ij} - \frac{1}{2}d,\ -(a_{ij} - \frac{1}{2}d)\right)$가 되어

$$a_{ij}' + b_{ij}' = 0 \tag{1.32}$$

을 만족한다. 이 식을 유도하는 과정에서 상수-합 게임이 제로섬 게임으로 분석할 수 있음을 보여준다.

다시 주제로 돌아와서 두 플레이어 제로섬 게임에서의 기본적인 목표는 각 플레이어는 상대방이 어떤 전략을 선택하든지 상관없이 가능한 최대의 이익을 추구한다. 이에 대한 예를 그림 1.9에서 설명한다. 행렬에서 행은 방어자이고, 열은 공격자를 나타낸다고

하자. 따라서 플레이어 1은 행에서 보여주는 것처럼 어떤 선택을 하든, 플레이어 2는 공격하여 성과를 극대화하는 열을 선택할 것이고 플레이어 1에게는 최소화되게 할 것이다. 왜냐하면 공격은 가능하면 작은 값(생존하는 발사대의 수를 최소화)이 되는 이익분배행렬을 원할 것이기 때문에 플레이어 1의 전략은 가장 작은 값의 행을 조사하고 최소화된 값들을 극대화 시키는 행을 선택할 것이다.

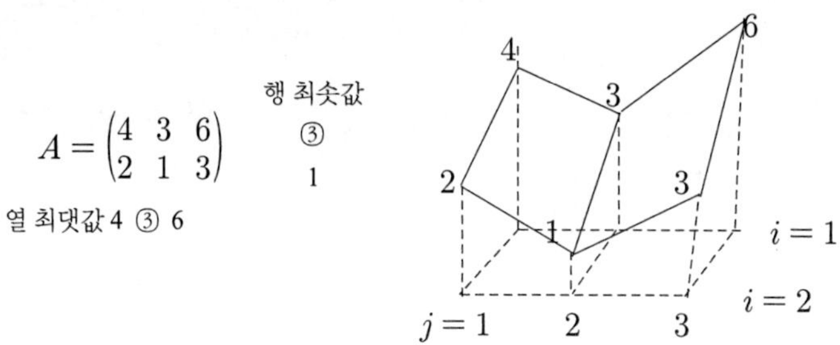

그림 1.9 게임이론의 이익분배행렬의 예

플레이어 2(공격자)가 어떤 전략을 선택하든지 이익분배는 이 최대-최솟값과 같거나 크게 될 것이다. 수학적으로 이것을

$$\max_i \min_j a_{ij} \tag{1.33}$$

로 나타내고, 최댓값 선택은 행의 최솟값의 집합에서 구한다.

유사한 방법으로 방어자는 가능한 최고의 이익분배 행렬 값(생존성이 보장되는 최고의 미사일 발사대)을 원하기 때문에 플레이어 2(공격자)의 전략은 극댓값의 열벡터를 조사하여 극댓값들 중에서 극소가 되는 행을 선택한다. 이것은 방어자가 어떤 전략을 선택하든지 이익분배는 최소-최댓값과 같거나 작을 것이다. 수학적 기호로 나타내면

$$\min_j \max_i a_{ij} \tag{1.34}$$

가 되고, 여기서 최솟값의 선택은 극댓값인 열벡터 행렬의 집합에서 수행된다. 만약

$$\max_i \min_j a_{ij} = \min_j \max_i a_{ij} = a_{ij}^* \tag{1.35}$$

이면 원 (i, j)는 행에 대해 최소이고 열에 대해 최대이기 때문에 이익분배 행렬은 a_{ij}^*에서 안장점(saddle point)을 가지게 된다. 위 그림 1.9에서 전략 $(i, j) = (1, 2)$에서 보면 행 최소는 열 최대와 같다. 이익분배 표면을 보면 한쪽 방향으로는 위로 올라가고 다른

방향으로는 내려가는 안장의 표면과 비슷하다고 하여 불리는 안장점의 위치를 보여준다. 특히 이익분배 행렬의 모든 원에서 일정한 상수를 더하거나 빼어도 안장점의 위치는 변하지 않고, 최적의 전략들도 바뀌지 않는다.

안장점을 가지는 게임을 "엄선된 게임"이라 부른다. 일반적으로

$$\max_i \min_j a_{ij} \le \min_j \max_i a_{ij} \tag{1.36}$$

이고, 이 부등식을 만족하는 게임을 안장점이 없는 "엄선되지 않은 게임"이라 부르며 해(solutions)를 이용할 수 없다. 엄선된 게임에서 개발된 최적해의 개념은 여전히 타당하지만, 단순 전략(즉 단일 행 또는 단일 열 전략)을 대신하는 혼합된 전략은 확률분포 벡터에 기반을 두고 사용한다. 플레이어 1에 대해 전략이 $\boldsymbol{p}$, 플레이어 2에 대해서는 전략 $\boldsymbol{q}$인 분포 벡터라고 하면

$$\boldsymbol{p} = (p_1,\ p_2,\ \cdots,\ p_m)$$

$$\boldsymbol{q} = (q_1,\ q_2,\ \cdots,\ q_n)$$

로 표현되고, 여기서 각 선수들의 분포 벡터는

$$\sum_{i=1}^{m} p_i = 1,\quad \sum_{j=1}^{n} q_j = 1$$

을 만족하며 이 합은 혼합전략을 사용하는 선수 각각에 따라 $i=1$에서 m까지, $j=1$에서 n까지 전부 더한 것이다. 특히 이 경우 이익분배 행렬은

$$\begin{aligned} \Pi(\boldsymbol{p},\ \boldsymbol{q}) &= \boldsymbol{p}\, C(\boldsymbol{q})^T \\ &= (p_1\, p_2 \cdots p_m) \begin{pmatrix} q_{11} & q_{12} & \cdots & q_{1n} \\ q_{21} & q_{22} & \cdots & q_{2n} \\ \vdots & \vdots & \vdots & \vdots \\ q_{m1} & q_{m2} & \cdots & q_{mn} \end{pmatrix} \end{aligned} \tag{1.37}$$

그러므로 문제는 최적의 해를 보장하기 위해 확률 벡터 $\boldsymbol{p}$와 $\boldsymbol{q}$의 한 쌍을 선택하는 것이다. 플레이어 2의 j번째 단순 전략에 대한 전략 $\boldsymbol{p}$를 사용한 플레이어 1의 예상 최소 이익분배는

$$\Pi(\boldsymbol{p}) = \min \boldsymbol{p} C_j,\quad j = 1, 2, \cdots, n \tag{1.38}$$

이고, 여기서 C_j는 행렬 C의 j열이다. 그러므로 플레이어 1은 이익분배 $\Pi(\boldsymbol{p})$를 극대화하기 위하여 $\boldsymbol{p}$를 선택하여야 한다. 이제까지 논의한 것을 정리하면 $\boldsymbol{p}C$에 대한 최적의 값을 Π^1이라할 때

$$\Pi^1 = \max_p \min_j \boldsymbol{p}\, C_j \tag{1.39}$$

가 되어야 한다. 이와 마찬가지로 플레이어 1이 i번째 단순 전략에 대하여 그의 전략 $\boldsymbol{q}$를 선택했다면

$$\Pi(\boldsymbol{q}) = \max\ R_i\,(\boldsymbol{q})^T, \quad i = 1, 2, \cdots, m \tag{1.40}$$

이고 R_i는 행렬 C의 i번째 행이다. 그러므로 플레이어 2는 $\Pi(\boldsymbol{q})$를 최소화하기 위하여 $\boldsymbol{q}$를 선택해야한다. 다시 정리하면 Π^2를 $\Pi(\boldsymbol{q})$의 최적의 값으로 나타내면

$$\Pi^2 = \min_q \max_j R_j(\boldsymbol{q})^T \tag{1.41}$$

가 되어야 한다.

정리 1.18 (본노이만 최소-최대 정리)

A를 $m \times n$ 행렬 게임이라 하자. 그러면 플레이어 1과 플레이어 2의 최적의 혼합 전략 P^*와 Q^*가 각각 존재한다. 더구나

$$\max_p \min_j \boldsymbol{p}\, C_j = \min_q \max_i R_i(\boldsymbol{q})^T$$

를 만족하고 이 값을 **본노이만 값**(Von-Neumann value)이라 한다. 만약 예상되는 이익분배에 대하여 최대-최솟값이 최소-최댓값과 같은 혼합 전략 $\boldsymbol{p}$와 $\boldsymbol{q}$쌍이 최소한 하나 이상 존재한다면 혼합 전략을 갖는 제로-썸 게임은 안장점을 갖는다.

행렬게임의 본노이만 값은 각 게임당 각 플레이어가 최적의 전략을 선택할 때 플레이어 1이 기대되는 방어 성공이자 플레이어 2의 예상되는 공격 실패라고 볼 수 있다. 양의 본노이만 값이면 플레이어 1이 유리한 게임이고, 음이 값이면 플레이어 2에게 유리한 게임이다. 그리고 0인 본노이만 값이면 게임은 공평하다고 본다.

최적의 혼합 전략 $\boldsymbol{p}$와 $\boldsymbol{q}$는 이중 선형계획법 문제를 해결하면서 구할 수 있다. 그러면 간단히 게임이론에서 요구되는 최적의 전략을 구하는 방법을 간단히 소개하면서 마무리하고 보다 자세한 게임이론은 참고 문헌에서 찾아보기 바란다.

이익분배 행렬의 한 행이 다른 행과 항별로 같거나 적으면 플레이어 1은 성과를 극

대화하려고 작은 행을 삭제한다. 한편 플레이어 2는 그의 손실을 최소화하려고 행렬의 한 열이 다른 열과 항별로 비교하여 같거나 큰 열을 제거한다. 더 이상 한 행 또는 열이 다른 행 또는 열보다 우위에 있지 않을 때까지 계속해서 삭제한다. 이러한 과정을 행렬게임의 **우위**(domination)라고 한다. 주어진 행렬게임에 우위 과정을 통해 최대한 단순하게 만들어도 게임전략에는 영향을 미치지 않는다. 이 문제를 해결하기 위해서는 비정형 선형계획법 문제에 대한 알고리즘을 이해해야 되는데 어떤 경우든 비정형 선형계획법을 정형인 선형계획법으로 전환하여 계산하기 때문에 아래 표에서 독립변수 v는 북쪽에서 동쪽으로, u는 서쪽에서 남쪽으로 이동시키는 피벗을 선택해야 한다. 다음과 같이 피벗을 선택하면 단 두 개의 피벗으로 최대 기본형 최대화 선형계획법 문제를 풀 수 있다.

(1) 행렬 게임의 각 열에서 최대인 원을 찾는다.

(2) 이들 최대인 원들 중에서 가장 작은 원, 이른바 A의 원 a_{ij}를 선택한다.

(3) 아래 주어진 것처럼 *와 **에 각각 피벗을 취한다.

	$\boxed{v}$	q_1	q_2	$\cdots$	q_j	$\cdots$	q_n	-1	
$\boxed{u}$	0	-1	-1	$\cdots$	-1^{**}	$\cdots$	-1	-1	$=-0$
p_1	-1							0	$=-t_1$
p_2	-1							0	$=-t_2$
$\vdots$	$\vdots$								$\vdots$
p_i	-1^{*}				a_{ij}				
p_m	-1								$=-t_m$
-1	-1	0	0		$\cdots$		0	0	$=f$
	$=0$	$=s_1$	$=s_2$		$\cdots$		$=s_n$	$=g$	

*와 **에 각각 피벗을 취한 다음 얻은 결과가 기본형 최대화 선형계획법인지 확인하면 된다. 만약 기본형 선형계획법이 아니면 잘못 계산된 것이다. 위의 테이블을 A에 대한 게임 테이블(game tableau)이라 한다.

[예제 1.10]

행렬게임 $A=\begin{pmatrix} 2 & -3 & 2 \\ -3 & 4 & -3 \\ 2 & -3 & 6 \end{pmatrix}$에 대하여 최적의 게임 전략을 구하여라.

풀이 주어진 행렬게임에서 우위과정을 먼저 확인하면 1행은 각 항별로 비교하면 3행에 비해 같거나 작다. 따라서 1행은 삭제하여 다시 쓰면 $\begin{pmatrix} -3 & 4 & -3 \\ 2 & -3 & 6 \end{pmatrix}$가 되고 이 행렬에서 3열은 1열에 비해 항별로 같거나 크기 때문에 삭제한다. 따라서 단순화된 게임행렬은 $\begin{pmatrix} -3 & 4 \\ 2 & -3 \end{pmatrix}$가 된다. 이 단순화된 행렬에서 A의 게임 테이블은

	$\boxed{v}$	q_1	q_2	-1	
$\boxed{u}$	0	-1^{*}	-1	-1	$=-0$
p_1	-1	-3	4	0	$=-t_1$
p_2	-1^{**}	2	-3	0	$=-t_2$
-1	-1	0	0	0	$=f$
	$=0$	$=s_1$	$=s_2$	$=g$	

*와 **에 피벗을 하고 나면 기본형 최대화 선형계획법이 되고 앞에서 언급한 알고리즘을 적용하면 $t_1=t_2=0,\ q_1=7/12,\ q_2=5/12$이고 $\max f=1/12$이고, $s_1=s_2=0,\ p_1=5/12,\ p_2=7/12$이고 $\min g=1/12$가 된다.

따라서 본노이만 값은 $\max u=\max(-g)=-\min g=-1/12$이므로 플레이어 2가 더 유리한 게임이다.

1.5 미분방정식

이 절에서는 3장과 4장의 란체스터 확정형과 확률형 전투모델링을 다루는데 요구되는 1계 선형미분방정식과 연립미분방정식을 중심으로 소개하였다. 선수과목으로 이미 미분

방정식을 수강한 학생들은 다음 장으로 건너뛰고 미분방정식을 듣지 않은 경우 혼자서 필요한 내용을 간단하게나마 이해할 수 있도록 비교적 자세하게 다루었다.

미분방정식(differential equation)이란 도함수를 포함하는 방정식이다. 미분방정식은 상도함수만 포함하는 상미분방정식(ODE)과 편도함수를 포함하는 편미분방정식(PDE)으로 분류하지만. 이 과정이 요구하는 상미분방정식만 다룬다.

1.5.1. 1계 선형미분방정식

함수 $g(x)$가 주어진 구간에서 연속이면 미분방정식 $\frac{dy}{dx}=g(x)$는 적분을 하여 $y=\int g(x)dx+c$로 쉽게 풀 수 있다. 예를 들어 $\frac{dy}{dx}=3+\sin x$인 미분방정식을 풀면 $y=3x-\cos x+c$가 된다.

정의 1.19

1계 미분방정식의 형태가

$$\frac{dy}{dx}=g(x)h(y) \quad \text{또는} \quad h(y)dy=g(x)dx$$

와 같은 형태의 방정식을 **변수분리형**(separable variable)이라고 한다.

변수분리형 미분방정식의 해를 구하기 위하여 $p(y)=\frac{1}{h(y)}$로 두면 위 방정식은 $p(y)\frac{dy}{dx}=g(x)$가 되고, 해를 $y=\phi(x)$라 할 때 $p(\phi(x))\phi'(x)=g(x)$이므로 양변을 x에 대해 적분하면 $\int p(\phi(x))\phi'(x)dx=\int g(x)dx$가 된다. 이 식에 다시 $y=\phi(x)$를 대입하면 주어진 미분방정식의 해는 $\int p(y)dy=\int g(x)dx$를 계산하면 구할 수 있다.

[예제 1.11]

미분방정식 $(1+x)dy - ydx = 0$의 해를 구하여라.

풀이 $(1+x)y$로 주어진 미분방정식의 양변을 나누면 $\dfrac{dy}{y} = \dfrac{dx}{1+x}$가 되고 각각 변수 y와 x에 대해 적분하면 $\displaystyle\int \frac{dy}{y} = \int \frac{dx}{1+x}$가 되어 적분하면 $\ln|y| = \ln|1+x| + c_1$가 된다. 다시 x에 대한 식으로 정리하면 $y = c(1+x)$가 된다.

미분적분학에서 2변수함수 $z = f(x, y)$가 xy평면의 한 영역 R에서 연속인 1계 편도함수를 갖는다면 **전미분**(total differential)은 다음과 같이 정의된다.

$$dz = \frac{\partial f}{\partial x}dx + \frac{\partial f}{\partial y}dy$$

예를 들어 $x^2 - 5xy + y^3 = c$이면, 전미분은 $(2x - 5y)dx + (-5x + 3y^2)dy = 0$이다.

정의 1.20 (완전 미분방정식)

미분방정식 $M(x,y)dx + N(x,y)dy = 0$에서 이 미분방정식의 좌변이 어떤 함수의 전미분일 때 **완전 미분방정식**(exact differential equation)이라 한다. 즉 어떤 함수 $f(x, y)$가 존재하여 $M(x, y) = \dfrac{\partial f}{\partial x}$, $N(x, y) = \dfrac{\partial f}{\partial y}$를 만족한다.

다음은 완전 미분 방정식의 판별법과 해를 구하는 방법을 알아보자.

정리 1.21 (완전 미분방정식의 판별법)

미분방정식 $M(x, y)dx + N(x, y)dy = 0$에 대하여 xy평면의 영역 R에서 $M(x, y)$, $N(x, y)$가 연속인 1계 편도함수를 가질 때 $M(x, y)dx + N(x, y)dy = 0$가 완전 미분방정식일 필요충분조건은 다음과 같다.

$$\frac{\partial M}{\partial y} = \frac{\partial N}{\partial x}$$

만약 $M(x, y)dx + N(x, y)dy = 0$이 완전 미분방정식이면 어떤 함수 $z = f(x, y)$가 존재하여 $M(x, y) = \frac{\partial f}{\partial x}$, $N(x, y) = \frac{\partial f}{\partial y}$를 만족한다. 그러므로

$$\frac{\partial M}{\partial y} = \frac{\partial^2 f}{\partial x \partial y} = \frac{\partial N}{\partial x}$$

이 된다. 따라서 x에 대해 $M(x, y) = \frac{\partial f}{\partial x}$를 적분하면 $f(x, y) = \int M(x, y)dx + g(y)$이다. 여기서 $g(y)$는 $\frac{\partial f}{\partial y} = N(x, y)$를 이용하여 구한다. 물론 위와 유사하게 $N(x, y) = \frac{\partial f}{\partial y}$로부터 $f(x, y)$를 구할 수 있다.

[예제 1.12]

$(e^{2y} - y\cos xy)dx + (2xe^{2y} - x\cos xy + 2y)dy = 0$의 해를 구하여라.

풀이 $M_y = 2e^{2y} + xy\sin xy - \cos xy = N_x$이므로 완전 미분방정식이다. 따라서 편미분 가능하고 $\frac{\partial f}{\partial y} = N(x, y) = 2xe^{2y} - x\cos xy + 2y$를 만족하는 함수 $f(x, y)$가 존재한다. 이 식을 y에 대하여 적분하면 $f(x, y) = xe^{2y} - \sin xy + y^2 + h(x)$를 구할 수 있다. 다시 이 식을 x에 대해 편미분하고 $M(x, y) = \frac{\partial f}{\partial x}$와 비교하면

$$\frac{\partial f}{\partial x} = e^{2y} - y\cos xy + h'(x) = e^{2y} - y\cos xy$$

가 된다. 여기서 $h'(x) = 0$이 되어 $h(x) = c$를 구할 수 있다. 따라서 미분방정식의 해는 $xe^{2y} - \sin xy + y^2 = c$가 된다.

한편, 미분방정식에 어떤 함수를 곱하여 완전 미분방정식이 될 때 곱하는 함수를 그 미분방정식의 **적분인자**(integrating factor)라 한다. 이 적분인자를 구하는 방법은 다양한 경험을 통해 구할 수 있는데 다음과 같은 식을 알고 있으면 적분인자를 구하는데 많은 도움이 된다.

(1) $d(xy) = xdy + ydx$ (2) $d(\frac{y}{x}) = \frac{xdy - ydx}{x^2}$

(3) $d(\frac{x}{y}) = \frac{ydx - xdy}{y^2}$ (4) $d(x^2 + y^2) = 2(xdx + ydy)$

[예제 1.13]

$xdy + ydx = \sqrt{xy}\,dy$를 풀어라.

풀이 $\frac{1}{\sqrt{xy}}$를 적분인자로 택하여 위 식 (1)을 적용하면

$$\frac{xdy + ydx}{\sqrt{xy}} = \frac{d(xy)}{(xy)^{\frac{1}{2}}} = dy$$

가 되고, 이 식을 각각 xy와 y에 대해 적분하면 $2(xy)^{\frac{1}{2}} = y + c$가 된다.

[예제 1.14]

다음 미분방정식의 적분인자를 찾고 해를 구하여라.

(a) $xdy - ydx = x^6y^5dy$

(b) $xdy - ydx = \sqrt{x^2 + y^2}\,(xdx + y\,dy)$

(c) $3x\,dy + 4ydx = x^4y^6dx$

풀이 (a) 먼저 양변을 x^2으로 나누고 위 식 (2)를 적용하면

$$\frac{xdy - ydx}{x^2} = d(\frac{y}{x}) = x^4y^5dy$$

가 된다. 이 식의 양변 $\left(\frac{y}{x}\right)^4$을 곱하면 $\left(\frac{y}{x}\right)^4 d(\frac{y}{x}) = y^9dy$가 되므로 이 식을 적분하면 $\frac{1}{5}\left(\frac{y}{x}\right)^5 = \frac{1}{10}y^{10} + c$가 된다.

(b) 양변을 $x^2 + y^2$으로 나누고 위 식 (2)와 (4)를 이용하여 풀면

$$\frac{(xdy-ydx)/x^2}{(x^2+y^2)/x^2}=\frac{d(y/x)}{1+(y/x)^2}=\frac{1}{2}\frac{2xdx+2ydy}{\sqrt{x^2+y^2}}=\frac{1}{2}\frac{d(x^2+y^2)}{\sqrt{x^2+y^2}}$$

이고 이 식을 각각 적분하면 $\tan^{-1}\left(\frac{y}{x}\right)=(x^2+y^2)^{\frac{1}{2}}+c$가 된다.

(c) 양변에 x^3y^2을 곱하면 $x^3y^2(3xdy+4ydx)=x^7y^8dx$가 되고 이 식을 전미분의 형태로 고치고 양변에 $(x^4y^3)^{-\frac{8}{3}}$을 곱하면

$$(x^4y^3)^{-\frac{8}{3}}d(x^4y^3)=(x^4y^3)^{-\frac{8}{3}}x^7y^8dx=x^{-\frac{11}{3}}dx$$

이고 이 식을 각각 변수에 대해 적분하면 $-\frac{3}{5}(x^4y^3)^{-\frac{5}{3}}=-\frac{3}{8}x^{-\frac{8}{3}}+c$가 된다.

이전과 다른 형태의 미분방정식으로 종속변수의 차수가 1차이고 그 도함수의 차수가 1차인 $a_1(x)\frac{dy}{dx}+a_0(x)y=g(x)$의 형태인 1계 선형미분방적식에 대해 알아보자. 이 미분방정식의 표준형은 $\frac{dy}{dx}+P(x)y=f(x)$인데 양변에 적분인자 $e^{\int P(x)dx}$를 곱하면

$$e^{\int P(x)dx}\frac{dy}{dx}+P(x)e^{\int P(x)dx}y=e^{\int P(x)dx}f(x)$$

가 되고 이는 다시

$$\frac{d}{dx}[e^{\int P(x)dx}y]=e^{\int P(x)dx}f(x)$$

로부터 양변을 각각 적분하면

$$e^{\int P(x)dx}y=\int e^{\int P(x)dx}f(x)dx+c$$

를 구할 수 있다. 따라서 다시 y를 x의 함수 형태로 정리하여 다음과 같은 일반해를 유도할 수 있다..

$$y = e^{-\int P(x)dx} \int e^{\int P(x)dx} f(x)dx + ce^{-\int P(x)dx} \tag{1.42}$$

[예제 1.15]

다음 1계 선형 미분방정식의 해를 구하여라.

(1) $y' + 3y = 6$ (2) $xy' + 2y = x^3$

(3) $(x^2 - 9)y' + xy = 0$ (4) $y' + y = x,\ \ y(0) = 4$

풀이 (1) 적분인자는 $e^{\int 3dx} = e^{3x}$ 이므로 방정식의 양변에 곱하여 다시 정리하면

$$e^{3x}\frac{dy}{dx} + 3e^{3x}y = 6e^{3x} \quad \text{또는} \quad \frac{d}{dx}[e^{3x}y] = 6e^{3x}$$

따라서 양변을 적분하면 $e^{3x}y = 2e^{3x} + c$가 되고 해는 $y = 2 + ce^{-3x}$이다.

(2) 주어진 미분방정식을 x로 나누어 표준형으로 고치면 $y' + \frac{2}{x}y = x^2$이 되고 적분 인자는 $e^{\int \frac{2}{x}dx} = x^2$이다. 이 해를 식 (1.43)에 대입하면

$$y = \frac{x^3}{5} + cx^{-2},\ \ 0 < x < \infty$$

가 된다.

(3) 미분방정식을 표준형으로 고치면 $y' + \frac{x}{x^2 - 9}y = 0$가 되고, 적분인자는

$$e^{\int \frac{x}{x^2-9}dx} = \sqrt{x^2 - 9}$$

이고, 식 (1.43)에 대입하여 계산하면 구간 $(-\infty, -3) \cup (3, \infty)$에서 일반해는

$$y = \frac{c}{\sqrt{x^2 - 9}}$$

이다.

(4) 표준형에서 적분인자를 구하면 $e^{\int 1dx} = e^x$이고 일반해는 식 (1.43)에 의해

$y = x - 1 + ce^{-x}$가 된다. 이 일반해에 초기값 $y(0) = 4$를 대입하면 $c = 5$가 되어 $y = x - 1 + 5e^{-x}$이다. 참고로 이 해는 특별한 두 해의 합으로 구성되어 있음을 알 수 있다. 하나는 동차방정식의 일반해 $y_c = ce^{-x}$이고, 다른 해는 비동차방정식의 특수해 $y_p = x - 1$이다.

지금까지 1계 선형미분방정식의 해를 구하는 간단한 형태를 살펴보았는데, 이외에도 다양한 방법들이 있다. 특히 변수를 치환하여 변수분리형이나 선형미분방정식으로 변환하여 풀 수가 있는데 이렇게 해를 구하는 방법을 **치환법**(substitution methods)이라 한다.

어떤 실수 n에 대하여 $f(tx, ty) = t^n f(x, y)$가 성립하면, $f(x, y)$를 차수 n에 대한 **동차함수**(homogeneous function)라고 한다.

[예제 1.16]

(1) $f(x,y) = x - 3\sqrt{xy} + 5y$: 차수 1인 동차함수

(2) $f(x,y) = \sqrt{x^3 + y^3}$: 차수 $\frac{3}{2}$인 동차함수

(3) $f(x,y) = x^2 + y^2 + 1$: 동차함수가 아님

(4) $f(x,y) = \frac{x}{2y} + 4$: 차수 0인 동차함수

(5) $f(x,y) = 6xy^3 - x^2y^2$: 4차 동차함수

(6) $f(x,y) = x^2 - y$: 비동차 함수

$f(x,y)$가 차수 n인 동차함수이면 $f(x,y) = x^n f(1, \frac{y}{x})$, $f(x,y) = y^n f(\frac{x}{y}, 1)$로 쓸 수 있다.

(7) $f(x,y) = x^2 + 3xy + y^2$: 차수 2인 동차함수이므로

$$f(x,y) = x^2 f(1, \frac{y}{x}) = y^2 f(\frac{x}{y}, 1)$$

이다.

미분방정식 $M(x,y)dx+N(x,y)dy=0$에서 $M(x,y)$와 $N(x,y)$가 모두 n차인 동차함수이면, 이 미분방정식을 동차미분방정식이라 한다. 이 미분방정식의 해를 구하는 방법은 다음과 같다.

n차인 동차미분방정식 $M(x, y)dx+N(x, y)dy=0$에 $y=ux$ 또는 $x=vy$를 대입하여 분수분리형으로 바꾼다. 즉, $dy=udx+xdu$이므로

$$\begin{aligned} &M(x, ux)dx+N(x, ux)[udx+xdu]=0 \\ \Rightarrow\ &[M(1, u)+uN(1, u)]dx+xN(1, u)du=0 \\ \Rightarrow\ &\frac{dx}{x}+\frac{N(1, u)du}{M(1, u)+uN(1, u)}=0 \end{aligned}$$

이 된다. 또 다른 경우 $x=vy(dx=vdy+ydv)$를 대입하여 위와 같은 방법으로 풀 수 있다.

[예제 1.17]

미분방정식 $(x^2+y^2)dx+(x^2-xy)dy=0$를 풀어라.

풀이 차수가 2인 동차미분방정식이므로 $y=ux$로 두면 $dy=udx+xdu$가 되어

$$x^2(1+u^2)dx+(x^2-ux^2)[udx+xdu]=x^2(1+u)dx+x^3(1-u)du=0$$

$$\Rightarrow\ \frac{1-u}{1+u}du+\frac{dx}{x}=0$$

$$\Rightarrow\ [-1+\frac{2}{1+u}]du+\frac{dx}{x}=0$$

이고, 위 식을 각각 변수에 대해 적분하면

$$-u+2\ln|1+u|+\ln|x|=\ln|c|$$

$$\Rightarrow\ -\frac{y}{x}+2\ln|1+\frac{y}{x}|+\ln|x|=\ln|c|$$

이다. 로그함수의 성질을 이용하여 다시 쓰면 $(x+y)^2=cxe^{\frac{y}{x}}$이 된다.

임의의 실수 n에 대하여 $\frac{dy}{dx}+p(x)y=f(x)y^n$로 표현되는 미분방정식을 Bernoulli 미분방정식이라 한다. 여기서 $n=0$ 또는 1이면 선형미분방정식이고, $n>0$이면 $y=0$은 자명해가 된다. 이 베르누이 미분방정식의 해는 양변에 y^n으로 나눠준 식

$$y^{-n}\frac{dy}{dx}+p(x)y^{1-n}=f(x)$$

에 치환 $w=y^{1-n}$, $\frac{dw}{dx}=(1-n)y^{-n}\frac{dy}{dx}$을 대입하여 원식을 풀어서 정리하면 된다.

[예제 1.18]

$x\frac{dy}{dx}+y=x^2y^2$을 풀어라.

풀이 주어진 방정식의 양변을 x로 나누면 $y'+\frac{1}{x}y=xy^2$가 되므로 $n=2$인 베르누이 미분방정식이다. 따라서 $w=y^{-1}$로 치환하면 $\frac{dy}{dx}=-\frac{1}{w^2}\frac{dw}{dx}$가 되고 이를 원식에 대입하면 다음과 같다.

$$-\frac{1}{w^2}\frac{dw}{dx}+\frac{1}{w}\frac{1}{x}=x\frac{1}{w^2} \Rightarrow \frac{dw}{dx}-\frac{1}{x}w=-x$$

이 선형미분방정식을 풀고 $y=w^{-1}$로 치환하면 $y=\frac{1}{-x^2+cx}$를 구할 수 있다.

다음으로 $\frac{dy}{dx}=f(ax+by+c)$과 같은 미분방정식은 $u=ax+by+c(b\neq 0)$로 치환하여 정리하면 변수분리형 미분방정식으로 바꿀 수 있다.

[예제 1.19]

$y'=(-2x+y)^2-7$을 풀어라.

풀이 $w=-2x+y$로 치환하면 $\frac{dw}{dx}=-2+\frac{dy}{dx}$가 되어 주어진 미분방정식은 $\frac{dw}{dx}=w^2-9$가 된다. 이 미분방정식은 $\frac{dw}{w^2-9}=dx$가 되고 부분분수로 분해하면 $\frac{1}{6}\left[\frac{1}{w-3}-\frac{1}{w+3}\right]dw=dx$가 된다. 적분하면 $\frac{1}{6}\ln\left|\frac{w-3}{w+3}\right|=x$가 되고 $w=-2x+y$를 대입하여 간단히 하면 일반해 $y=2x+\frac{3(1+ce^{6x})}{1-ce^{6x}}$를 구할 수 있다.

1.5.2. 고계 선형미분방정식

일반적인 n계 선형미분방정식의 형태는 다음과 같다.

$$a_n(x)\frac{d^ny}{dx^n}+a_{n-1}(x)\frac{d^{n-1}y}{dx^{n-1}}+\cdots+a_1(x)\frac{dy}{dx}+a_0(x)y=g(x) \tag{1.43}$$

여기서 계수함수 $a_i(x)$와 $g(x)$는 방정식을 풀고자 하는 어떤 개구간 I에서 연속이라 가정하고, 구간 I의 각 점 x에서 $a_n(x)\neq 0$으로 가정한다. 만약 $g(x)=0$이면 방정식

$$a_n(x)\frac{d^ny}{dx^n}+a_{n-1}(x)\frac{d^{n-1}y}{dx^{n-1}}+\cdots+a_1(x)\frac{dy}{dx}+a_0(x)y=0 \tag{1.44}$$

을 **동차 n계 선형미분방정식**(homogeneous linear differential equation)이라 하고, $g(x)\neq 0$이면 **비동차 n계 선형미분방정식**(nonhomogeneous linear differential equation)이라 한다. 선형미분방정식의 가장 기본적인 성질은 임의의 두 개의 해들의 합과 해에 상수배를 한 것도 이 방정식의 해가 된다는 것이다.

정리 1.22 중첩의 원리(principle of superposition)

$y_1, y_2, \cdots, y_n$을 구간 I에서 n계 동차 선형미분방정식 (1.44)의 해들이라 하자. 그러면 이 해들의 일차결합

$$y=c_1y_1+c_2y_2+\cdots+c_ny_n \quad (c_i\text{는 상수})$$

또한 구간 I에서 이 방정식의 해가 된다.

이 중첩의 원리에서 만약 $y_1, y_2, \cdots, y_n$가 개구간 I에서 방정식 (1.44)의 일차독립인 해들이라 할 때 **동차 미분방정식의 일반해**는 다음과 같다.

$$y(x) = c_1 y_1(x) + c_2 y_2(x) + \cdots + c_n y_n(x) \quad (c_i\text{는 상수})$$

n계 동차 선형미분방정식의 초기값 문제를 풀기 위해서는 적어도 n개의 초기조건이 필요하다. 이를 요약하면 다음과 같다.

정리 1.23 존재성과 유일성

구간 I에서 $a_n(x), a_{n-1}(x), \cdots, a_0(x)$와 $g(x)$가 연속이고, 모든 $x \in I$에 대하여 $a_n(x) \neq 0$이며, x_0를 I의 한 점이라 하자. 그러면 n계 동차 선형미분방정식의 초기조건

$$\begin{cases} a_n(x)\dfrac{d^n y}{dx^n} + a_{n-1}(x)\dfrac{d^{n-1}y}{dx^{n-1}} + \cdots + a_1(x)\dfrac{dy}{dx} + a_0(x)y = g(x) \\ \\ y(x_0) = y_0,\ y'(x_0) = y_1,\ \cdots,\ y^{(n-1)}(x_0) = y_{n-1} \end{cases} \tag{1.45}$$

의 해 $y(x)$는 이 구간 I 내에서 유일하게 존재한다.

이 정리를 이해하기 쉽게 예를 들어 설명하면, 함수 $y_1 = \cos x$와 $y_2 = \sin x$는 실수 전체에서 2계 동차 선형미분방정식 $y'' + y = 0$의 두 해이다. 정리 1.22의 중첩의 원리에 의해 $y = c_1 \cos x + c_2 \sin x$ 또한 미분방정식의 해가 된다. 만약 초기조건이 $y(0) = 3,\ y'(0) = -2$라고 할 때, 정리 1.23는 이 초기조건으로부터 상수 c_1과 c_2를 구하면 $y = 3\cos x - 2\sin x$가 $y'' + y = 0$의 유일해가 된다는 것을 말하고 있다.

한편, 비동차 n계 선형미분방정식 (1.43)을 만족하면서 매개변수를 갖지 않는 어떤 함수 y_p를 **특수해**(particular solution)라고 한다. 예를 들어 비동차 2계 미분방정식 $y'' + 9y = 27$에 대하여 $y_p = 3$은 특수해이다. 여기서 $y_1, y_2, \cdots, y_n$가 개구간 I에서 방정식

$$a_n(x)\frac{d^n y}{dx^n} + a_{n-1}(x)\frac{d^{n-1}y}{dx^{n-1}} + \cdots + a_1(x)\frac{dy}{dx} + a_0(x)y = 0$$

의 일차독립인 해들이라 하고 y_p를 비동차 선형미분방정식 (1.43)의 특수해라 하면

$$y(x) = c_1 y_1(x) + c_2 y_2(x) + \cdots + c_n y_n(x) + y_p(x)$$

는 비동차 미분방정식

$$a_n(x)\frac{d^n y}{dx^n} + a_{n-1}(x)\frac{d^{n-1}}{dx^{n-1}} + \cdots + a_1(x)\frac{dy}{dx} + a_0(x)y = g(x)$$

의 해가된다. 증명없이 정리를 기술하면 다음과 같다.

정리 1.24 비동차 미분방정식의 일반해

구간 I에서 y_p를 n계 비동차 미분방정식 (1.43) 의 특수해라 하고 $y_1, y_2, \cdots, y_n$을 대응되는 동차 미분방정식 (1.44)의 1차독립인 해들이라 하자. 그러면 구간 I에서 비동차 미분방정식의 일반해는

$$\begin{aligned} y(x) &= c_1 y_1(x) + c_2 y_2(x) + \cdots + c_n y_n(x) + y_p(x) \\ &= y_c(x) + y_p(x) \end{aligned}$$

가 된다. 여기서 $y_c(x)$를 **보조함수**(complementary function), $y_p(x)$를 **특수해**(particular solution)라 부른다.

가장 쉬운 형태인 고계 상수계수 동차 선형미분방정식은 모든 해가 지수함수로 구성된다는 사실을 알아보자. 모든 $i = 0,1,2,\cdots,n$에 대해 $a_i \in \boldsymbol{R}$이고 실수 전체에서

$$a_n y^{(n)} + a_{n-1} y^{(n-1)} + \cdots + a_1 y' + a_0 y = 0, \ (a_n \neq 0) \tag{1.46}$$

은 일반적인 상수계수 동차 선형미분방정식이다.

위 식 (1.46)에 각각 함수 $y = e^{rx}$, $y' = re^{rx}$, $y'' = r^2 e^{rx}, \cdots, y^{(n)} = r^n e^{rx}$를 대입하면

$$e^{rx}(a_n r^n + a_{n-1} r^{n-1} + \cdots + a_1 r + a_0) = 0$$

가 되고, $e^{rx} \neq 0$이기 때문에 r이 다음 방정식

$$a_n r^n + a_{n-1} r^{n-1} + \cdots + a_1 r + a_0 = 0 \tag{1.47}$$

의 근이면 $y = e^{rx}$는 미분방정식 (1.46)의 해가 된다. 이 식 (1.47)를 **특성방정식**(characteristic

equation)이라 한다. 이 특성방정식의 근에 따라 미분방정식의 해가 다음과 같이 주어진다.

정리 1.25 상수계수 동차 선형미분방정식의 일반해

(a) 특성방정식이 n개의 서로 다른 실근 r_1, r_2, $\cdots$, r_n을 가질 때 해는 다음과 같다.

$$y(x) = c_1 e^{r_1 x} + c_2 e^{r_2 x} + \cdots + c_n e^{r_n x} \tag{1.48}$$

(b) 특성방정식이 중복도 k인 근 r을 갖는다면 중근 r에 대응되는 해는 다음과 같다.

$$y(x) = (c_1 + c_2 x + c_2 x^2 + \cdots + c_k x^{k-1}) e^{rx} \tag{1.49}$$

(c) 특성방정식이 중복되지 않는 공액복소근 $a \pm ib$ $(b \neq 0)$을 갖는다면 대응되는 해는

$$y(x) = e^{ax}(c_1 \cos bx + c_2 \sin bx), \ \ c_1, c_2 \ : \text{상수} \tag{1.50}$$

(d) 특성방정식이 중복도 k인 공액복소근 $a \pm ib$ $(b \neq 0)$을 갖는다면 대응되는 해는

$$y(x) = e^{ax}(c_1 + c_2 x \cdots + c_k x^{k-1}) \cos bx \tag{1.51}$$

$$+ e^{ax}(d_1 + d_2 x + \cdots + d_k x^{k-1}) \sin bx$$

와 같이 주어진다.

[예제 1.20]

다음 상수 계수 동차미분방정식의 일반해를 구하여라.

(a) $y''' + 2y'' - 3y' = 0$

(b) $y^{(5)} - 2y^{(4)} + y^{(3)} = 0$

(c) $y''' - 3y'' + 9y' + 13y = 0$

(d) $(y'' + 2y' + 4y)^2 = 0$

풀이 (a) 함수 $y = e^{rx}$을 주어진 방정식에 대입하여 특성방정식을 구하면 $r^3 + 2r^2 - 3r = 0$이고, $r = 1, \ -3, \ 0$이므로 일반해는 $y = c_1 e^x + c_2 e^{-3x} + c_3$이다.

(b) 특성방정식 $r^5 - 2r^4 + r^3 = 0$의 근은 $r = 0$(3중근), $r = 1$(중근)이다. 따라서 일반해는

$$y = (c_0 + c_1 x + c_2 x^2)e^{0x} + (c_3 + c_4 x)e^x$$
$$= c_0 + c_1 x + c_2 x^2 + (c_3 + c_4 x)e^x$$

이다.

(c) 특성방정식 $r^3 - 3r^2 + 9r + 13 = 0$의 근은 $r = -1,\ 2 \pm 3i$이므로 일반해는

$$y = c_1 e^{-x} + e^{2x}(c_2 \cos 3x + c_3 \sin 3x)$$

이다.

(d) 특성방정식은 $(r^2 + 2r + 4)^2 = 0$이고 근은 중복도가 2인 $r = -1 \pm \sqrt{3}\,i$이다. 따라서 일반해는 다음과 같다.

$$y = e^{-x}(c_1 \cos \sqrt{3}\,x + d_1 \sin \sqrt{3}\,x) + xe^x(c_2 \cos \sqrt{3}\,x + d_2 \sin \sqrt{3}\,x)$$

지금부터는 상수계수 비동차 선형 미분방정식의 해를 구하는 방법에 대해 알아보겠다. 이러한 미분방정식의 일반적인 형태는 다음과 같다.

$$a_n y^{(n)} + a_{n-1} y^{(n-1)} + \cdots + a_1 y' + a_0 y = f(x),\ \ (a_n \neq 0) \tag{1.52}$$

이 미분방정식 (1.52)의 일반해는 정리 1.24에서 설명된 것처럼

$$y = y_c + y_p$$

로 주어진다. 여기서 y_c는 (1.52)의 동차방정식

$$a_n y^{(n)} + a_{n-1} y^{(n-1)} + \cdots + a_1 y' + a_0 y = 0,\ \ (a_n \neq 0)$$

의 일반해이고, y_p는 (1.52)의 특수해이다.

비동차 선형 미분방정식의 해를 구하는 첫 번째 방법으로 미정계수법에 대해 알아보자. **미정계수법**(method of undetermined coefficients)은 주어진 함수 $f(x)$가 y_p의 일반적인 형태를 추측할 수 있을 때 y_p를 직접 찾는 방법이다. 아래 표에서 $f(x)$의 형태에 따라 표의 우측의 시험해를 가정하고 특수해를 구하면 된다.

$f(x)$의 형태	$Y(x)$ 시험해
$P_m(x) = b_m x^m + b_{m-1}x^{m-1} + \cdots + b_0$	$x^s(A_m x^m + A_{m-1}x^{m-1} + \cdots + A_0)$
$P_m(x)e^{\alpha x}$	$x^s(A_m x^m + A_{m-1}x^{m-1} + \cdots + A_0)e^{\alpha x}$
$P_m(x)e^{\alpha x}\begin{cases}\sin\beta x \\ \cos\beta x\end{cases}$	$x^s[(A_m x^m + \cdots + A_0)e^{\alpha x}\cos\beta x$ $+ (B_m x^m + \cdots + B_0)e^{\alpha x}\sin\beta x]$

여기서 s는 시험해 $Y(x)$와 보조해 y_c에 있는 차수를 다르게 하는 음이 아닌 가장 작은 정수이다.

[예제 1.21]

다음 비동차 선형미분방정식을 풀어라.

(a) $y'' + 2y' + 5y = 12e^x - 34\sin 2x$

(b) $y''' - y'' - 8y' + 12y = 10e^{2x} + 25e^{-3x}$

풀이 (a) 먼저 동차미분방정식 $y'' + 2y' + 5y = 0$의 해 y_c를 구한다.

$y_c = e^{-x}(c_1\sin 2x + c_2\cos 2x)$이고 $f(x) = 12e^x - 34\sin 2x$이므로 $f'(x)$, $f''(x)$를 구하여 얻은 독립인 항들은 e^x, $\sin 2x$, $\cos 2x$이다. 따라서 시험해 y_p는

$$y_p = Ae^x + B\sin 2x + C\cos 2x$$

이다. 이 y_p, y_p', y_p''을 주어진 비동차 미분방정식에 대입하여 양변의 계수를 비교하여 같게 놓으면

$$8Ae^x + (B - 4C)\sin 2x + (4B + C)\cos 2x$$
$$= 12e^x - 34\sin 2x$$

$8A = 12$, $B - 4C = -34$, $4B + C = 0$이므로 $A = \frac{3}{2}$, $B = -2$, $C = 8$을 구할 수 있다. 따라서 특수해 $y_p = \frac{3}{2}e^x - 2\sin 2x + 8\cos 2x$이고 구하고자하는 일반해

는

$$
\begin{aligned}
y &= y_c + y_p \\
&= e^{-x}(c_1 \sin 2x + c_2 \cos 2x) + \frac{3}{2}e^x - 2\sin 2x + 8\cos 2x
\end{aligned}
$$

이다.

(b) 보조해 $y_c = (c_1 + c_2 x)e^{2x} + c_3 e^{-3x}$ 이므로 시험해 y_p는 위 표에서 설명한 것처럼 보조해와 구별되게 x를 곱한 꼴로 $y_p = Ax^2 e^{2x} + Bxe^{-3x}$로 놓는다. 이 시험해를 주어진 미분방정식에 대입하면

$$10Ae^{2x} + 25Be^{-3x} = 10e^{2x} + 25e^{-3x}$$

가 된다. 따라서 $A = 1$, $B = 1$, $y_p = x^2 e^{2x} + xe^{-3x}$ 이므로 일반해는 다음과 같다.

$$y = y_c + y_p = (c_1 + c_2 x)e^{2x} + c_3 e^{-3x} + x^2 e^{2x} + xe^{-3x}$$

위의 미정계수법으로 $y'' + y = \tan x$와 같은 미분방정식의 일반해를 구할 수 없다. 즉 $f(x) = \tan x$는 표에서 주어진 형태가 아니기 때문에 시험해를 설정할 수 없다. 따라서 특수해를 찾는 보다 일반적인 방법으로 매개변수 변화법에 대해 알아보자. **매개변수 변화법**(variation of parameter)이란 비동차 선형미분방정식 (1.52)의 보조해 $y_c = c_1 y_1 + c_2 y_2 + \cdots + c_n y_n$ 이면 특수해는

$$y_p = u_1(x)y_1(x) + u_2(x)y_2(x) + \cdots + u_n(x)y_n(x)$$

가 된다. $u_k'(x)$, $(k = 1, 2, \cdots, n)$은 다음 연립방정식으로부터 구해진다.

$$
\begin{aligned}
&y_1 u_1' + y_2 u_2' + \cdots + y_n u_n' = 0 \\
&y_1' u_1' + y_2' u_2' + \cdots + y_n' u_n' = 0 \\
&y_1'' u_1' + y_2'' u_2' + \cdots + y_n'' u_n' = 0 \\
&\qquad \vdots \\
&y_1^{(n-1)} u_1' + y_2^{(n-1)} u_2' + \cdots + y_n^{(n-1)} u_n' = f(x)
\end{aligned}
\tag{1.53}
$$

이 경우 Cramer 공식에 의해

$$u_k{}' = \frac{W_k}{W},\ k = 1,\ 2,\ \cdots,\ n$$

이 된다. W는 $y_1,\ y_2,\ \cdots,\ y_n$의 Wronskian이고 W_k는 Wronskian의 k번째 열을 $(0,\ 0,\ \cdots,\ f(x))^t$으로 대체하여 얻어진 행렬의 행렬식이다. 매개변수변화법은 동차방정식의 해를 안다면 반드시 특수해 y_p를 구할 수 있다는 점에서 미정계수법보다 나은 장점이 있다.

[예제 1.22]

$y'' + y = \tan x$ 의 특수해를 구하여라.

풀이 보조함수는 $y_c = c_1 \cos x + c_2 \sin x$ 이므로

$$y_1 = \cos x,\ y_2 = \sin x,\ y_1{}' = -\sin x,\ y_2{}' = \cos x$$

가 되고 (1.53)의 연립방정식은

$$u_1{}'(\cos x) + u_2{}'(\sin x) = 0$$

$$u_1{}'(-\sin x) + u_2{}'(\cos x) = \tan x$$

가 된다. 이 연립방정식을 풀면

$$u_1{}' = -\sin x \tan x = \cos x - \sec x,\ u_2{}' = \cos x \tan x = \sin x$$

이므로

$$u_1 = \int (\cos x - \sec x) dx = \sin x - \ln|\sec x + \tan x|$$

$$u_2 = \int \sin x dx = -\cos x$$

를 얻는다. 따라서 구하고자하는 특수해는 다음과 같다.

$$\begin{aligned} y_p &= u_1 y_1 + u_2 y_2 \\ &= (\sin x - \ln|\sec x + \tan x|)\cos x + (-\cos x)(\sin x) \\ &= -\cos x \ln|\sec x + \tan x| \end{aligned}$$

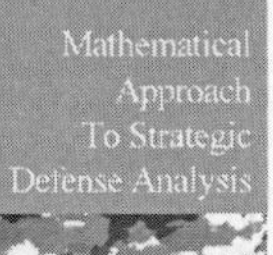

[예제 1.23]

$y'' - 4y' + 4y = (x+1)e^{2x}$을 풀어라.

풀이 특성방정식 $r^2 - 4r + 4 = (r-2)^2 = 0$으로부터 $y_c = c_1 e^{2x} + c_2 x e^{2x}$가 된다.

$y_1 = e^{2x},\ y_2 = xe^{2x}$이라 하면 Wronskian W는

$$W(e^{2x}, xe^{2x}) = \begin{vmatrix} e^{2x} & xe^{2x} \\ 2e^{2x} & e^{2x} + 2xe^{2x} \end{vmatrix} = e^{4x}$$

이고 주어진 미분방정식이 표준형이므로 $f(x) = (1+x)e^{2x}$이다. 따라서

$$W_1 = \begin{vmatrix} 0 & xe^{2x} \\ (1+x)e^{2x} & 2xe^{2x} + e^{2x} \end{vmatrix} = -x(x+1)e^{4x}$$

$$W_2 = \begin{vmatrix} e^{2x} & 0 \\ 2e^{2x} & (1+x)e^{2x} \end{vmatrix} = (1+x)e^{4x}$$

이고 $u_1{}' = \dfrac{W_1}{W} = -(x^2+x),\ \ u_2{}' = \dfrac{W_2}{W} = x+1$이다. 적분하여 각각 u_1과 u_2를 구하면

$$y_p = u_1 y_1 + u_2 y_2 = \left(-\frac{x^3}{3} - \frac{x^2}{2}\right)e^{2x} + \left(\frac{x^2}{2} + x\right)xe^{2x}$$

$$= \left(\frac{x^3}{6} + \frac{x^2}{2}\right)e^{2x}$$

따라서 일반해는 다음과 같다.

$$y = y_c + y_p$$

$$= c_1 e^{2x} + c_2 x e^{2x} + \left(\frac{x^3}{6} + \frac{x^2}{2}\right)e^{2x}$$

상수계수가 아닌 2계 선형미분방정식에서 임의의 하나의 해를 알고 있을 때 또 다른 일차독립인 해를 찾는 계수내림 방법에 대해 알아보자. 다음 2계 선형 미분방정식

$$y'' + p(x)y' + q(x)y = 0 \tag{1.54}$$

은 정의된 구간 I에서 $p(x)$와 $q(x)$는 연속이고, y_1을 하나의 해라고 하자. 정리 1.23에 의해 또 다른 해 y_2의 존재성을 알고 있다.

$$v(x)=\frac{y_2(x)}{y_1(x)}, \Rightarrow y_2(x)=v(x)y_1(x), \quad (y_1(x)\neq 0)$$

라 놓고 이를 미분하여

$$y_2{}'=vy_1{}'+v'y_1$$
$$y_2{}''=vy_1{}''+2v'y_1{}'+v''y_1$$

미분방정식 (1.54)에 대입하면 다음과 같이 정리된다.

$$[vy_1{}''+2v'y_1{}'+v''y_1]+p[vy_1{}'+v'y_1]+qvy_1=0$$
$$\Rightarrow \quad v[y_1{}''+p_1y_1{}'+qy_1]+v''y_1+2v'y_1{}'+pv'y_1=0$$
$$\Rightarrow \quad y_1v''+(2y_1{}'+py_1)v'=0, \quad (\because\ y_1{}''+p_1y_1{}'+qy_1=0)$$

여기서 위의 식에서 $u=v'$이라하고 y_1으로 양변을 나누어 정리하면

$$u'+(\frac{2y_1{}'}{y_1}+p(x))u=0$$

가 되어 1계 선형미분방정식으로 계수 내림할 수 있다. 이 미분방정식의 적분인자는

$$\rho=\exp(\int(2\frac{y_1{}'}{y_1}+p(x))dx$$
$$=\exp(2\ln(y_1)+\int p(x)dx)=y_1^2e^{\int p(x)dx}$$

가 되고, 이 적분인자를 위 미분방정식에 곱하여 적분하면

$$y_1^2e^{\int p(x)dx}[u'+(\frac{2y_1{}'}{y_1}+p(x))u]=0 \quad \Rightarrow \quad uy_1^2e^{\int p(x)dx}=c$$

따라서 $v'=u=\dfrac{c}{y_1^2}e^{-\int p(x)dx}$를 구할 수 있고 다시 적분하면

$$\frac{y_2}{y_1} = v = c\int \frac{e^{-\int p(x)dx}}{y_1^2}dx + k$$

이고 $c=1$과 $k=0$을 택하면 두 번째 해 y_2는 다음과 같이 계산된다.

$$y_2 = y_1\int \frac{e^{-\int p(x)dx}}{y_1^2}dx \tag{1.55}$$

지수함수는 영이 될 수 없으므로 y_2는 y_1의 상수배가 아니다. 따라서 y_1과 y_2는 일차 독립인 해가 된다.

 **[예제 1.24]**

$y_1 = x^3$은 미분방정식 $x^2y'' - 5xy' + 9y = 0$의 한 해이다. 계수내림방법으로 두 번째 해를 구하여라.

풀이 주어진 방정식을 표준형으로 고치면

$$y'' - \frac{5}{x}y' + \frac{9}{x^2}y = 0 \quad (x > 0)$$

이 되고 식 (1.54)에서 $p(x) = -\frac{5}{x}$이므로 $e^{-\int p(x)dx} = e^{5\ln x} = x^5$이다. 따라서 두 번째 해는 $y_2 = x^3\int \frac{x^5}{(x^3)^2}dx = x^3\ln x$이다.

다음은 각 항별로 계수변수 x의 차수와 y의 미분계수가 일치하는 특수한 형태의 미분방정식인 Cauchy-Euler 미분방정식의 해를 구하는 방법에 대해 알아보자. 일반적인 Cauchy–Euler **미분방정식**은 다음과 같다.

$$a_nx^ny^{(n)} + a_{n-1}x^{n-1}y^{(n-1)} + \cdots + a_1xy' + a_0y = 0 \tag{1.56}$$

여기서 $a_i(a_n \neq 0)$는 상수이고 계수변수 x의 차수와 y의 미분계수가 일치하기 때문에 $y = x^r$를 대입하면 각 항이 같은 차수를 갖게 된다. 따라서 $y = x^r$을 미분하여 (1.56)에

대입하여 정리하면

$$a_n r(r-1)\cdots(r-n+1)+\cdots+a_2 r(r-1)+a_1 r+a_0=0$$

인 n차 다항식을 구할 수 있고, 이 다항식을 Cauchy-Euler 미분방정식의 **특성방정식**(Characteristic equation)이라 한다. 만약 이 다항식이 서로 다른 n개의 근 $r_1, r_2, \cdots, r_n$을 갖는다면 n개의 일차독립인 해가 존재하여 코시-오일러(Cauchy-Euler) 미분방정식의 일반해는

$$y(x)=c_1 x^{r_1}+c_2 x^{r_2}+\cdots+c_n x^{r_n}, \quad (x>0) \tag{1.57}$$

가 된다. 가장 많이 다루는 2계 Cauchy-Euler 미분방정식에 대해 해를 구하여보자. $y=x^r$을 대입하면

$$\begin{aligned} ax^2y''+bxy'+cy &= ar(r-1)x^r+brx^r+cx^r \\ &= [ar^2+(b-a)r+c]x^r \end{aligned}$$

이 되고, 특성방정식은 $ar^2+(b-a)r+c=0$가 된다.

정리 1.26 (2계 Cauchy-Euler 미분방정식의 일반해)

Cauchy-Euler 미분방정식 $ax^2y''+bxy'+cy=0$의 특성방정식 $ar^2+(b-a)r+c=0$에 대하여

(a) $r_1, r_2\,(r_1 \neq r_2)$가 서로 다른 실근일 때 일반해는 $y=c_1x^{r_1}+c_2x^{r_2}$이다.

(b) 중근 r을 가질 때 일반해는 $y=c_1x^r+c_2x^r\ln x$이다.

(c) 허근인 공액복소수 $r_1=\alpha+i\beta,\ r_2=\alpha-i\beta(\alpha,\beta:$실수$)$을 가지면 일반해는

$y=x^{\alpha}[c_1\cos(\beta\ln x)+c_2\sin(\beta\ln x)]$이다.

(a)의 해는 식 (1.57)에 의해 쉽게 설명되고, (b)에 대해서는 중근 $r=\dfrac{-(b-a)}{2a}$에 의해 $y_1=x^r$만을 얻는다. 따라서 표준형으로 바꾸면 $y''+\dfrac{b}{ax}y'+\dfrac{c}{ax^2}y=0$가 되고 적분인자 $\rho=\int p(x)dx=\int \dfrac{b}{ax}dx=\dfrac{b}{a}\ln x$가 되고 계수내림방법에 의해 두 번째 해를 구하면

$$y_2 = x^r \int \frac{e^{-\frac{b}{a} \ln x}}{x^{2r}} dx = x^r \int x^{-\frac{b}{a}} x^{-2r} dx$$

$$= x^r \int x^{-\frac{b}{a}} x^{\frac{b-a}{a}} dx = x^r \int \frac{1}{x} dx$$

$$= x^r \ln x.$$

따라서 일반해는 $y = c_1 x^r + c_2 x^r \ln x$가 된다. (c)의 일반해는 (1.57)에 의해

$$y = c_1 x^{\alpha + i\beta} + c_2 x^{\alpha - i\beta}$$

이고 이 식을 실수로만 표현하기 위해 $x^{i\beta} = (e^{\ln x})^{i\beta} = e^{i\beta \ln x}$와 Euler 공식

$$2\cos(\beta \ln x) = x^{i\beta} + x^{-i\beta}, \quad 2i\sin(\beta \ln x) = x^{i\beta} - x^{-i\beta}$$

을 사용하면

$$y = c_1 x^{\alpha + i\beta} + c_2 x^{\alpha - i\beta}$$

$$= x^{\alpha}[c_1 x^{i\beta} + c_2 x^{-i\beta}]$$

$$= x^{\alpha}[c_1(\cos(\beta \ln x) + i\sin(\beta \ln x)) + c_2(\cos(\beta \ln x) - i\sin(\beta \ln x))]$$

$$= x^{\alpha}[(c_1 + c_2)\cos(\beta \ln x) + i(c_1 - c_2)\sin(\beta \ln x)]$$

따라서 다시 치환하여 정리하면 일반해는

$$y = x^{\alpha}[c_1 \cos(\beta \ln x) + c_2 \sin(\beta \ln x)]$$

가 된다.

[예제 1.25]

다음 Cauchy-Euler 미분방정식을 풀어라.

(a) $x^2 y'' - 2xy' - 4y = 0$

(b) $4x^2 y'' + 8xy' + y = 0$

(c) $x^2 y'' + 3xy' + 3y = 0$

풀이 (a) $y=x^r$을 각각 미분하여 주어진 미분방정식에 대입하여 정리하면

$$x^2y''-2xy'-4y=x^2r(r-1)x^{r-2}-2rxx^{r-1}-4x^r$$
$$=(r^2-3r-4)x^r=0$$

이고 특성방정식 $r^2-3r-4=0$의 두 근은 $r=-1,\ 4$이므로 정리 1.26의 (a)에 의해 일반해는 $y=c_1x^{-1}+c_2x^4$ 가 된다.

(b) 같은 방법으로 $y=x^r$을 각각 미분하여 주어진 미분방정식에 대입하여 정리하면

$$4x^2y''+8xy'+y=x^r[4r(r-1)+8r+1]$$
$$=x^r[4r^2+4r+1]$$
$$=x^r(2r+1)^2=0$$

으로 특성방정식 $(2r+1)^2=0$는 중근 $r=-\frac{1}{2}$가 되고 따라서 정리 1.26 (b)에 의해 일반해는 $y=c_1x^{-\frac{1}{2}}+c_2x^{-\frac{1}{2}}\ln x$가 된다.

(c) 특성방정식을 구하기 위해 $y=x^r$를 미분하여 대입하면

$$x^2y''+xy'+3y=x^r[r(r-1)+3r+3]$$
$$=x^r(r^2+2r+3)=0$$

가 되고 $r^2+2r+3=0$은 두 허근 $r_1=-1+\sqrt{2}i,\ r_2=-1-\sqrt{2}i$을 갖는다. 따라서 정리 3.15의 (c)에 의해 일반해는

$$y=x^{-1}[c_1\cos(\sqrt{2}\ln x)+c_2\sin(\sqrt{2}\ln x)]$$

이다.

1.5.3. 연립미분방정식

고계 미분방정식 $x^{(n)}=f(t,\ x,\ x',\ \cdots,\ x^{(n-1)})$에 대해 종속변수 $x_1,x_2,\cdots,x_n$을 도입하여 다음과 같이 정의하자.

$$x_1 = x,\ x_2 = x',\ x_3 = x'',\ \cdots,\ x_n = x^{(n-1)} \tag{1.58}$$

그러면 $x_1{}' = x' = x_2,\ x_2{}' = x'' = x_3, \cdots$ 가 되고 이것을 주어진 방정식에 대입하면

$$x_1{}' = x_2,\ \ x_2{}' = x_3,\ \cdots,\ x'_{n-1} = x_n, \tag{1.59}$$

$$x_n{}' = f(t,\ x_1,\ x_2,\ \cdots,\ x_n).$$

이 된다. 이와 같이 n계의 연립미분방정식으로 전환할 수 있고, 또한 이 연립미분방정식은 분명히 n계 미분방정식과 동치이다. 왜냐하면 $x(t)$가 주어진 n계 미분방정식의 해라는 사실은 식 (1.58)에서 정의된 $x_1(t),\ x_2(t),\ \cdots,\ x_n(t)$가 연립방정식 (1.59)를 만족하는 것과 동치이기 때문이다. 식 (1.59)와 같은 형태를 **선형 연립미분방정식의 표준형**이라 한다.

간단한 연립미분방정식은 대수적으로 연립방정식을 풀 때처럼 종속변수를 소거하여 하나의 종속변수에 관한 미분방정식으로 전환하여 해를 구할 수 있다.

[예제 1.26]

다음 연립방정식의 일반해를 구하여라.

$$\begin{cases} x' = 4x - 3y \\ y' = 6x - 7y \end{cases}$$

풀이 두 번째 미분방정식을 x에 관하여 정리하면 $x = \frac{1}{6}y' + \frac{7}{6}y$이므로 미분하면

$x' = \frac{1}{6}y'' + \frac{7}{6}y'$이고 첫 번째 미분 방정식에 각각 x와 x' 대신 대입하여 정리하면

$$\frac{1}{6}y'' + \frac{7}{6}y' = 4(\frac{1}{6}y' + \frac{7}{6}y) - 3y$$

가 되고 정리하여 다시 쓰면

$$y'' + 3y' - 10y = 0$$

이 되고 $y = e^{rx}$를 대입하여 특성방정식을 구하면

$$r^2 + 3r - 10 = (r-2)(r+5) = 0$$

이 된다. 따라서 $y(t)$에 관한 일반해는

$$y(t) = c_1 e^{2t} + c_2 e^{-5t}$$

를 얻는다.

한편 $x(t)$를 구하기 위해서 $y(t) = c_1 e^{2t} + c_2 e^{-5t}$를 처음 x에 대해 정리한 식 $x = \frac{1}{6}y' + \frac{7}{6}y$에 대입하여 정리하면

$$x(t) = \frac{1}{6}(2c_1 e^{2t} - 5c_2 e^{-5t}) + \frac{7}{6}(c_1 e^{2t} + c_2 e^{-5t})$$

가 되므로 정리하여 $x(t)$의 일반해를 구하면 다음과 같다.

$$x(t) = \frac{3}{2}c_1 e^{2t} + \frac{1}{3}c_2 e^{-5t}$$

이제부터 다음과 같은 연립 1계 선형미분방정식의 해를 구하는 방법에 대해 알아보자.

$$\begin{aligned} x_1{}' &= a_{11}(t)x_1 + a_{12}(t)x_2 + \cdots + a_{1n}(t)x_n + f_1(t) \\ x_2{}' &= a_{21}(t)x_1 + a_{22}(t)x_2 + \cdots + a_{2n}(t)x_n + f_2(t) \\ &\vdots \\ x_n{}' &= a_{n1}(t)x_1 + a_{n2}(t)x_2 + \cdots + a_{nn}(t)x_n + f_n(t) \end{aligned} \tag{1.60}$$

이 연립미분방정식을 행렬로 표현하기 위해서 계수행렬은

$$\boldsymbol{A}(t) = [a_{ij}(t)] = \begin{pmatrix} a_{11}(t) & a_{12}(t) & \cdots & a_{1n}(t) \\ a_{21}(t) & a_{22}(t) & \cdots & a_{2n}(t) \\ \vdots & & & \\ a_{n1}(t) & a_{n2}(t) & \cdots & a_{nn}(t) \end{pmatrix}$$

으로, 두 열 벡터를 $\boldsymbol{x} = [x_i]$ 그리고 $\boldsymbol{f}(t) = [f_i(t)]$와 같이 나타내자.

그러면 연립미분방정식 (1.60)은

$$\boldsymbol{x}' = \boldsymbol{A}(t)\boldsymbol{x} + \boldsymbol{f}(t)$$

또는

$$\frac{d\boldsymbol{x}}{dt} = \boldsymbol{A}(t)\boldsymbol{x} + \boldsymbol{f}(t) \tag{1.61}$$

로 쓸 수 있고 연립미분방정식 (1.61)를 만족하는 **해벡터**(solution vector)를

$$\boldsymbol{x} = \begin{pmatrix} x_1(t) \\ x_2(t) \\ \vdots \\ x_n(t) \end{pmatrix}$$

라 하자. 이때 각각의 성분은 미분 가능한 함수가 된다. 한편 연립미분방정식 (1.61)에서 $\boldsymbol{f}(t)=0$일 때, 즉 $\boldsymbol{x}' = \boldsymbol{A}(t)\boldsymbol{x}$를 **동차 선형연립미분방정식**(homogeneous linear system of differential equations)이라하고, $\boldsymbol{f}(t) \neq 0$일 때 $\boldsymbol{x}' = \boldsymbol{A}(t)\boldsymbol{x} + \boldsymbol{f}(t)$를 **비동차**(nonhomogeneous) **선형 연립미분방정식**이라 한다.

다음 정리는 동차 연립미분방정식의 일반해에 관한 정리이다.

정리 1.27 동차연립선형미분방정식의 일반해

$\boldsymbol{x}_1(t), \boldsymbol{x}_2(t), \cdots, \boldsymbol{x}_n(t)$를 구간 I에서 동차선형연립미분방정식 $\boldsymbol{x}' = \boldsymbol{A}(t)\boldsymbol{x}$의 n개의 1차 독립인 해들이라고 하자. 그러면 임의의 상수 $c_1,\ c_2,\ \cdots,\ c_n$에 대하여

$$\boldsymbol{x}(t) = c_1\boldsymbol{x}_1(t) + c_2\boldsymbol{x}_2(t) + \cdots + c_n\boldsymbol{x}_n(t)$$

는 구간 I에서 동차선형연립미분방정식 $\boldsymbol{x}' = \boldsymbol{A}(t)\boldsymbol{x}$의 해가 된다.

지금부터는 상수계수를 갖는 동차연립미분방정식의 일반해를 구하는 과정에 대해 알아보자. 일반적인 형태는 다음과 같다.

$$\begin{aligned} x_1{}' &= a_{11}x_1 + a_{12}x_2 + \cdots + a_{1n}x_n \\ x_2{}' &= a_{21}x_1 + a_{22}x_2 + \cdots + a_{2n}x_n \\ &\vdots \\ x_n{}' &= a_{n1}x_1 + a_{n2}x_2 + \cdots + a_{nn}x_n \end{aligned} \tag{1.62}$$

일반해를 찾기 위해서는 n개의 일차독립인 해를 찾는 것이 관건이다. 상수계수 동차 미분방

정식의 특성방정식을 구하여 근을 이용하는 과정과 비슷하게 해들의 형태를 $x_i = k_i e^{\lambda t}$, $i=1,2,\cdots,n$으로 하면 $x_i' = \lambda k_i e^{\lambda t}$가 된다. 따라서 동차연립미분방정식에 대해 해의 형태는 아래와 같다.

$$\boldsymbol{x} = \begin{pmatrix} k_1 \\ k_2 \\ \vdots \\ k_n \end{pmatrix} e^{\lambda t} = \boldsymbol{v} e^{\lambda t}$$

연립미분방정식 (1.62)는 $\boldsymbol{x}' = A\boldsymbol{x}$, $A = [a_{ij}]$이므로 $\boldsymbol{x} = \boldsymbol{v}e^{\lambda t}$와 $\boldsymbol{x}' = \lambda \boldsymbol{v} e^{\lambda t}$를 대입하면

$$\lambda \boldsymbol{v} e^{\lambda t} = A \boldsymbol{v} e^{\lambda t}$$

이고, $e^{\lambda t}(\neq 0)$로 나누면

$$A\boldsymbol{v} = \lambda \boldsymbol{v} \text{ 또는 } (A - \lambda I)\boldsymbol{v} = 0 \tag{1.63}$$

를 얻을 수 있다. 이것을 **고유벡터방정식**(characteristic vector equation)이라한다. 여기서 λ를 행렬 A의 고유치(eigenvalue)라 하고, 벡터 $\boldsymbol{v}$를 λ에 관한 행렬 A의 고유벡터(eigenvector)라 한다. A가 $n \times n$ 행렬일 때, $\boldsymbol{x}' = A\boldsymbol{x}$의 해를 구하기 위해 선형대수학에서 배운 A의 고유치를 구하는 방법은 다음과 같다.

(1) 행렬식 $\det(A - \lambda I) = 0$을 풀어서 행렬 A의 고유치 $\lambda_1, \lambda_2, \cdots, \lambda_n$을 구한다.

(2) 각각의 고유치에 해당되는 1차독립인 고유벡터 $\boldsymbol{v}_1$, $\boldsymbol{v}_2$, $\cdots$, $\boldsymbol{v}_n$을 찾는다.

(3) n개의 독립인 고유벡터를 찾았을 경우

$$\boldsymbol{x}_1(t) = \boldsymbol{v}_1 e^{\lambda_1 t},\ \boldsymbol{x}_2(t) = \boldsymbol{v}_2 e^{\lambda_2 t},\ \cdots,\ \boldsymbol{x}_n(t) = \boldsymbol{v}_n e^{\lambda_n t}$$

이 되고, 따라서 $\boldsymbol{x}' = A\boldsymbol{x}$의 일반해는 임의의 상수 $c_1, c_2, \cdots, c_n$에 대해

$$\boldsymbol{x} = c_1 \boldsymbol{x}_1 + c_2 \boldsymbol{x}_2 + \cdots + c_n \boldsymbol{x}_n$$

가 된다. 대수학의 기본정리에 의해 $\det(A - \lambda I) = 0$는 복소수 공간에서 n개의 해를 구할 수 있다. 그러나 각 고유치가 서로 다른 실근, 복소근, 중근에 따라 연립미분방정식의 해의 형태는 달라진다. 이를 정리하면 다음과 같다.

정리 1.28 상수계수 동차선형연립미분방정식의 일반해

A가 $n\times n$ 행렬일 때, 동차 연립미분방정식 $\boldsymbol{x}' = A\boldsymbol{x}$의 일반해는 $\det(A-\lambda I)=0$ 의 해 $\lambda_1,\lambda_2,\cdots,\lambda_n$에 의해 다음과 같다.

(a) 서로 다른 실수 고유치 $\lambda_1,\ \lambda_2,\ \cdots,\ \lambda_n$와 각각의 고유벡터 $\boldsymbol{v}_1,\ \boldsymbol{v}_2,\ \cdots,\ \boldsymbol{v}_n$에 대해 $\boldsymbol{x}_1(t)=\boldsymbol{v}_1 e^{\lambda_1 t},\ \boldsymbol{x}_2(t)=\boldsymbol{v}_2 e^{\lambda_2 t},\ \cdots,\ \boldsymbol{x}_n(t)=\boldsymbol{v}_n e^{\lambda_n t}$인 n개의 일차독립인 해가 존재하여

$$\boldsymbol{x}= c_1\boldsymbol{x}_1+c_2\boldsymbol{x}_2+\cdots+c_n\boldsymbol{x}_n,\ c_1,\ c_2,\ \cdots,\ c_n\ :\text{상수}$$

(b) 복소근 $\lambda=p+qi$와 $\overline{\lambda}=p-qi$을 고유치로 가질 때 고유벡터는 $\boldsymbol{v}=\boldsymbol{a}+i\boldsymbol{b}$와 $\overline{\boldsymbol{v}}=\boldsymbol{a}-i\boldsymbol{b}$가 되고 해는

$$\boldsymbol{x}(t)=e^{pt}(\boldsymbol{a}\cos qt-\boldsymbol{b}\sin qt)+ie^{pt}(\boldsymbol{b}\cos qt+\boldsymbol{a}\sin qt),$$

여기서 $\boldsymbol{v}=\boldsymbol{a}+i\boldsymbol{b}=\begin{pmatrix}a_1\\a_2\\\vdots\\a_n\end{pmatrix}+i\begin{pmatrix}b_1\\b_2\\\vdots\\b_n\end{pmatrix}$이다.

(c) 중복도가 m인 고유치 λ에 대하여 m개의 1차독립인 고유벡터 $\boldsymbol{v}_1,\ \boldsymbol{v}_2,\ \cdots,\ \boldsymbol{v}_m$을 구할 수 있는 경우 일반해는 다음을 포함하여 구성된다.

$$c_1\boldsymbol{v}_1e^{\lambda t}+c_2\boldsymbol{v}_2e^{\lambda t}+\ \cdots\ +c_m\boldsymbol{v}_me^{\lambda t}$$

위의 정리 1.28의 (c)에서 중복도가 m인 고유치 λ에 대응하는 오직 하나의 고유벡터가 존재할 경우에는 우선 먼저 이 고유치 λ에 관한 고유벡터 $\boldsymbol{v}$를 구하면 한 개의 해는

$$\boldsymbol{x}_1(t)=\boldsymbol{v}e^{\lambda t}$$

가 된다. 두 번째 해의 시험함수로 $\boldsymbol{x}=\boldsymbol{w}te^{\lambda t}$를 택하여 연립미분방정식 $\boldsymbol{x}'=A\boldsymbol{x}$에 대입한다. 그러면

$$\boldsymbol{w}e^{\lambda t}+\boldsymbol{w}te^{\lambda t}=A\boldsymbol{w}te^{\lambda t}$$

가 되어 $\boldsymbol{w}=0$이 되므로 비자명해를 구할 수 없다. 따라서 두 번째 시험함수로

$$\boldsymbol{x}_2(t) = \boldsymbol{v}te^{\lambda t} + \boldsymbol{w}e^{\lambda t}$$

를 택하여 연립미분방정식 $\boldsymbol{x}' = A\boldsymbol{x}$에 대입하여 보자. 그러면

$$\boldsymbol{v}e^{\lambda t} + \lambda \boldsymbol{v}te^{\lambda t} + \lambda \boldsymbol{w}e^{\lambda t} = A\boldsymbol{v}te^{\lambda t} + A\boldsymbol{w}e^{\lambda t}$$

$te^{\lambda t}$와 $e^{\lambda t}$에 대한 계수를 비교하면

$$(A - \lambda I)\boldsymbol{v} = 0 \tag{1.64}$$

그리고

$$(A - \lambda I)\boldsymbol{w} = \boldsymbol{v} \tag{1.65}$$

가 된다. (1.64)는 $\boldsymbol{v}$가 λ에 관한 고유벡터임을 말하고, 이 $\boldsymbol{v}$에 대하여 (1.65)를 만족하는 $\boldsymbol{w}$를 구할 수 있다.

[예제 1.27]

다음 연립미분방정식의 일반해를 구하여라.

(a) $\begin{aligned} x' &= 4x + 2y \\ y' &= 3x + 3y \end{aligned}$

(b) $\begin{aligned} x' &= 6x - y \\ y' &= 5x + 4y \end{aligned}$

(c) $\begin{aligned} x' &= \quad\;\; 2y + 2z \\ y' &= 2x \quad\;\; + 2z \\ z' &= 2x + 2y \end{aligned}$

(d) $\begin{aligned} x' &= x - 3y \\ y' &= 3x + 7y \end{aligned}$

풀이 (a) 행렬 형태는 $\boldsymbol{x}' = \begin{pmatrix} 4 & 2 \\ 3 & 3 \end{pmatrix}\boldsymbol{x}$ 이고 A의 고유방정식은

$$\begin{vmatrix} 4-\lambda & 2 \\ 3 & 3-\lambda \end{vmatrix} = \lambda^2 - 7\lambda + 6 = 0$$

이고 고유치는 $\lambda_1 = 1$, $\lambda_2 = 6$ 이다. 우선 $\lambda_1 = 1$에 대한 고유벡터를 구하기 위해

$$\begin{pmatrix} 4-\lambda & 2 \\ 3 & 3-\lambda \end{pmatrix}\begin{pmatrix} v_1 \\ v_2 \end{pmatrix} = \begin{pmatrix} 0 \\ 0 \end{pmatrix} \tag{1}$$

에 λ 대신 $\lambda_1 = 1$을 대입하여 정리하면 $3v_1 + 2v_2 = 0$가 되고 v_1과 v_2를 구하면 고유벡터 $\boldsymbol{v}_1 = \begin{pmatrix} 2 \\ -3 \end{pmatrix}$가 되고, 식 (1)에 λ 대신 $\lambda_2 = 6$을 대입하여 정리하면

$v_1 - v_2 = 0$가 되고 v_1과 v_2를 구하면 고유벡터는 $\boldsymbol{v_2} = \begin{pmatrix} 1 \\ 1 \end{pmatrix}$이 된다. 따라서 $\boldsymbol{x_1}(t) = \begin{pmatrix} 2 \\ -3 \end{pmatrix} e^t$, $\boldsymbol{x_2}(t) = \begin{pmatrix} 1 \\ 1 \end{pmatrix} e^{6t}$ 이고 서로 다른 고유치에 대한 고유벡터는 항상 일차독립이므로 일반해는

$$\boldsymbol{x}(t) = c_1 \boldsymbol{x_1} + c_2 \boldsymbol{x_2} = c_1 \begin{pmatrix} 2 \\ -3 \end{pmatrix} e^t + c_2 \begin{pmatrix} 1 \\ 1 \end{pmatrix} e^{6t}$$

즉 $x(t) = 2c_1 e^t + c_2 e^{6t}, \quad y(t) = -3c_1 e^t + c_2 e^{6t}$ 이다.

(b) 고유방정식

$$\det(A - \lambda I) = \begin{vmatrix} 6-\lambda & -1 \\ 5 & 4-\lambda \end{vmatrix} = \lambda^2 - 10\lambda + 29 = 0$$

으로부터 고유치는 $\lambda_1 = 5 + 2i, \quad \lambda_2 = 5 - 2i$를 얻는다. 따라서 $\lambda_1 = 5 + 2i$에 대한 고유벡터 $\boldsymbol{v_1} = \begin{pmatrix} v_1 \\ v_2 \end{pmatrix}$를 구하기 위해 λ 대신 $\lambda_1 = 5 + 2i$를

$$\begin{pmatrix} 6-\lambda & -1 \\ 5 & 4-\lambda \end{pmatrix} \begin{pmatrix} v_1 \\ v_2 \end{pmatrix} = \begin{pmatrix} 0 \\ 0 \end{pmatrix}$$

에 대입하여 v_1과 v_2에 대해 정리하면

$$(1-2i)v_1 - v_2 = 0, \quad 5v_1 - (1+2i)v_2 = 0$$

이 식에서 $v_2 = (1-2i)v_1$ 이므로 $v_1 = 1$ 이면 $v_2 = 1 - 2i$ 이다. 따라서 $\lambda_1 = 5 + 2i$에 관한 고유벡터 $\boldsymbol{v_1} = \begin{pmatrix} 1 \\ 1-2i \end{pmatrix}$이다. 같은 방법으로 $\lambda_2 = 5 - 2i$에 관한 고유벡터는 $\boldsymbol{v_2} = \begin{pmatrix} 1 \\ 1+2i \end{pmatrix}$이다. 따라서 주어진 방정식의 두 해는

$$\boldsymbol{x_1} = \begin{pmatrix} 1 \\ 1-2i \end{pmatrix} e^{(5+2i)t}, \quad \boldsymbol{x_2} = \begin{pmatrix} 1 \\ 1+2i \end{pmatrix} e^{(5-2i)t}$$

이다. 이 해를 실함수로 고쳐 쓰고 Euler 공식을 적용하면

$$\begin{aligned} x(t) &= c_1 e^{(5+2i)t} + c_2 e^{(5-2i)t} \\ &= e^{5t}[(c_1 + c_2)\cos 2t + (c_1 - c_2) i \sin 2t] \end{aligned}$$

$$y(t) = c_1(1-2i)e^{(5+2i)t} + c_2(1+2i)e^{(5-2i)t}$$

$$= e^{5t}[\{c_1(1-2i)+c_2(1+2i)\}\cos 2t + \{c_1(1-2i)i - c_2(1+2i)i\}\sin 2t]$$

$$= e^{5t}[(c_1+c_2)-2(c_1-c_2)i]\cos 2t + e^{5t}[2(c_1+c_2)+(c_1-c_2)i]\sin 2t$$

이 된다. $c_1+c_2 = C_1$과 $(c_1-c_2)i = C_2$로 다시 고쳐 쓰면

$$x = e^{5t}(C_1\cos 2t + C_2\sin 2t)$$

$$y = e^{5t}(C_1 - 2C_2)\cos 2t + e^{5t}(2C_1 + C_2)\sin 2t$$

이 되고 벡터로 고쳐 쓰면 다음과 같다.

$$\boldsymbol{x} = \begin{pmatrix} x \\ y \end{pmatrix} = C_1\begin{pmatrix} \cos 2t \\ \cos 2t + 2\sin 2t \end{pmatrix} e^{5t} + C_2\begin{pmatrix} \sin 2t \\ -2\cos 2t + \sin 2t \end{pmatrix} e^{5t}$$

(c) 고유방정식

$$\det(A-\lambda I) = \begin{vmatrix} -\lambda & 2 & 2 \\ 2 & -\lambda & 2 \\ 2 & 2 & -2 \end{vmatrix} = (\lambda+2)(-\lambda^2+2\lambda+8)$$

$$= -(\lambda+2)^2(\lambda-4) = 0$$

이므로 고유치는 각각 $\lambda_1 = 4$, $\lambda_2 = -2$(중복도 2)가 된다. 따라서 $\lambda_1 = 4$에 대한 고유벡터를 구하기 위하여 λ 대신 $\lambda_1 = 4$를 아래 식에 대입하여

$$(A-\lambda I)\boldsymbol{v} = \begin{pmatrix} -\lambda & 2 & 2 \\ 2 & -\lambda & 2 \\ 2 & 2 & -\lambda \end{pmatrix}\begin{pmatrix} v_1 \\ v_2 \\ v_3 \end{pmatrix} = \begin{pmatrix} 0 \\ 0 \\ 0 \end{pmatrix}$$

구하면 대응되는 고유벡터는 $\boldsymbol{v}_1 = \begin{pmatrix} 1 \\ 1 \\ 1 \end{pmatrix}$이 된다. 한편 $\lambda_2 = -2$를 고유방정식에 대입하여 계산하면 하나의 방정식 $2v_1 + 2v_2 + 2v_3 = 0$을 얻을 수 있고, $v_1 = 1$, $v_2 = 0$을 택하면 $v_3 = -1$이 되고, $v_1 = 0$, $v_2 = 1$을 택하면 $v_3 = -1$이 되어 1차 독립인 두 개의 벡터를 구할 수 있다. 따라서 세 벡터는 1차 독립이므로 일반해를 다음과 같이 구할 수 있다.

$$\boldsymbol{x}(t) = c_1\begin{pmatrix}1\\1\\1\end{pmatrix}e^{4t} + c_2\begin{pmatrix}1\\0\\-1\end{pmatrix}e^{-2t} + c_3\begin{pmatrix}0\\1\\-1\end{pmatrix}e^{-2t}$$

(d) 고유방정식

$$\det(A-\lambda I) = \begin{vmatrix}1-\lambda & -3\\3 & 7-\lambda\end{vmatrix} = (1-\lambda)(7-\lambda)+9$$
$$= (\lambda-4)^2 = 0$$

이므로 중복도 2인 고유치 $\lambda = 4$를 구한다. 고유벡터방정식

$$(A-\lambda I)\boldsymbol{v} = \begin{pmatrix}1-\lambda & 3\\3 & 7-\lambda\end{pmatrix}\begin{pmatrix}v_1\\v_2\end{pmatrix} = \begin{pmatrix}0\\0\end{pmatrix}$$

에 $\lambda = 4$를 대입하면 $-3v_1 - 3v_2 = -3(v_1+v_2) = 0$이 된다. 따라서 $\lambda = 4$에 대한 고유벡터 $\boldsymbol{v} = \begin{pmatrix}1\\-1\end{pmatrix}$와 하나의 해 $\boldsymbol{x}_1(t) = \begin{pmatrix}1\\-1\end{pmatrix}e^{4t}$를 얻는다. 식 (1.65)에 해당되는 식은

$$\begin{pmatrix}-3 & -3\\3 & 3\end{pmatrix}\begin{pmatrix}w_1\\w_2\end{pmatrix} = \begin{pmatrix}1\\-1\end{pmatrix}$$

이다. $3w_1 + 3w_2 = -1$로부터 $w_1 = 0$와 $w_2 = -\frac{1}{3}$를 택하면 두 번째 해는

$$\boldsymbol{x}_2(t) = \boldsymbol{v}te^{4t} + \boldsymbol{w}e^{4t}$$
$$= \begin{pmatrix}1\\-1\end{pmatrix}te^{4t} + \begin{pmatrix}0\\-\frac{1}{3}\end{pmatrix}e^{4t}$$

따라서 $\boldsymbol{x}_1(t)$와 $\boldsymbol{x}_2(t)$는 독립이므로 일반해는 다음과 같다.

$$\boldsymbol{x} = \begin{pmatrix}x\\y\end{pmatrix} = c_1\boldsymbol{x}_1(t) + c_2\boldsymbol{x}_2(t)$$
$$= c_1\begin{pmatrix}1\\-1\end{pmatrix}e^{4t} + c_2\begin{pmatrix}t\\-t-\frac{1}{3}\end{pmatrix}e^{4t}$$
$$= \begin{pmatrix}c_1 + c_2 t\\-c_1 - c_2(t+\frac{1}{3})\end{pmatrix}e^{4t}$$

만약 행렬 A가 중복도 3인 고유치 λ와 이에 대응되는 고유벡터 $\boldsymbol{u}$를 갖는다면 $\boldsymbol{x}' = A\boldsymbol{x}$

의 1차 독립인 해는 다음과 같이 구성된다.

$$x_1(t) = ue^{\lambda t} \tag{1.66}$$

$$x_2(t) = ute^{\lambda t} + ve^{\lambda t}$$

$$x_3(t) = \frac{1}{2}ut^2e^{\lambda t} + vte^{\lambda t} + we^{\lambda t}$$

그리고 u, v, w 사이의 관계는 다음과 같다.

$$(A - \lambda I)u = 0 \tag{1.67}$$

$$(A - \lambda I)v = u$$

$$(A - \lambda I)w = v$$

한편 비동차 연립미분방정식의 일반적인 형태는

$$x' = Ax + f(t) \tag{1.68}$$

이다. 여기서 A는 상수계수를 갖는 $n \times n$ 행렬이다. 이 비동차 연립미분방정식 (1.68)의 일반해는

$$x(t) = x_c(t) + x_p(t)$$

이다. 여기서 x_c는 $x' = Ax$의 일반해이고, x_p는 (1.69)의 하나의 특수해이다. 앞에서 x_c를 구하는 방법을 공부했음으로 비동차 연립미분방정식의 특수해를 구해보자. 이 특수해는 일반적으로 하나의 미분방정식에서 했던 것과 유사하게 미정계수법을 적용하는 것이 일반적이다.

[예제 1.28]

다음 연립미분방정식의 특수해를 구하여라.

$$x' = 4x + 2y - 8t$$

$$y' = 3x - y + 2t + 3$$

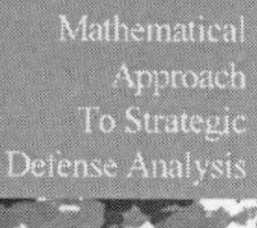

풀이 대응되는 동차방정식의 해 $\boldsymbol{x}_c$는

$$\boldsymbol{x}_c(t)=\begin{pmatrix}x_c\\y_c\end{pmatrix}=c_1\begin{pmatrix}1\\-3\end{pmatrix}e^{-2t}+c_2\begin{pmatrix}2\\1\end{pmatrix}e^{5t}$$

이다. $\boldsymbol{x}_c$의 항들과 주어진 방정식의 비동차항 $(-8t,\ 2t+3)$들 사이에 겹치는 항이 없기 때문에 특수해 $\boldsymbol{x}_p$는 다음과 같은 형태가 된다고 볼 수 있다.

$$\boldsymbol{x}_p=\begin{pmatrix}x_p\\y_p\end{pmatrix}=\boldsymbol{a}t+\boldsymbol{b}=\begin{pmatrix}a_1\\a_2\end{pmatrix}t+\begin{pmatrix}b_1\\b_2\end{pmatrix} \tag{1}$$

(1)을 주어진 방정식에 대입하면

$$\begin{aligned}\begin{pmatrix}a_1\\a_2\end{pmatrix}&=\begin{pmatrix}4&2\\3&-1\end{pmatrix}\begin{pmatrix}a_1t+b_1\\a_2t+b_2\end{pmatrix}+\begin{pmatrix}-8t\\2t+3\end{pmatrix}\\&=\begin{pmatrix}4a_1+2a_2-8\\3a_1-a_2+2\end{pmatrix}t+\begin{pmatrix}4b_1+2b_2\\3b_1-b_2+3\end{pmatrix}\end{aligned}$$

이다. 여기서 상수항과 t의 계수를 각각 비교하면,

$$4a_1+2a_2=8,\quad 3a_1-a_2=-2$$

$$4b_1+2b_2=a_1,\quad 3b_1-b_2=a_2-3$$

이므로 $a_1=\frac{2}{5}$, $a_2=\frac{16}{5}$가 되고, 마지막 두 방정식으로부터 $b_1=\frac{2}{25}$, $b_2=\frac{1}{25}$을 구할 수 있다. 따라서 특수해는

$$\boldsymbol{x}_p(t)=\begin{pmatrix}\frac{2}{5}t+\frac{2}{25}\\\frac{16}{5}t+\frac{1}{25}\end{pmatrix}$$

가 된다.

연습문제

1. 다음 주어진 함수들의 국소 최소화점과 최대화점과 대역적 최소화점과 최대화점을 구하여라. (단, 존재하면)

(a) $f(x) = x^2 e^{-x^2}$

(b) $f(x,y) = 3x^2 - xy + 2y^2$

(c) $f(x,y,z) = (2x-y)^2 + (y-z)^2 + (z-1)^2$

(d) $f(x,y) = 12x^3 - 36xy - 2y^3 + 9y^2 - 72x - 60y + 5$

2. $\boldsymbol{R}^3$에서 정의된 함수에 대하여 물음에 답하여라.

(a) $f(x,y,z) = 3x^2 + 2y^2 + 2z^2 + 2xy + 2yz + 2zx$

(b) $f(x,y,z) = x^2 + y^2 + z^2 + xy - yz + zx$

(c) $f(x,y,z) = e^x + e^y + e^z + 2e^{-x-y-z}$

(1) 함수 f의 임계점과 헤세행렬 $Hf(\boldsymbol{x})$을 구하여라.

(2) 헤세행렬 $Hf(\boldsymbol{x})$의 주요 소행렬식으로부터 임계점이 최대화점, 최소화점 또는 안장점인지 결정하여라.

3. $\boldsymbol{R}^2$에서 정의 된 함수 $f(x,y) = (x-y)^2 + (x+2y+1)^2 - 8xy$에 대하여 물음에 답하여라.

(1) 함수 f를 $f(x,y) = a + \boldsymbol{b} \cdot \boldsymbol{x} + \boldsymbol{x} \cdot A\boldsymbol{x}$의 형태로 나타내어라. 단, 여기서 $a \in \boldsymbol{R}$, $\boldsymbol{x} = (x,y)$, $\boldsymbol{b} \in \boldsymbol{R}^2$와 대칭행렬 A이다.

(2) $\nabla f(x,y)$와 $Hf(x,y)$를 각각 계산하여라.

(3) 함수 f는 $\boldsymbol{R}^2$에서 엄격한 컨벡스 함수임을 보여라.

(4) 뉴톤 근사방법을 사용하여 초깃값 $\boldsymbol{x}_0 = (0,0)$으로부터 최소화점을 구하여라.

4. 다음 선형계획법의 최적해를 구하여라.

(1) Maximize $f(x,y,z) = 10x + 6y - 8z$

subject to $5x - 2y + 6z \le 20,$
$10x + 4y - 6z \le 30,$
$x \ge 0, y \ge 0, z \ge 0$

(2) Maximize $f(x_1,x_2,x_3) = 8x_1 + 9x_2 + 5x_3$

Subject to $x_1 + x_2 + 2x_3 \le 2$
$2x_1 + 3x_2 + 4x_3 \le 3$
$3x_1 + 3x_2 + x_3 \le 4$
$x_1, x_2, x_3 \ge 0$

(3)

x	y	z	-1	
2	3	0	4	$=-t_1$
1	0	1	0	$=-t_2$
-2	3	1	0	$=f$

(4) Maximize $f(x,y) = 3x + 2y - 1$

subject to $3x + 2y \le 1$
$-9x - 2y \le 0$
$3x + y \le 0$
$x, y \ge 0$

5. 같은 종류의 보급품을 보관해 두는 두 개의 보급소 D_1과 D_2가 있다. 이 보급품들을 트럭에 싣고 D_1 보급소에서 하역지점 P_1과 P_2에 배송하고, 그림 1.9에서 보는 것처럼 D_2에서 하역지점 P_2로 배송한다. 특히 지형적 특성에 의해 D_2의 보급품들은 P_2에만 배송할 수 있다. 하역지점들은 모두 도로망에 의해 보급소와 연결되어 있고, 두 하역지점 i역과 j역 사이의 최단거리 d_{ij}는 다음과 같다.

$$d_{11} = 50km$$
$$d_{12} = 75km$$
$$d_{22} = 100km$$

한편 하역지점에 있는 보급품들의 요구량은 l_1과 l_2는

$$l_1 = 2000units$$
$$l_2 = 1500units$$

라고 하자.

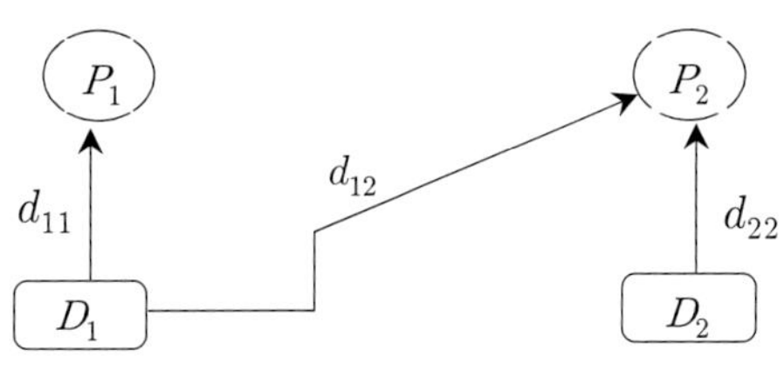

그림 1.9 보급품 수송 체계

또한 두 보급소는 $s_1 = 3000units$, $s_2 = 1000units$의 보급품을 보유하고 있다고 가정하자. 각 트럭 당 $25units$을 운반할 수 있다고 가정하면 지원 요청된 보급품 수송 임무를 완수하는데 필요한 최소의 트럭 운반거리를 구하여라.

6. 다음 행렬게임에 대한 최적의 전략을 구하여라.

(1) $\begin{pmatrix} 2 & 1 & 4 & 2 \\ 1 & 2 & 1 & 1 \\ -2 & 6 & 3 & -2 \\ 3 & -3 & 5 & 1 \\ 1 & 2 & 2 & 1 \end{pmatrix}$

(2) $\begin{pmatrix} -1 & 1 & -1 & 2 \\ -1 & -1 & 1 & 1 \\ 0 & 1 & 1 & -1 \end{pmatrix}$

(3) $\begin{pmatrix} 5 & -8 & 4 & 5 & -9 \\ 4 & 2 & 0 & -3 & 4 \\ 3 & -6 & 9 & 6 & -8 \\ 2 & -5 & 7 & 6 & -7 \end{pmatrix}$

(4) $\begin{pmatrix} 3x/4 & x/2 & (x-y)/4 & -y/4 \\ x/4 & (x+y)/4 & 0 & y/4 \\ x & (3x+y) & 4 & (x-y)/4 \end{pmatrix}$

여기서 x,y는 양수이고 $i)$ $x \le y$ $ii)$ $x > y$인 경우로 나누어 최적의 해를 구하여라.

7. 다음 초깃값에 대한 $y'' + y = 0$의 해의 족 $y = c_1\cos x + c_2\sin x$라는 사실을 이용하여 주어진 초기조건을 만족하는 해를 구하여라.

(1) $y(0) = 1$, $y'(0) = 6$

(2) $y(\pi/2) = 0$, $y'(\pi/2) = 1$

(3) $y(\pi/6) = 1/2$, $y'(\pi/6) = 0$

(4) $y(\pi/4) = \sqrt{2}$, $y'(\pi/4) = 2\sqrt{2}$

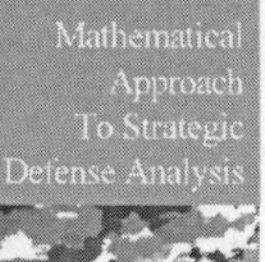

8. 다음 미분 방정식의 일반해와 주어진 조건에서 초기값 문제를 풀어라.

(1) $\frac{dy}{dx}-2y+3=0$

(2) $x\frac{dy}{dx}+2y=0$

(3) $(x\ln x)\frac{dy}{dx}=2y$

(4) $(x+3)\frac{dy}{dx}-xy=0$

(5) $xdx+ydy=0,\ y(0)=1$

(6) $(x^2+1)y\frac{dy}{dx}=1,\ y(0)=-3$

9. 다음 미분방적식이 완전 미분방정식임을 보이고 조건을 만족하는 해를 구하여라.

(1) $(2xy+4y+3)dx+(x^2+2y-3)dy=0$

(2) $(\sin x+y)dx+(x-2\cos y)dy=0$

(3) $2(ysin2x-\cos 2x)dx-\cos 2xdy=0$

(4) $3x^2ydx+(x^3+\sin y)dy=0$

(5) $(y-1)dx+(x-3)dy=0,\ y(0)=2/3$

(6) $(e^x+y)dx+(2+x+ye^y)=0,\ y(0)=1$

10. 다음 미분방정식의 적분인자를 찾고 해를 구하여라.

(1) $xdy-ydx=(2x^2-3)dx$

(2) $xdy+ydx=(xy)^2(x+y)^{-2}(dx+dy)$

(3) $(x^2+y^2)^{\frac{3}{2}}(xdy+ydx)=xdy-ydx$

(4) $2dx-e^{x-y}dy=0$

11. 다음 미분방정식의 일반해를 구하고 초기조건에 따라 특수해를 구하여라.

(1) $y'+y=e^{3x}$

(2) $x^2dy-\sin 2xdx+3xydx=0$

(3) $(a+xy)dx=(1+x^2)dy,\ y(0)=2a$

(4) $x^2y'-2xy=3x^4+3,\ y(1)=2$

12. 다음 미분방정식을 풀고 초기조건이 주어진 경우 적분 상수를 구하여라.

(1) $(2x-3y)dx-(2y+3x)dy=0$

(2) $(6x^2-7y^2)dx-14xydy=0$

(3) $xy^2y'=y^3-x^3,\ y(0)=2$

(4) $ydx+x(\ln x-\ln y-1)dy=0,\ y(1)=e$

13. 주어진 치환식을 이용하여 다음 미분방정식의 일반해를 구하여라.

(1) $\frac{dy}{dx}=(y-x)^2,\ (y-x=v)$

(2) $\frac{dy}{dx}=\tan(x+y),\ (y+x=v)$

(3) $\frac{dy}{dx}=(x+e^y-1)e^{-y},\ (x+e^y=v)$

(4) $\frac{dy}{dx}=\frac{y-x+1}{y-x+5},\ (y-x=v)$

14. 적절한 치환을 이용하여 베르누이 방정식을 풀어라.

(1) $x\frac{dy}{dx}+y=y^{-2}$

(2) $\frac{dy}{dx}-y=e^xy^2$

(3) $\frac{dy}{dx}=y(xy^3-1)$

(4) $x\frac{dy}{dx}-(1+x)y=xy^2$

15. 다음 상수계수 동차 미분방정식의 해를 구하여라.

(1) $y''-3y'+2y=0$

(2) $y''+8y'+16y=0$

(3) $y''+4y'-y=0$

(4) $3y''+y=0$

(5) $y'''-4y''-5y'=0$

(6) $y'''+3y''+3y'+y=0$

(7) $y''-4y'-5y=0,\ y(1)=0,\ y'(1)=2$

(8) $y''+y=0,\ y(\frac{\pi}{3})=0,\ y'(\frac{\pi}{3})=2$

16. 다음 미분방정식의 특수해를 구하여라.

(1) $y'' + 4y = 3x^3$ (2) $y'' - 3y' + 2y = 3e^{-x} - 10\cos 3x$

(3) $y''' + y'' = 3e^x + 4x^2$ (4) $y'' + 4y = \cos 2x$

17. 다음 미분방정식의 일반해를 구하여라.

(1) $y'' + y = 4x$ (2) $y'' - y = 5e^x$

(3) $y'' + y = e^{-x}$ (4) $y'' - 2y' + 2y = e^x \sin x$

18. 매개변수변화법을 이용하여 다음 미분방정식을 풀어라.

(1) $y'' + y = \sec x$ (2) $y'' + a^2 y = sex^3 ax$

(3) $y'' + 2y' + 2y = e^{-x}\sec x$

(4) $x^4 y'' + 2x^3 y' - y = 16e^{\frac{3}{x}}$ $(y_c = c_1 e^{\frac{1}{x}} + c_2 e^{-\frac{1}{x}})$

19. 계수내림방법으로 다음 미분방정식을 풀어라.

(단, y_1은 주어진 미분방정식의 한 해).

(1) $(x^2 - 1)y'' - 2xy' + 2y = 0$ $(x^2 < 1)$, $y_1 = x$

(2) $y'' + 16y = 0$, $y_1 = \cos 4x$

(3) $9y'' - 12y' + 4y = 0$, $y_1 = e^{2x/3}$

(4) $xy'' + y' = 0$, $y_1 = \ln x$

20. 다음 Cauchy-Euler 미분방정식을 풀어라.

(1) $x^2 y'' - 2y = 0$ (2) $4x^2 y'' + y = 0$

(3) $x^2 y'' + xy' + 4y = 0$ (4) $x^3 y''' - 6y = 0$

21. 다음 연립미분방정식을 풀어라.

(1) $x' = 3x - y$, $y' = 5x - 3y$, $x(0) = 1$, $y(0) = -1$

(2) $x'' = 6x + 2y$, $y'' = 3x + 7y$

22. 다음 연립미분방정식에 대하여 고유치, 고유벡터, 그리고 일반해를 구하여라.

(1) $x_1{}' = 2x_1 + 3x_2$
$x_2{}' = 2x_1 + x_2$

(2) $x_1{}' = 3x_1 + 2x_2$
$x_2{}' = -x_1 + x_2$

(3) $x_1{}' = 2x_1 + x_2 + 6x_3$
$x_2{}' = 2x_2 + 5x_3$
$x_3{}' = 2x_3$

(4) $x_1{}' = x_1 - 2x_2$
$x_2{}' = 2x_1 + 5x_2$

(5) $x_1{}' = 5x_1 + 5x_2 + 2x_3$
$x_2{}' = -6x_1 - 6x_2 - 5x_3$
$x_3{}' = 6x_1 + 6x_2 + 5x_3$

(6) $x_1{}' = x_1 - 2x_2$
$x_2{}' = 2x_1 + x_2$, $x_1(0) = 2$, $x_2(0) = 3$

23. 미정계수법을 적용하여 비동차 연립미분방정식의 특수해를 구하여라.

(1) $x' = x + 2y + 3$
$y' = 2x + y - 2$

(2) $x' = 2x + 3y + 5$
$y' = 2x + y - 2t$

(3) $x' = x + 3y + 20$
$y' = x + 2y - 3e^t$

(4) $x' = 6x - 7y + 10$
$y' = x - 2y - 2e^{-t}$

memo

Chapter 2

표적 획득 및 탐지

공격과 방어 시 최적의 작전계획을 수립하여 실제 교전에서 최고의 임무 수행을 위한 기본적인 토대가 되는 표적획득 및 탐지에 관한 내용을 중심으로 기술하고자 한다. 간단한 두 가지 수색 방법으로 랜덤 수색과 정밀 수색을 중심으로 논의할 것이다. 이어서 특정한 수색지역에 대한 간단한 탐지 기술을 중심으로 표적 탐지확률을 계산하기 위한 간헐적 방법과 연속적 방법에 대하여 먼저 살펴본다. 이런 탐지기술의 일반적인 원칙은 항공기, 해양, 지상 표적 등을 포함하는 모든 수색 가능한 표적들을 망라하여 적용할 수 있고, 특히 표적의 종류는 이동표적과 고정표적들이 될 수 있다.

2.1 단순 수색

수색은 말 그대로 표적을 찾는 과정이다. 이 절에서는 두 가지 간단한 수색 종류인 랜덤 수색과 정밀 수색을 살펴보겠다. 단순 수색의 기본 아이디어는 수색 공간에 하나 또는 그 이상의 표적을 포함하고 있다고 간주하며, 표적을 찾아내기 위하여 이 수색 공간을 조사해야만 한다. 기본적인 가정으로는 표적이 발견될 때까지 계속하여 수색한다는 것이다.

수색 공간은 일정한 각 Θ 지역이거나 어떤 특정한 영역 A로 정의한다. 어떤 일정한 순간에서 수색할 수 있는 고정된 각은 θ(면적은 a)이다. 그러므로 수색공간은 각각의 M_S개의 개별적인 부분공간으로 구성되어 있다. 이 부분공간 M_S는

$$M_S \cong \frac{\Theta}{\theta} \cong \frac{A}{a} \tag{2.1}$$

로 직사각형 영역을 나눔으로 인해 근사할 수 있다. 단순 근사를 위해 수색 공간을 직사각형 영역이라 하자. 그러면 부분공간을 정사각형이라 가정하고, n_x와 n_y를 각각 수색공간의 가장자리를 따른 부분공간의 개수라 할 때,

$$M_S = n_x n_y \tag{2.2}$$

가 된다. 임의의 주어진 순간에 수색자는 단지 한 부분공간만을 조사할 것이고 표적은 랜덤하게 공간 내부에 있을 것이라 가정할 수 있다. 보다 더 구체적으로 각각의 부분공간에 단지 하나의 표적이 있다고 제한할 수도 있다.

수색에 대한 가장 간단한 계획은 랜덤하게 부분공간을 선택하여 수색하고, 만약 표적이 부분공간 내에 없으면 이런 과정을 반복적으로 계속 수행하는 것이다. 이런 랜덤 수색에는 부분공간이 수색되었다는 기록이 존재하지 않고, 임의의 시간에 부분공간이 선택된다. 그래서 어떤 부분공간이 선택될 확률은 동일하여 부분공간 선택에 대해 균등분포를 이룬다고 가정할 수 있다. 따라서 특정한 부분공간을 선택할 확률

$$p_0 \cong \frac{1}{M_S} \tag{2.3}$$

로 가정하여 근사할 수 있다. 보다 정확한 형태는 식 (2.1)로부터

$$p_0 = \frac{\theta}{\Theta} = \frac{a}{A} \tag{2.4}$$

가 된다. 이는 또 다시 하나의 표적이 임의의 부분공간에 출현할 확률과 같다.

정리 2.1

랜덤 수색에서 어떤 특정한 부분공간이 선택될 확률이 p_0일 때, i번째까지 수색하여 표적을 찾을 누적확률 P_i은 $P_i = \sum_{j=1}^{i}(1-p_0)^{j-1}p_0$이고, 탐지 횟수 N에 대한 기댓값 $E_{rs}[N]$은 $E_{rs}[N] = \frac{1}{p_0}$이다.

증명 개별적인 수색에서 첫 번째 랜덤 수색에서 표적을 탐지할 확률은 균등분포이므로

$$p_1 = p_0 \tag{2.5}$$

로 가정할 수 있다. 다음으로 두 번째 수색에서 표적탐지 확률

$$p_2 = (1-p_0)p_0 \tag{2.6}$$

로 이 확률은 첫 번째 수색에서 표적을 찾지 못한 상황에서 두 번째 수색에서 표적을 찾는 조건부 확률이다. 같은 조건부 상황에서 일반적으로 i번째 수색에서 표적을 찾을 확률은

$$p_i = (1-p_0)^{i-1}p_0 \tag{2.7}$$

가 된다. 이 공식으로부터 i번의 수색에서 표적을 탐지할 누적확률 P_i은

$$\begin{aligned} P_i &= \sum_{j=1}^{i}(1-p_0)^{j-1}p_0 \\ &= 1-(1-p_0)^i \end{aligned} \tag{2.8}$$

가 되고, $i \to \infty$ 됨에 따라 $P_i \to 1$가 되어 궁극적으로는 표적을 탐지하게 됨을 의미한다. 또 다른 중요한 측도는 표적을 찾는데 필요한 평균탐지 횟수 N이다. 이 랜덤 수색에서 기댓값은 식 (2.7)을 이용하여

$$E_{rs}[N] = \sum_{j=1}^{\infty} j\,(1-p_0)^{j-1} p_0 \qquad (2.9)$$
$$= \frac{1}{p_0}$$

로 계산할 수 있다.

위 정리를 증명하는 가운데 다시 이 식 (2.9)와 (2.3)을 비교하면

$$E_{rs}[N] \cong M_S \qquad (2.10)$$

임을 알 수 있고, 단순 랜덤 수색에서 평균 수색 횟수와 탐지 부분공간의 수와 같다는 것을 말한다.

다음은 랜덤수색과 대비되는 정밀수색으로 일면 래스터(raster) 수색이라고도 한다. 이 탐지 기술에서 수색은 한쪽 구석의 부분공간에서부터 시작한다. 만약 표적이 탐지 되면 중단하고 그렇지 않으면 상하좌우를 아울러 인접 부분공간들을 선정한다. 다른 방법으로는 행과 열로 부분공간을 선택하기도 한다. 그러나 논의를 위하여 행으로 부분공간을 선택하는 경우에 대해 설명하겠다.

우선 먼저 첫 번째 선택된 부분공간은 1행과 1열이고 두 번째는 1행, 2열 등이다. 표적이 탐지되지 않으면 마지막 행이 선택될 때까지 계속 선정하여 수색한다. 이때 수색 방법은 같은 열에서는 행을 따라 위로 움직이고 반대방향으로는 행을 따라 뒤로 움직이거나, 또는 한 행 위로 움직여 1열로 다시 돌아온다. 우리는 이 과정을 표적이 발견되거나 공간이 수색될 때까지 반복한다.

정리 2.2

정밀 수색에서 첫 번째 수색에서 표적이 탐지될 확률이 $p_1 = \dfrac{1}{M_s}$ 일 때, i 번째까지 수색하여 표적을 찾을 누적확률 P_i은 $P_i = \dfrac{i}{M_S}$ 이고, 탐지 횟수 N에 대한 기댓값 $E_{ss}[N]$은 $E_{ss}[N] \cong \dfrac{M_s}{2}$ 이다.

증명 공간을 전반적으로 훑어보는 과정을 생각해 보자. 첫 번째 수색에서 표적을 탐지할 확률은

$$p_1 \cong \frac{1}{M_S} \tag{2.11}$$

가 되고, 두 번째 수색에서 하나의 부분공간이 선택되고 표적이 탐지될 확률은

$$p_2 \cong \left(1 - \frac{1}{M_S}\right)\frac{1}{M_S - 1} \cong \frac{1}{M_S} \tag{2.12}$$

가 된다. 같은 방법으로 임의의 i번째 수색에서 표적을 탐지할 확률은

$$p_i = \left(1 - \frac{1}{M_S}\right)^{i-1}\frac{1}{M_S - 1} \cong \frac{1}{M_S} \tag{2.13}$$

로 근사할 수 있다. 따라서 단순 수색에서처럼 i번 수색에서 표적을 탐지할 누적확률은

$$P_i = \sum_{j=1}^{i}\frac{1}{M_S} = \frac{i}{M_S} \tag{2.14}$$

가 되고 정밀수색에서 표적을 탐지하기 위한 평균 수색횟수는

$$E_{ss}[N] = \sum_{j=1}^{M_s} j\frac{1}{M_S} \cong \frac{M_S}{2} \tag{2.15}$$

로 근사할 수 있다.

이 결과는 정밀수색을 하는 경우 수색공간에서 표적 탐지에 요구되는 평균 횟수는 랜덤 수색에서 요구되는 수의 절반임을 보여준다.

2.2 표적이 불확실한 단순 수색

다음은 탐지 과정이 불확실할 때 단순 수색을 생각해보자. 수색과정은 앞 절에서와 같은 방법으로 진행되나 약간 다르게 해석할 수 있다. 지금부터 i번째 탐지확률 p_i는 수색자가 표적을 포함하는 부분공간을 조사하는 확률로 해석할 수 있다. 그러므로 표적탐지는 더 이상 확실하지 않으며, 이제부터 표적이 가시적 탐지영역에 위치하는 상황에서 표적을 한번 수색하는 조건부 확률로서 단일 탐지확률 p_d를 도입하여 설명하겠다.

정리 2.3

표적이 불확실한 단순 랜덤수색에서 어떤 특정한 부분공간이 선택될 확률이 p_0이고 표적지역 전체를 한번 수색하는 조건부 확률로서 단일 탐지확률 p_d일 때, i번째까지 수색하여 표적을 찾을 누적확률 P_i은 $P_i = 1-(1-p_0 p_d)^i$ 이고, 탐지 횟수 N에 대한 기댓값 $E_{rs}[N]$은 $E_{rs}[N] = \dfrac{1}{p_0 p_d} \cong \dfrac{M_S}{p_d}$이다.

증명 주어진 부분공간에 표적이 존재여부가 불확실하다는 것을 제외하고는 수색과정은 정리 2.1에서 설명한 것과 같다. 이런 조건에서 i번째 수색에서 표적을 탐지할 확률 p_i는

$$p_i = (1-p_0\, p_d)^{i-1}\, p_0\, p_d \tag{2.16}$$

이고, 이는 단순히 $p_0 \to p_0 p_d$로 대치된 것과 같다. 여기서 $p_0 p_d$는 부분공간에서 표적이 탐지될 확률을 의미한다. 이 척도는 랜덤 수색의 공식에서처럼 그대로 적용된다. 따라서 식 (2.8)에서 i번 수색까지 표적탐지 누적확률 P_i는

$$P_i = \sum_{j=1}^{i} (1-p_0\, p_d)^{j-1} p_0\, p_d = 1-(1-p_0 p_d)^i \tag{2.17}$$

가 되고, 마찬가지로 평균수색 횟수는

$$E_{rs}[N] = \frac{1}{p_0 p_d} \cong \frac{M_S}{p_d} \tag{2.18}$$

로 간단히 할 수 있다.

다음은 확실성이 보장된 앞 절의 정밀수색과 비교하면 탐지의 불확실성에 기인하여 상당히 많이 바뀐다. 첫 번째 수색에서 표적을 탐지할 확률 p_1은 단순히

$$p_1 = \frac{p_d}{M_S} \tag{2.19}$$

가 되고 식 (2.11)과 유사하다. 다음으로 두 번째 수색에서 표적을 탐지할 확률 p_2은

$$p_2 = \left(1 - \frac{p_d}{M_S}\right)\frac{p_d}{M_S - 1} \tag{2.20}$$

이 되고, 마찬가지로 세 번째 수색에서는

$$p_3 = \left(1 - \frac{p_d}{M_S}\right)\left(1 - \frac{p_d}{M_s - 1}\right)\frac{p_d}{M_S - 2} \tag{2.21}$$

가 된다. 이와 같이 탐지가 불확실한 경우 식이 비교적 복잡해진다. 따라서 i번 수색에서 표적을 탐지할 누적확률 P_i은

$$P_i = \sum_{j=1}^{i} \frac{p_d}{M_S - j} \prod_{k=0}^{j-1} \left(1 - \frac{p_d}{M_S - k}\right) \tag{2.22}$$

로 다소 복잡하며, 기댓값을 계산하기가 분명하지 않고, $i = M_S$에서 0이 된다. 이런 불확실한 탐지 상황에서 정밀탐지를 설명하는 것은 바람직하지 않다. 이런 문제를 피하기 위하여 정밀수색의 일차 성질을 연구해보자. 만약 단일 표적이 출현한다면 공간을 완벽히 정밀 수색하는 동안 표적은 M_S개의 부분공간들을 조사하여 단 한번 탐지된다. 이는 부가적인 정밀수색에서도 같은 결과를 얻게 된다. 만약 한 번 더 추가하여 정밀 수색한다고 하면 처음 전 수색지역에 대한 정밀수색에서 표적 탐지확률을 q_1으로 나타내면

$$q_1 = p_d \tag{2.23}$$

가 되고, i번째 정밀수색에서 표적을 탐지할 확률 q_i는

$$q_i = (1 - p_d)^{i-1} p_d \tag{2.24}$$

가 된다. 즉 i번의 전체 수색에서 표적이 탐지될 확률을 말한다.

정리 2.4

표적이 불확실한 단순 정밀수색에서 처음 표적탐지 확률 $q_1 = p_d$ 즉 표적을 한번 수색하는 조건부 확률로서 단일 탐지확률 p_d일 때, i번째까지 수색하여 표적을 찾을 누적확률 Q_i은 $Q_i = 1 - (1 - p_d)^i$ 이고, 탐지 횟수 N에 대한 기댓값 $E_{ss}[N]$은 $E_{ss}[N] \cong \dfrac{M_S}{p_d}$ 이다.

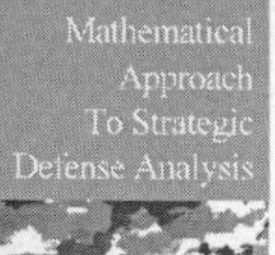

증명 식 (2.24)에서 i번째 정밀수색에서 표적이 탐지될 확률 $q_i = (1-p_d)^{i-1}p_d$이고, 표적을 탐지할 누적확률 Q_i은 랜덤 수색에서처럼 기하급수가 되어

$$Q_i = \sum_{j=1}^{i}(1-p_d)^{j-1}p_d = 1-(1-p_d)^i \tag{2.25}$$

로 계산할 수 있다. 한편 초월정밀수색에서 평균 기댓값은

$$E(N) = \sum_{j=1}^{\infty} j\,q_j = \sum_{j=1}^{\infty} j\,(1-p_d)^{j-1}\,p_d = \frac{1}{p_d}$$

를 구할 수 있다. 여기서 p_d는 표적이 수색지역 내에 존재한다면 탐지될 조건부 확률이다. 따라서 표적이 불확실한 정밀수색에서 평균 탐지 횟수를 구하기 위해 부분공간의 개수를 곱하여 근사한 값을 구하면

$$E_{ss}[N] = \frac{M_S}{p_d} \tag{2.26}$$

가 된다. 이 식은 랜덤수색의 식 (2.18)과 같다. 즉 초월정밀수색에서 두 가지 탐지 방법에 대한 기댓값은 같다.

이제까지 논의된 것은 i번째 초월 정밀수색하는 동안 어디선가 표적이 탐지된다는 사실을 무시하여 정밀 수색의 수를 세면서 근사한 것이다. 그러므로 표적이 탐지될 때의 수색과 M_s사이의 차가 같은 수로 수색하여 중복 계산하였다. 표적 탐지 없이 정밀수색의 일차 형식에 대한 기존의 사실로부터 과잉 계산된 기댓값은 $M_S/2$이다.

만약 과잉 계산에 의한 기댓값으로 이 방식을 채택하다면 식 (2.26)에서 $M_S/2$을 차감하여

$$E_{ss}^{'}[N] \cong \frac{M_S}{p_d} - \frac{M_S}{2} \cong \frac{M_S}{p_d}\left(1-\frac{p_d}{2}\right) \tag{2.27}$$

가 된다. 그러므로 $p_d \to 1$함에 따라 적절하게 변하는 것을 볼 수 있다. p_d 값이 0.5와 0.25에 대해서 정밀수색은 4/3와 8/7이 되어 랜덤 수색보다 더 효율적임을 알 수 있다.

2.3 간헐적 탐지

이 절에서는 특정한 표적을 탐지하는 방법으로 아군의 지대공 미사일(SAM) 사이트에서 방어지역으로 침투하는 적항공기를 추적하는 간헐적 표적탐지 과정을 소개한다. 이 탐지 방법에서 가장 중요한 모수는 i번째의 단순 탐지에서 표적이 탐지될 확률 q_i이다. 이 확률은 사거리, 속도, 기후 및 기상 등의 어떤 물리적 조건에 따라 매 순간 탐지할 때마다 그 값이 다양하게 변한다.

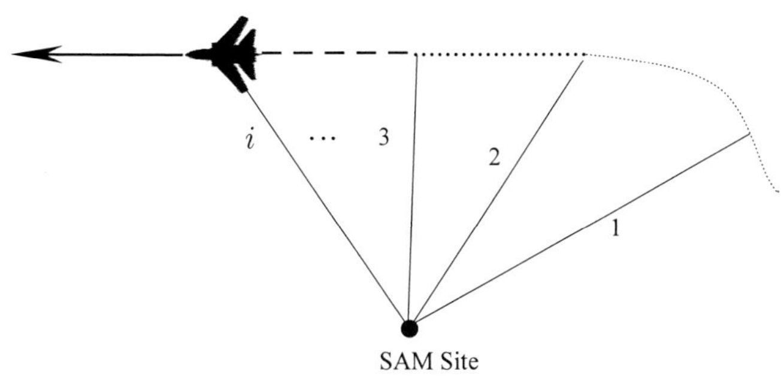

그림 2.1 SAM 기지에서 침투하는 폭격기 연속 탐지

그러나 여기서는 간헐적 탐지확률(glimpse probability) q_i를 알고 있다고 가정한다. 레이더나 탐지 센서 등의 추적 시스템에 대한 간헐적 탐지확률 q_i의 실질적인 평가 방법은 고려하지 않겠다. 다만 이 간헐적 탐지확률이 알려지면 표적획득과 추적 시스템의 효율성 분석을 통해 표적탐지 확률과 표적을 탐지하기 위해 몇 번 정도의 간헐적 탐지가 필요한지 결정할 수 있다. 물론 전체 탐지 시스템의 효율성은 거리, 고도 및 기후 및 기상의 변화에 따라 다를 것이다.

특정한 표적을 탐지하는 동안 각각의 간헐적 탐지에 대한 일련의 순서는 수색을 시작하는 순간부터 번호를 부여한다. i번째 간헐적 탐지에 대한 확률 q_i는 전 단계인 $i-1$번째 수색에서 탐지되지 않은 표적에 대한 표적탐지 확률을 의미한다. 그러므로 표적은 N번째 수색에서 처음으로 표적이 탐지되면 $q_N = 1$이라고 가정할 수 있다. 이러한 일련의 가정과 복합적인 확률의 정의를 이용하면

$$\begin{aligned} Q(n) &= Q(\text{각각의 } n\text{번째까지 탐지실패할 사건}) \qquad (2.28) \\ &= (1-q_1)(1-q_2)\cdots(1-q_n) \\ &= \prod_{i=1}^{n}(1-q_i) \end{aligned}$$

이 된다.

정리 2.5

간헐적 탐지방법에 의한 i번째 탐지확률을 q_i라 할 때 처음 n번까지의 간헐적 표적탐지 확률 $P(n)$은

$$P(n) = 1 - \prod_{i=1}^{n}(1-q_i)$$

이고, 표적을 탐지하는데 필요한 평균적인 수색의 수는 확률변수 N의 기댓값 $E[N]$,

$$E[N] = \sum_{i=1}^{N} i\, p(i)$$

이다. 여기서 $p_1 = q_1,\ p(i) = \prod_{k=1}^{i-1}(1-q_k)q_i$이다.

증명 (2.28)로부터 처음 n번째까지 간헐적 표적탐지 확률 $P(n)$은 확률의 기본성질에 의해

$$P(n) + Q(n) = 1 \qquad (2.29)$$

이 된다. 그러므로 위의 두 식 (2.28)과 (2.29)에 의해

$$\begin{aligned} P(n) &= 1 - Q(n) \qquad (2.30) \\ &= 1 - \prod_{i=1}^{n}(1-q_i) \end{aligned}$$

이 된다.

한편, n번째 간헐적 수색에서 표적을 처음으로 탐지할 확률 $p(n)$은

$$\begin{aligned} p(n) = {} & Q(\text{각각의 } n-1\text{번 표적탐지 실패}) \\ & \times P(n\text{번째 표적탐지}) \end{aligned}$$

$$= \prod_{i=1}^{n-1}(1-q_i)q_n \tag{2.31}$$

$$= \begin{cases} q_n \prod_{i=1}^{n-1}(1-q_i), & n>1 \\ q_1, & n=1 \end{cases}$$

으로 계산된다. 처음부터 n번째까지의 표적탐지 확률 $P(n)$과 i번째 간헐적 탐지에서 표적이 탐지될 확률 $p(i)$들 사이의 관계는

$$P(n) = p(1)+p(2)+\cdots+p(n) \tag{2.32}$$

$$= \sum_{i=1}^{n} p(i)$$

로 주어진다. 식 (2.32)으로부터 n번까지 수색에서 탐지될 확률

$$P(n) = \sum_{i=1}^{n} p(i) = 1$$

이 된다. 따라서 표적을 탐지하는데 필요한 평균적인 수색의 수는 확률변수 N의 기댓값 $E[N]$,

$$E[N] = \sum_{i=1}^{N} i\, p(i) \tag{2.33}$$

으로부터 계산할 수 있다.

표적을 탐지할 때 주요 목적은 가능한 탐지확률을 크게 하는 것이고, 탐지 빔을 최대한 감추기 위해 탐지 횟수를 최소한으로 줄이는데 있다. 그러므로 탐지확률 $P(n)$과 $E[N]$은 특정한 표적에 대한 표적획득 시스템의 효율성을 측정하는데 이용된다.

[예제 2.1]

네 번의 중간 차단에 의한 간헐적 탐지에서 다음과 같은 침투 폭격기에 대한 탐지확률이 계산되었다. 또한 중간 차단 탐지 사이트와 침투 폭격기의 거리가 가까울수록 탐

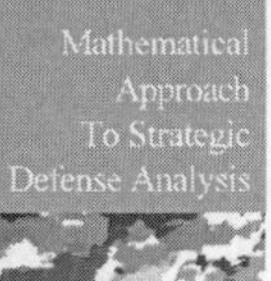

지확률 q_i는 커진다는 것을 고려한다. 이 때 처음 n번의 탐지에서 표적을 탐지할 확률과 표적탐지에 대한 기댓값 $E[N]$을 구하여라.

간헐적 탐지(i)	1	2	3	4
확률(q_i)	$\frac{1}{4}$	$\frac{1}{2}$	$\frac{3}{4}$	1

풀이 식 (2.30)에서 간헐적 수색 n에 대하여 $p(n)=\prod_{i=1}^{n-1}(1-q_i)q_n$을 이용하여 계산하면

$$p(1)=q_1=\frac{1}{4},\ p(2)=(1-q_1)q_2=\frac{3}{4}\times\frac{1}{2}=\frac{3}{8}$$

이 되고, 같은 방법으로 계산하면 $p(3)=\frac{9}{32}$, $p(4)=\frac{3}{32}$이 됨을 알 수 있다. 따라서 식 (2.33)을 이용하여 처음 n번 수색에서 표적을 탐지할 확률 $P(n)$은 각각

$$P(1)=p(1)=\frac{1}{4},\quad P(2)=p(1)+p(2)=\frac{1}{4}+\frac{3}{8}=\frac{5}{8}$$

이 된다. 그리고 같은 방법으로 계산하면 $P(3)=\frac{29}{32}$, $P(4)=1$을 구할 수 있다. 마지막으로 탐지 기대 횟수 $E(N)$은

$$E[N]=\sum_{n=1}^{4}np(n)=1\times\frac{1}{4}+2\times\frac{3}{8}+3\times\frac{9}{32}+4\times\frac{3}{32}$$

$$=\frac{71}{32}\cong 2.2$$

로 약 2.2회의 간헐적 수색이 요구된다.

2.4 연속적 수색

이 절에서는 탐지 레이더나 또 다른 탐지 시스템을 연속적으로 작동하여 그 결과로 인해 정보를 연속적으로 획득 할 수 있는 경우에 대해 살펴보자. 연속적인 확률변수에서처럼 어느 한 순간에서의 탐지확률은 0이 된다. 반면 시간 t가 경과한 후의 탐지확률은 시스템의 효율성 측도에 중요한 변수가 된다. 또 다른 유용한 측도는 표적을 탐지하는

평균시간을 나타내는 표적탐지 평균시간(mean time to detection)이 있고, $MTTD$로 나타낸다.

탐지 시스템의 주요 특성은 단위 시간당 탐지된 표적의 수로 표현되는 순간(동시) 탐지율(instantaneous rate) $\gamma(t)$이다. 연속적인 시스템에서 탐지확률을 결정하기 위하여 몇 가지 기호를 정의하자.

(i) N_0 : 시간 $t=0$에서 탐지되지 않은 표적의 수

(ii) N_t : 시간 t까지 탐지되지 않은 표적의 수

(iii) $N_{t+\Delta t}$: 시간 $t+\Delta t$이내에서 탐지되지 않은 표적의 수

(iv) Δt : 시간 증분

한편 확률 P와 Q를

(v) $Q(t)=P($시간 t이내에서 미 탐지할 사건$)$

(vi) $P(\Delta t)=P($시간 Δt이내에서 탐지$)=\dfrac{N_t-N_{t+\Delta t}}{N_t}$

(vii) $Q(\Delta t)=P($시간 Δt이내에서 미탐지$)=1-P(\Delta t)$

(viii) $Q(t+\Delta t)=P($시간 $t+\Delta t$이내에서 미탐지$)$

$$
\begin{aligned}
&= Q(t)Q(\Delta t) \\
&= Q(t)[1-P(\Delta t)] \\
&= Q(t)\left(1-\frac{N_t-N_{t+\Delta t}}{N_t}\right)
\end{aligned}
$$

와 같이 정의할 수 있다. 따라서 식 viii)을 다시 정리하여 Δt로 나누면

$$\frac{N_t-N_{t+\Delta t}}{N_t\Delta t}=-\frac{Q(t+\Delta t)-Q(t)}{Q(t)\Delta t}$$

가 된다. 따라서 순간 탐지율 $\gamma(t)$은

$$\gamma(t)=\lim_{\Delta t\to 0}\frac{N_t-N_{t+\Delta t}}{N_t\Delta t}$$

$$=-\lim_{\Delta t \to 0} \frac{Q(t+\Delta t)-Q(t)}{Q(t)\Delta t} \tag{2.34}$$

$$=-\frac{1}{Q(t)}\frac{dQ(t)}{dt}$$

이 된다. 그러므로 식 (2.34)에서 $Q(t)$에 대해 변수분리형 미분방정식을 풀면

$$Q(t)=\exp\left[-\int_0^t \gamma(t)dt\right] \tag{2.35}$$

가 된다. 시간 t에서 탐지될 확률 $P(t)$는

$$P(t)=1-Q(t) \tag{2.36}$$

$$=1-\exp\left[-\int_0^t \gamma(t)dt\right]$$

로 유도된다. 만약 $\gamma(t)=c$(상수)이면

$$P(t)=1-e^{-ct} \tag{2.37}$$

가 된다. 따라서 $P(0)=0$이고, $t\to\infty$일 때 탐지확률은 $P(\infty)=1$로 확실하게 표적을 탐지할 수 있음을 의미한다.

정리 2.6

연속적인 시스템에서 순간 탐지율이 식 (2.35)에서 주어진다면 시간 t에서 표적이 탐지될 확률 $P(t)$는

$$P(t)=1-\exp\left[-\int_0^t \gamma(t)dt\right]$$

이고 표적 평균탐지시간 $MTTD$

$$MTTD=E[T]=\int_0^\infty t\gamma(t)\exp\left[-\int_0^t \gamma(t)dt\right]dt$$

가 된다.

증명 식 (2.36)에서처럼 시간 t에서 탐지될 확률 $P(t)$는

$$P(t)=1-Q(t)$$

$$=1-\exp\left[-\int_0^t \gamma(t)dt\right]$$

로 유도된다.

이 확률변수에 해당하는 확률밀도함수 $f(t)$를 구하기 위하여

$$f(t) = \frac{dP(t)}{dt} \tag{2.38}$$

를 이용하면 확률 함수 $P(t)$는

$$P(t) = \int_0^t f(t)dt \tag{2.39}$$

를 유도할 수 있다. 그러므로 식 (2.36)과 (2.38)를 이용하여 다시 정리하면 구하고자하는 확률밀도함수 $f(t)$는

$$f(t) = \gamma(t)\exp\left[-\int_0^t \gamma(t)dt\right] \tag{2.40}$$

가 된다. 그러므로 지금까지 결과들을 종합하여 표적 평균탐지시간 $MTTD$는

$$MTTD = E[T] = \int_0^\infty tf(t)dt \tag{2.41}$$

$$= \int_0^\infty t\gamma(t)\exp\left[-\int_0^t \gamma(t)dt\right]dt$$

로 계산할 수 있다.

한편 식 (2.41)을 이용하여 $\gamma(t) = c$(상수)이면 평균탐지시간

$$MTTD = \frac{1}{c} \tag{2.42}$$

로 쉽게 나타낼 수 있다.

2.5 거리에 따른 탐지율의 변동[2)]

앞 두 개의 절에서 간헐적 탐지에 대한 탐지확률 q_i와 연속적 탐지에서 탐지율 $\gamma(t)$는 물리적 조건에 의존한다. 예를 들면 탐지율 $\gamma(t)$는 표적까지의 거리, 자연적이거나 표적을 차장하여 탐지레이더 또는 레이저를 방해하는 조명, 기후조건 같은 모수에 따라 탐지 과정도 변한다. 표적을 탐지하기 위해 사용되는 센서의 종류와는 관계없이 탐지율에 영향을 주는 가장 중요한 모수는 센서로부터 표적까지의 거리이다. 이런 모수들의 의존성에 대한 한 가지 실례로 거리에 따른 탐지율의 변동성을 대공 표적이나 지상 표적에 대한 공중 경보기 센서에 대해 단순화된 분석 모형을 수학적으로 자세히 설명하고자 한다.

이러한 분석을 위해 몇 가지 가정이 필요하다.

(1) 센서는 지상으로부터 높이 h에 있고 표적까지의 거리는 r이다.

(2) 센서는 표적을 둘러싸는 직사각형 영역의 소음범위를 수색하여 표적을 탐지한다.

(3) 순간(동시) 탐지율 $\gamma(t)$는 표적 관찰지점에 대해 입체각에 비례한다.

(4) 표적의 차원은 h와 r에 대하여 비교적 작다.

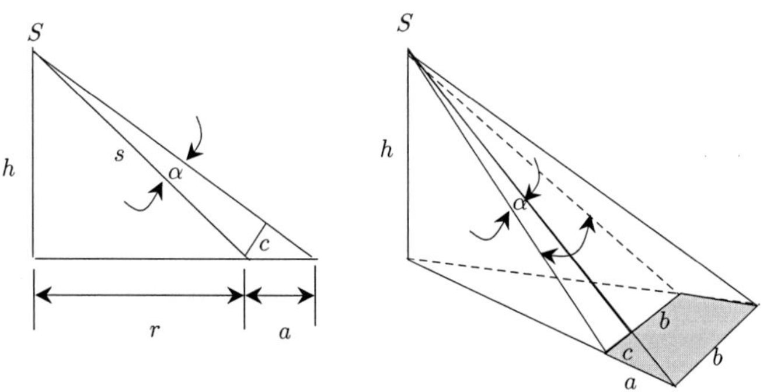

그림 2.2 공중경보기에 의한 지상표적 탐지

위의 그림 2.2로부터 닮은 삼각형에 의해 작은 각 α에 대하여

$$\frac{h}{s} = \frac{c}{a} \tag{2.43}$$

2) J. S. Prezemienieki, 'Mathematical Methods in Defense Analysis 3rd', p 266–271.

가 된다. 또한 작은 각 α와 β에 대하여

$$\alpha = \frac{c}{s}, \ \beta = \frac{b}{s} \tag{2.44}$$

임을 알 수 있다.

표적에 대한 입체각 φ는 근사적으로

$$\varphi = \frac{cb}{4\pi s^2} = \frac{s\alpha s\beta}{4\pi s^2} = \frac{\alpha\beta}{4\pi} \tag{2.45}$$

가 되고, 식 (2.43)에서 식 (2.45)에 의해 채색된 직사각형의 면적을 $A_t = ab$라고 하면

$$\varphi = \frac{1}{4\pi}\frac{c}{s}\frac{b}{s} = \frac{hA_t}{4\pi s^3} = \frac{hA_t}{4\pi(h^2 + r^2)^{3/2}} \tag{2.46}$$

가 된다. 탐지율 $\gamma(t)$는 입체각 φ에 대해 비례하기 때문에

$$\gamma(t) = \frac{kA_t}{4\pi}\frac{h}{(h^2 + r^2)^{3/2}} \tag{2.47}$$

여기서 k는 거리를 제외한 탐지율에 영향을 주는 모든 요인들에 의한 비례상수이며, 비례상수의 차원은 시간분의 1이다.

정리 2.7

위에서 주어진 조건 1)-4)하에서 공중 경보기에 의한 저고도 탐지 즉 $r \geq h$일 때, 탐지율

$$\gamma(t) = \frac{kA_t}{4\pi}\frac{h}{r^3} \tag{2.48}$$

로 근사 할 수 있고, 고고도 탐지 즉 $r < h$인 경우

$$\gamma(t) = \frac{kA_t}{4\pi}\frac{1}{h^2} \tag{2.49}$$

로 근사된다.

만약 r이 h보다 크면 식 (2.47)에 의해 식 (2.48)로 근사할 수 있다. 이 방정식에 의해 설명된 탐지 성질을 탐지의 역세제곱법칙(inverse cube law of detection)이라 한다. 역세제곱법칙은 상수 k가 탐지율에 영향을 주는 다른 모든 요소들을 고려하여 적용된다면 탐지확률 예측에 대한 유용한 모델을 제공해준다.

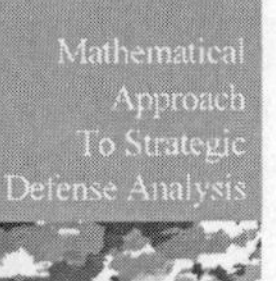

마찬가지로 만약 r이 h보다 작으면 식 (2.47)에 의해 식 (2.49)로 근사할 수 있다. 이 방정식에 의해 설명된 탐지 성질을 탐지의 역제곱 법칙(inverse square law of detection)이라 한다. 역제곱 법칙은 공중경보기의 센서에 의해 지상표적 탐지 확률 예측에 대한 유용한 모델을 제공해 준다.

2.6 지정된 구역 수색에서 탐지 확률

면적이 A인 지역에서 넓이 W로 관측하는 공중정찰기의 수색을 생각해 보자. 지정된 지역 A의 어디엔가 표적이 있다는 것을 감지하고, 정찰기는 일정한 속도 V로 비행하면서 연속적으로 주어진 지역을 수색한다. 고정표적이라 가정하면 정밀수색(exhaustive search), 랜덤수색(random search), 역세제곱법칙수색(inverse cube law search) 등의 주요 3가지의 수색 방법을 중심으로 분석해 보겠다.

아래 그림에서 보는 것처럼 지정된 구역에서 정밀 수색은 중복됨이 없이 체계적으로 주어진 지역을 훑으면서 수색한다. 만약 표적이 정찰기의 $\frac{1}{2}W$의 거리 내에서 있다면, 이 표적은 즉시 탐지된 것으로 간주한다. 그러면 시간 t동안 수색자는 $Vt\,W$ 지역을 조사하게 될 것이고 탐지 확률은 균등분포로 전체 면적 A 대한 수색한 지역의 면적에 관한 비가 될 것이다. 즉

$$P_{정밀} = \frac{VWt}{A} \tag{2.50}$$

로 계산된다.

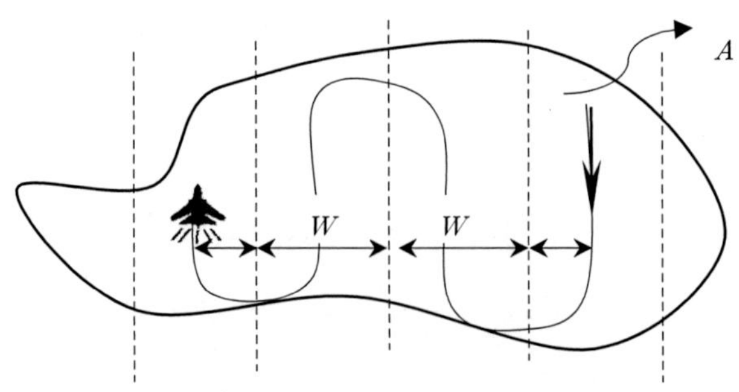

그림 2.3 정찰기의 정밀수색

한편 지정된 구역을 랜덤하게 수색한다면 아래 그림 2.4에서보는 것처럼 정찰기는 일정한 패턴으로 정찰하지 않고 랜덤하게 비행하며 정찰할 것이다. 따라서 단위시간당 탐지된 표적의 수를 나타내는 탐지율 $\gamma(t)$

$$\gamma(t) = \frac{VW}{A} \tag{2.51}$$

에 의해 계산된다. 따라서 식 (2.51)을 식 (2.37)에 대입하여 계산하면 다음과 같이 정리된다.

$$\begin{aligned} P_{랜덤} &= 1 - e^{-ct} \\ &= 1 - e^{-\gamma(t)t} \\ &= 1 - \exp\left(\frac{-VWt}{A}\right) \end{aligned} \tag{2.52}$$

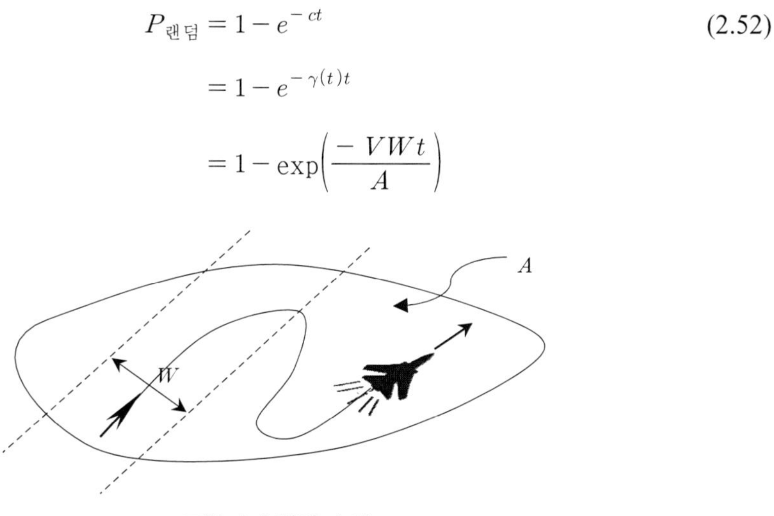

그림 2.4 랜덤 수색

또한 지정된 구역의 저고도 수색에서 탐지율이 $r \gg h$로 역세제곱 법칙 수색(Inverse Cube Law Search)인 경우 식 (2.48)에서처럼

$$\gamma(t) = \frac{k\,A_t\,h}{4\pi r^3} \tag{2.53}$$

로 주어지며, 여기서 A_t는 표적 예상지역을 나타낸다. 수색패턴은 아래 그림 2.5에서 보는 것과 같이 정찰기는 수색 지역 A를 $i = \cdots, -2, -1, 0, 1, 2, \cdots$ 으로 나타내는 직선 경로를 따라 횡단 비행한다.

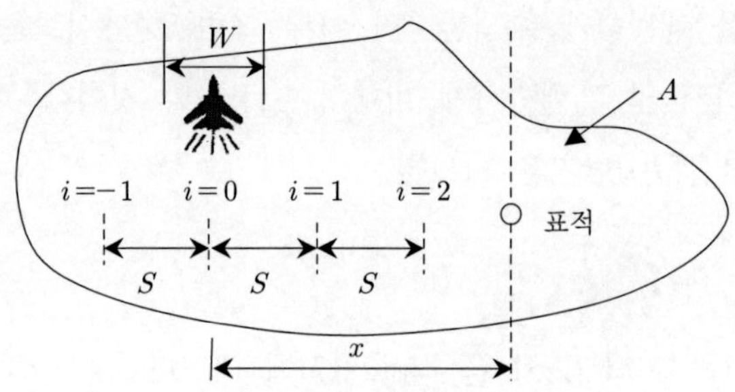

그림 2.5 역세제곱법칙을 이용한 정밀 수색

이런 수색의 전형적인 패턴을 아래 그림 2.6에서 볼 수 있다.

아래 그림 2.6에서 r에 대한 식을 계산해 보면

$$r^2 = x^2 + V^2t^2 \tag{2.54}$$

이고, 일정한 고도 h 상공에서 표적과 거리 x만큼 떨어진 $i=0$인 항로를 따라 비행하며 표적을 수색하는 탐지확률은

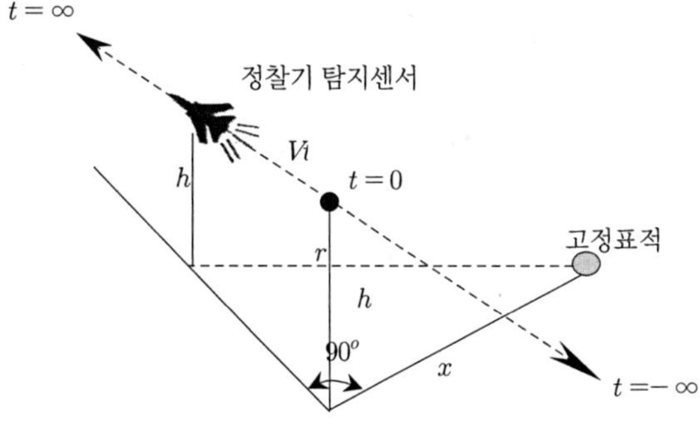

그림 2.6 표적으로부터 보정 x에 의한 수색

$$p(x) = 1 - \exp\left[-\int_{-\infty}^{\infty} \gamma(t)dt\right] \tag{2.55}$$

$$= 1 - \exp\left[-\int_{-\infty}^{\infty} \frac{kA_t\, h}{4\pi} \frac{1}{(x^2 + V^2t^2)^{3/2}} dt\right]$$

$$= 1 - \exp\left(-\frac{2m}{x^2}\right)$$

이고, 여기서 상수 m은 다음과 같다.

$$m = \frac{kA_t h}{4\pi V} \tag{2.56}$$

위의 식 (2.55)를 구하는데 $\cosh(y) = Vt/x$로 변수치환하면 계산할 수 있다. 자세한 계산과정은 생략한다. 식 (2.55)의 부정적분은 수색 지역 A의 범위를 벗어난다. 그러나 $\gamma(t)$는 $1/r^3$에 따라 변하기 때문에 부정적분의 범위를 $(-\infty, \infty)$를 사용하면 간단하게 결론을 얻을 수 있다.

확률 $p(x)$와 관련하여 수색한 폭 W는

$$W = \int_{-\infty}^{\infty} p(x)dx = \sqrt{8\pi m} \tag{2.57}$$

으로 주어진다. 이 결과를 계산하기 위해서 변수 $y = \sqrt{2m}/x$로 치환하고 부분적분을 이용하면 된다. 자세한 계산은 연습문제로 독자들에게 맡겨둔다.

연습문제

1. 연속적인 시스템에 의한 수색에서 탐지평균시간 $MTTD$는 식 (2.41)에서 다음과 같다.

$$MTTD = E[T] = \int_0^{\infty} t\gamma(t)\exp\left[-\int_0^t \gamma(t)dt\right]dt$$

이는 $MTTD = \int_0^{\infty} Q(t)dt$ 와 동치임을 보여라.

2. 레이더에 의해 공격미사일 또는 침투하는 적기들의 처음부터 주어진 간헐적 탐지 확률들이 다음과 같을 때 물음에 답하여라.

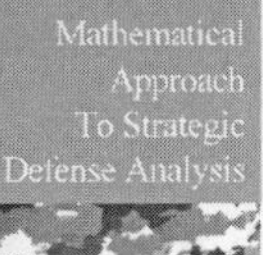

(a)

i	1	2	3	4	5
q_i	0.1	0.2	0.4	0.8	1.0

(b)

i	1	2	3	4	5	6
q_i	0.1	0.2	0.4	0.6	0.8	1.0

(1) i번째 간헐적 탐지 확률을 구하여라.

(2) 처음부터 i번째까지 누적 간헐적 탐지확률을 구하여라.

(3) 간헐적 탐지 기댓값(기대 횟수)을 구하여라.

3. 고도 h에서 일정하게 비행하면서 거리 x에 있는 표적을 탐지할 확률

$$\begin{aligned} p(x) &= 1-\exp\left[-\int_{-\infty}^{\infty}\gamma(t)dt\right] \\ &= 1-\exp\left[-\int_{-\infty}^{\infty}\frac{kA_t\,h}{4\pi}\frac{1}{(x^2+V^2t^2)^{3/2}}dt\right] \\ &= 1-\exp\left(-\frac{2m}{x^2}\right) \end{aligned}$$

을 $\cosh(y) = Vt/x$로 치환하여 증명하여라.

4. 식 (2.55)에 의해 주어진 탐지 확률 $p(x)$에 대하여 수색한 넓이 W는

$$W=\int_{-\infty}^{\infty}p(x)dx = \sqrt{8\pi m}$$

임을 $y=\frac{\sqrt{2m}}{x}$로 변수 치환하여 증명하여라.

Chapter 3

란체스터 확정형 전투모델

이 장에서는 주어진 임의의 시간에 교전중인 양측의 전투력을 미분방정식 형태로 모델링되는 전투모델을 다루고자 한다. 따라서 다양한 미분방정식형 전투모델에서 사용되는 소모율의 기본개념을 소개하면서 시작하겠다. 전투 모델링은 기본형 란체스터 모델, 직사화기 모델, 지역사격 모델, 게릴라전 모델 등을 중심으로 다양하게 다룬다. 이런 모델링을 이해한 후 직사화기 모델을 2차 세계대전 중 미군과 일본군이 이오지마 전투에서 전쟁 상황을 모의 전투를 통해 비교해 보겠다.

3.1 소모율(Attrition Rate Coefficient)

전투교전의 수학적 모델링에서 가장 기본적인 개념은 전투부대, 무기, 차량, 군수물자, 경제력, 또는 다른 특정한 표적 등의 소모율에 관한 분석이 중심축을 이룬다. 소모율(attrition rate)은 단위시간당 파괴(살상)되는 전투원, 무기와 같은 개별 표적의 수나 단위 시간당 효과적으로 파괴되는 지역 등으로 나타내어진다. 실 전투상황에서 이들 비율은 시간과 장소 및 위치에 따라 다르고 또한 병력, 무기의 집중, 충분한 보급, 적절한 지휘 및 통제, 통신, 정보력과 전투원들의 훈련정도에 따라 다를 것이다. 이 중에도 단지 신체적 한계에 의한 제한 사항과 가능한 최대의 전투력 수준을 유지하며 전투하고 있는 전투원들의 결의에 의해 다르게 나타난다.

란체스터의 소모율 상수에 대한 전형적인 예측 방법은 소모율이 표적 살상(파괴)에 대한 기대시간의 역수와 같다는 일반적인 원칙을 사용하는 것이다. 우리는 1명의 y군(적군)과 교전중인 x군(아군)에 대한 손실 과정을 물리적으로 측정 가능한 무기 체계의 특성을 포함하는 분석적 모델을 고려해 본다. 표적획득 시간을 무시한다면 이 원칙은 다음과 같은 간단한 관계식, 즉 1명의 전투원 또는 무기를 파괴하기 위해 요구되는 전체 시간 T_{yx}는

$$T_{yx} = \frac{1}{\nu_x P_{SSK_{yx}}} \tag{3.1}$$

이고, 여기서 ν_x는 교전 중 y군의 표적 하나에 대한 x군 1명의 전투원의 사격률이며, $P_{SSK_{yx}}(0 \le P_{SSK_{yx}} \le 1)$는 일발 명중(살상)확률이다. 사격률과 명중확률의 곱 $\nu_x P_{SSK_{yx}}$는 인식된 y군 표적을 1명의 x군(아군) 전투원에 의해 파괴되는 비율이다. 만약 비율의 역이 단일표적이 파괴되는 시간이라는 것을 안다면 식 (3.1)로부터 x군의 전투원에 대한 효력사율(effective firing rate)은

$$a_{yx} = \frac{1}{T_{yx}} = \nu_x P_{SSK_{yx}} \tag{3.2}$$

이고 반대로 y군의 전투원에 대한 효력사율은

$$a_{xy} = \frac{1}{T_{xy}} = \nu_y P_{SSK_{xy}} \tag{3.3}$$

로 계산된다.

만약 교전 중에 x군 전투원이 y군의 표적획득 시간 t_{yx}을 고려한다면 식 (3.1)은

$$T_{yx} = t_{yx} + \frac{1}{\nu_x P_{SSK_{yx}}} \tag{3.4}$$

가 되고 식 (3.2)의 x군 전투원에 대한 효력사율(effective firing rate)은

$$a_{yx} = \frac{1}{T_{yx}} = \frac{1}{t_{yx} + 1/\nu_x P_{SSK_{yx}}} \tag{3.5}$$

이며, 반대로 y군 전투원에 대한 효력사율은 y군 전투원이 x군의 표적획득시간 t_{xy} 을 고려하여 다시 계산하면 위와 동일하게

$$a_{xy} = \frac{1}{T_{xy}} = \frac{1}{t_{xy} + 1/\nu_y P_{SSK_{xy}}} \tag{3.6}$$

가 된다.

3.2 기본형 란체스터 전투모델

1916년 영국의 항공학자 프레데릭 란체스터는 공중전에 대한 수학적 분석방법을 개발하였고, 이를 바탕으로 전투이론의 개발과 접적전투 교전상황에서 병력손실률 계산에 대한 기본모델을 제공해 주었다. 특히 수학적 이론에 기반을 둔 란체스터 법칙(Lanchester's laws)은 공격자와 방어자간의 상대적인 힘을 계산하는 공식으로, 이 공식은 군사력과 관련이 깊다. 이 란체스터 방정식은 공격자와 방어자간의 힘을 $x(t)$와 $y(t)$라는 시간에 기반에 둔 함수로 나타내어 기술하는 미분방정식이다. 이 방정식 중에서 많이 알려진 방정식은 란체스터의 선형법칙(Lanchester's Linear Law, 현대이전 전투)과 소화기 같이 장거리의 무기를 사용하는 현대전투에 적합한 모형으로 란체스터의 제곱법칙(Lanchester's Square Law)이 있다.

이 란체스터의 미분방정식형 전투 모델이론은 상대방 전투력의 단위시간당 각개 전투병과 전투장비, 전투중인 전체 병력수, 무기의 수에 의해 창출되는 효과적인 사격으로 각 진영의 전투력 소모율을 계산할 수 있는 간단한 수학적 방정식에 기반을 두고 있다.

가장 간단한 전투모델로 동종의 전투력에 의한 전투상황을 설정하여 보자. 즉 X군은 전차나 소총중대로 무장해 있고, Y군도 대전차와 동종의 소총중대가 전투하는 상황이다. 그러면 어떠한 수학적 방법에 의해 한 쪽이 상대방을 궁극적으로 제압하고 승리하거나 전투를 종식시키는지 알고자한다. 그리고 다음과 같은 또 다른 흥미로운 질문에 대해서도 답을 구하고자한다.

(a) 전투에서 시간의 흐름에 따라 전투력은 어떤 수준으로 줄어드는가?

(b) 승자는 몇 명의 생존자가 남게 되는가?

(c) 전투 지속시간은 얼마인가?

(d) 최초 전투력 수준과 무기체계 지수들이 전투 결과에 어떠한 변화를 주는가?

지금부터 X, Y군의 전투력을 시간의 함수로 각각 $x(t)$, $y(t)$라고 하자. 여기서 시간 t는 전투가 개시된 시각부터 시(hour) 또는 일(day)별로 측정한다. 기본적으로 전투력은 여러 가지 요인들을 내포하고 있다. 만약 X군이 동종의 전차를 기본으로 구성되어 있다면 그 전투력은 작전에 참가하고 있는 전차의 수, 전차의 기술적 특성, 전차병들의 훈련 정도, 전차의 정비 수준 등에 의해 결정된다. 그러나 간단한 모델 설명을 위해 전투력 $x(t)$는 시간 t에서 작전에 참가한 전차의 수이고, $y(t)$ 역시 작전 중인 동종의 대전차(전차)의 수라고 가정한다. 실제 상황에서는 분명히 전차의 수로 한정하였기 때문에 $x(t)$, $y(t)$는 각각 음이 아닌 정수이다. 그러나 전투상황을 실시간으로 모델링하기 위해 시간에 대해 연속함수로 가정하며, 또한 미분방정식으로 모델링하기 위하여 $x(t)$, $y(t)$는 각각 미분 가능한 함수라고 가정한다. 좀 더 구체적으로 각각 연속함수라고 하는 가정을 설명하면 최초 전투 개시 전 $t=0$일 때 전차가 100대였고, 개시 후 $t=2$시간에 전차가 92대가 전투 중으로 8대가 파괴되었다면 보간법을 사용하여 계산하면 시간당 4대가 파괴되었음으로 $t=1.2$시간에는 4.8대가 파괴되어 95.2대가 전투 중인 것으로 해석한다.

전투 수행 결과로 각각 X, Y군의 전투력 수준은 어떻게 변하는지 기본가정을 설정해 보자.

가정 : 란체스터 기본전투모델 가정

(1) X군의 전투력 손실은 Y군의 전투력에 비례한다.

(2) 시간에 따른 X군의 전투력 요인으로 전투력 재투입 및 증강, 전기적 기계적 전투력 손실 등 최초 전투력 이외의 요인은 무시한다.

란체스터의 전투력 소모율 상수로 a는 Y군의 효력사율에 의한 상수이고 b를 X군의 효력사율에 의한 소모율 상수라 하자. 여기서 전투력이 음수인 경우는 수학적으로 의미가 없기 때문에 $x \geq 0$, $y \geq 0$이라고 가정할 수 있다.

정리 3.1(란체스터 제곱법칙)

X군의 전투력 소모율이 $b > 0$이고 Y군의 전투력 소모율이 $a > 0$일 때 전투력의 변화율은 각각

$$\frac{dx}{dt} = -ay \qquad (3.7)$$
$$\frac{dy}{dt} = -bx$$

이고, 만약 $x(0) = x_0$, $y(0) = y_0$라 하면 $C = ay_0^2 - bx_0^2$에 대해 다음 식을 만족한다.

$$ay^2 - bx^2 = C \qquad (3.8)$$

증명 X군의 전투력의 변화율은 시간에 따라 Y군의 전투력 $y(t)$와 소모율 상수의 곱에 비례하여 감소하므로 $dx/dt = -ay$가 되고 동일하게 Y군에도 적용된다. 식 (3.7)에서 연쇄법칙을 사용하면

$$\frac{dy}{dx} = \frac{dy/dt}{dx/dt}$$

이고 $dx/dt = -ay$와 $dy/dt = -bx$를 위 식에 대입하여 정리하면

$$\frac{dy}{dx} = \frac{-bx}{-ay}$$

가 되어 이 미분방정식은 변수분리형이 된다. 따라서 변수를 분리하여 적분하면

$$-aydy = -bxdx \quad \Rightarrow \quad -a\int_{y_0}^{y} ydy = -b\int_{x_0}^{x} xdx$$

이 된다. 이 적분을 계산하여 정리하면

$$a(y_0^2 - y^2) = b(x_0^2 - x^2) \quad \Rightarrow \quad ay^2 - bx^2 = ay_0^2 - bx_0^2$$

가 되어 $C = ay_0^2 - bx_0^2$라 하면 위의 식은 $ay^2 - bx^2 = C$를 만족한다.

식 (3.8)에 의해 그려지는 평면상의 전형적인 궤적은 그림 3.1과 같다. 즉 $C \neq 0$인 경우는 쌍곡선의 궤적이고, $C = 0$인 경우는 $y = \sqrt{b/a}\, x$인 직선이 된다. 만약 $C < 0$일 때 궤적은 x축과 $x = \sqrt{-C/b}$에서 만나고 Y군이 전멸하였기 때문에 X군이 승리한다. 반면에 만약 $C > 0$이면 Y군은 $y = \sqrt{C/a}$의 전투력을 보유하면서 승리하게 된다.

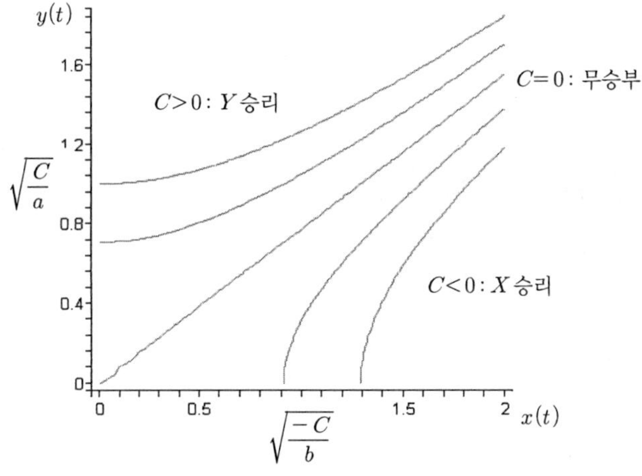

그림 3.1 란체스터 제곱법칙의 궤적 및 전투력 $x(t), y(t)$의 수준

좀 더 구체적으로 Y군이 승리한 상황을 연구하여 보자. 즉 상수 $C > 0$이므로 $C = ay_0^2 - bx_0^2 > 0$가 되어 다시 정리하면

$$\left(\frac{y_0}{x_0}\right)^2 > \frac{b}{a} \tag{3.9}$$

가 된다. 분명히 식 (3.9)의 조건은 Y군이 승리하기 위한 필요충분조건이다. 이 부등식을 해석해 보면 X군의 상수 a와 b에 대해 최초 전투력 x_0라고 가정할 때 Y군의 최초 전투력 수준은 X군의 전투력 수준의 제곱의 비에 해당된다는 것을 보여주고 있다. 이를

다시 X군의 입장에서 보면 Y군이 X군의 최초전투력 x_0를 기준으로 수준을 유지할 것으로 가정하여 Y군의 전투력을 증강시키는 것과 보조를 맞추기 위해서는 이 전투력의 제곱에 해당되도록 상수 b를 증가시켜야한다. 그림에서 보는 것처럼 Y군이 승리하기 위하여 반드시 X군의 최초 전투력 x_0보다 우월한 전투력 y_0를 보유할 필요는 없다는 것을 보여주고 있다.

[예제 3.1]

X군은 전차전에서 Y군의 대전차 전투 체계를 분당 0.045의 비율로 무력화시키며, 반면 Y군의 대전차 전투체계는 X군의 전차를 분당 0.035비율로 무력화 시킨다고 한다. 만약 X군의 45대의 전차와 Y군의 60대의 대전차 무기체계를 가지고 교전했을 때 어느 군이 승리할 것인지 결정하여라.

풀이 주어진 조건 $b = 0.045$, $a = 0.035$을 이용하여 미분방정식으로 모델링하면 다음과 같다.

$$\frac{dx}{dt} = -0.035y,\ x_0 = 45,\ \frac{dy}{dt} = -0.045x,\quad y_0 = 60$$

따라서 $C = ay_0^2 - bx_0^2$에 대입하면

$$C = 0.035 \cdot 60^2 - 0.045 \cdot 45^2 = 34.875 > 0$$

이 되고, 다시 식 (3.9)에 대입하면

$$\left(\frac{60}{45}\right)^2 > \frac{0.045}{0.035} \Rightarrow 1.7778 > 1.2857$$

이 되어 Y군이 승리한다.

각각의 다른 요인을 제외한 상대방의 피해를 나타낸 이상적인 실험으로 군대의 크기, 피해의 비율 등을 고려한 모델로서 소화기를 사용하는 현대의 전투에서는, 여러 가지의 목표를 공격할 수 있으며, 여러 지점으로 화력을 보낼 수도 있다. 이 때 군사력의 소모 비율은 발사되는 무기의 수에 의존한다. 현대전투에서 란체스터는 군인의 수에 비례하는 것이 아니라, 군인의 수의 제곱에 비례한다고 결론을 내렸다. 그러면 전투 시간의 경과

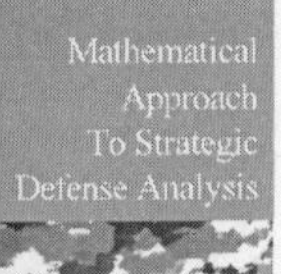

에 따른 각 군의 전투력 수준은 어떻게 유지되고 있는지 알아보자.

식 (3,7)의 $\frac{dx}{dt}=-ay$을 t에 대해 미분하면 $\frac{d^2x}{dt^2}=-a\frac{dy}{dt}$가 되고 $\frac{dy}{dt}=-bx$을 대입하여 정리하면 $\frac{d^2x}{dt^2}=abx$가 되어 상수계수 동차미분방정식의 일반해를 구하는 방법을 적용하여 해를 구하면 된다. 특성방정식이 $r^2-ab=0$이므로 해는 $r=\pm\sqrt{ab}$가 된다. 따라서 $\frac{d^2x}{dt^2}=abx$의 일반해는 $x(t)=c_1e^{\sqrt{ab}t}+c_2e^{-\sqrt{ab}t}$이다. 그러나 계수 c_1과 c_2를 구하기 위해서는 서로 동치인 상수 계수 연립 미분방정식을 이용하면 쉽게 아래 정리를 구할 수 있다.

정리 3.2

최초 전투력이 x_0인 X군의 전투력 소모율이 $b>0$이고, y_0의 전투력을 보유하고 있는 Y군의 전투력 소모율이 $a>0$일 때 전투 경과에 따른 전투력 수준은 다음과 같다.

$$\begin{aligned} x(t) &= x_0\cosh\sqrt{ab}\,t-y_0\sqrt{\frac{a}{b}}\,\sinh\sqrt{ab}\,t \\ y(t) &= y_0\cosh\sqrt{ab}\,t-x_0\sqrt{\frac{b}{a}}\,\sinh\sqrt{ab}\,t \end{aligned} \tag{3.10}$$

증명 정리 3.1의 식 (3.7)을 상수계수 동차연립미분방정식의 형태로 나타내고 고유치를 이용하여 구하여보자. 주어진 미분방정식은 행렬 방정식으로

$$\begin{bmatrix} dx/dt \\ dy/dt \end{bmatrix}=\begin{bmatrix} 0 & -a \\ -b & 0 \end{bmatrix}\begin{bmatrix} x \\ y \end{bmatrix}$$

가 되고 계수행렬의 고유방정식은 $\lambda^2-ab=0$이고 두 근 $\lambda=\pm\sqrt{ab}$을 고유치로 갖는다. 따라서 고유치 $\lambda_1=\sqrt{ab}$에 대한 고유벡터는 $\boldsymbol{v_1}=\begin{bmatrix} 1 \\ -\sqrt{b/a} \end{bmatrix}$, $\lambda_2=-\sqrt{ab}$에 대한 고유벡터는 $\boldsymbol{v_2}=\begin{bmatrix} 1 \\ \sqrt{b/a} \end{bmatrix}$를 구할 수 있다. 따라서 일반해는 $\boldsymbol{u}(t)=\begin{bmatrix} x(t) \\ y(t) \end{bmatrix}$라 할 때,

$$\boldsymbol{u}(t)=c_1\boldsymbol{v_1}e^{\lambda_1 t}+c_2\boldsymbol{v_2}e^{\lambda_2 t}$$

가 된다. 따라서 초기전투력 x_0와 y_0를 이용하여 해를 구하면

$$\boldsymbol{u}(t)=\left(\frac{x_0}{2}-\frac{y_0}{2}\sqrt{\frac{a}{b}}\right)\begin{bmatrix}1\\-\sqrt{b/a}\end{bmatrix}e^{\sqrt{ab}\,t}+\left(\frac{x_0}{2}+\frac{y_0}{2}\sqrt{\frac{a}{b}}\right)\begin{bmatrix}1\\\sqrt{b/a}\end{bmatrix}e^{-\sqrt{ab}\,t}$$

$$=\begin{bmatrix}\frac{x_0}{2}-\frac{y_0}{2}\sqrt{\frac{a}{b}}\\-\frac{x_0}{2}\sqrt{b/a}+\frac{y_0}{2}\sqrt{\frac{a}{b}}\sqrt{b/a}\end{bmatrix}e^{\sqrt{ab}\,t}+\begin{bmatrix}\frac{x_0}{2}+\frac{y_0}{2}\sqrt{\frac{a}{b}}\\\frac{x_0}{2}\sqrt{b/a}+\frac{y_0}{2}\sqrt{\frac{a}{b}}\sqrt{b/a}\end{bmatrix}e^{-\sqrt{ab}\,t}$$

가 된다. 따라서 1행의 $x(t)$를 구하면

$$x(t)=\frac{1}{2}\left(x_0e^{\sqrt{ab}\,t}-y_0\sqrt{a/b}\,e^{\sqrt{ab}\,t}+x_0e^{-\sqrt{ab}\,t}+y_0\sqrt{a/b}\,e^{-\sqrt{ab}\,t}\right)$$

$$=x_0\left(\frac{e^{\sqrt{ab}\,t}+e^{-\sqrt{ab}\,t}}{2}\right)-y_0\sqrt{\frac{a}{b}}\left(\frac{e^{\sqrt{ab}\,t}-e^{-\sqrt{ab}\,t}}{2}\right)$$

$$=x_0\cosh\sqrt{ab}\,t-y_0\sqrt{\frac{a}{b}}\sinh\sqrt{ab}\,t$$

를 구할 수 있다.

여기서 $\cosh\sqrt{ab}\,t=\frac{e^{\sqrt{ab}\,t}+e^{-\sqrt{ab}\,t}}{2}$, $\sinh\sqrt{ab}\,t=\frac{e^{\sqrt{ab}\,t}-e^{-\sqrt{ab}\,t}}{2}$이다. 같은 방법으로 Y군의 전투력 수준 $y(t)$를 구하면

$$y(t)=y_0\cosh\sqrt{ab}\,t-x_0\sqrt{\frac{b}{a}}\sinh\sqrt{ab}\,t \tag{3.12}$$

가 된다.

그러면 시간의 경과에 따른 임의의 시간에서 각 군의 전투력 우세에 대해 알아보자. 전투모의 실험을 통해 시간에 따른 상대 전투력에 따라 지휘관은 병력 재투입 및 무기

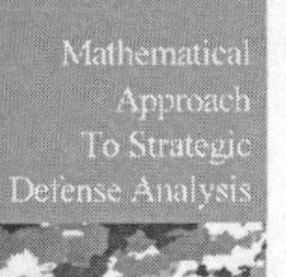

재보급 문제를 지휘판단하게 될 것이다. 식 (3.11)과 (3.12)의 식들은 다시 다음과 같이 정리할 수 있다.

$$\frac{x(t)}{x_0} = \cosh\sqrt{ab}\,t - \frac{y_0}{x_0}\sqrt{\frac{a}{b}}\sinh\sqrt{ab}\,t \tag{3.13}$$

$$\frac{y(t)}{y_0} = \cosh\sqrt{ab}\,t - \frac{x_0}{y_0}\sqrt{\frac{b}{a}}\sinh\sqrt{ab}\,t \tag{3.14}$$

식 (3.13)은 전투개시 후 시간 t에서 X군의 최초 전투력 대비 현재 전투력 비율을 나타낸다. 각 식 (3.13)과 (3.14)를 좀 더 간단하게 표현하기 위해 상수를 매개변수

$$\varphi_0 = \left(\frac{x_0}{y_0}\right)\sqrt{\frac{b}{a}} \tag{3.15}$$

와 시간 종속 매개변수를

$$\tau = \sqrt{ab}\,t \tag{3.16}$$

라고 하자. 그러면 식 (3.13)과 (3.14)은 시간에 대한 매개변수 τ와 φ_0의 형태인

$$x(\tau) = \cosh\tau - \varphi_0^{-1}\sinh\tau \tag{3.17}$$

$$y(\tau) = \cosh\tau - \varphi_0\sinh\tau$$

가 된다. 상수 $\sqrt{ab}$는 전투의 강도와 어떻게 전투의 결과가 유도되는지를 나타낸다. 그리고 비율 $\sqrt{b/a}$는 전투 중인 전사들의 상대적 전투 효율성을 나타낸다. 식 (3.17)을 도식해보면 아래 그림 3.2와 같다.

그림 3.2에서 $x(\tau)$는 점선이고 $y(\tau)$는 실선이다. 만약 $\varphi_0 > 1$이면 X군이 Y군보다 강하여 일정한 시간이 경과하면 전투는 X군이 승리하며 종결되고, 반면 $\varphi_0 < 1$이면 반대로 Y군이 전투력이 높아 일정한 시간이 경과한 후에 Y군이 승리하며 종결 될 것이다. 그러나 $\varphi_0 = 1$이면 양 군의 전투력이 같아 무승부가 된다. 특히 이 경우 상대 전투력이 효율성의 같아 식 (3.17)은

$$x(\tau) = y(\tau) = \cosh(\tau) - \sinh(\tau) = e^{-\tau}$$

가 된다.

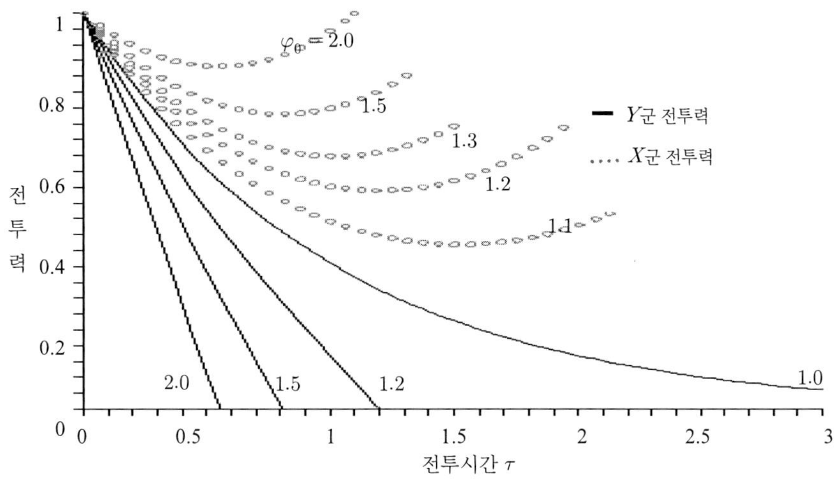

그림 3.2 $\varphi_0 \le 1$인 경우 $\frac{x(t)}{x_0}$와 $\frac{y(t)}{y_0}$의 전투력 변화율

지금까지 전투지속시간의 경과에 따라 상대 전투력의 효율성에 의해 어느 군이 승리할 것인가를 모델링하였다. 그러면 위의 결과에서 $\varphi_0 > 1$이면 X군이 승리하게 되는데 이 때, Y군을 무력화 시키는데 걸리는 시간에 대해 알아보자.

정리 3.3

최초 전투력이 x_0인 X군의 전투력 소모율이 $b > 0$이고, y_0의 전투력을 보유하고 있는 Y군의 전투력 소모율이 $a > 0$이라하자. 만약 $\varphi_0 > 1$일 때 X군이 Y군을 무력화 시키는 시간은

$$t_0 = \frac{1}{2\sqrt{ab}} \ln\left(\frac{\varphi_0 + 1}{\varphi_0 - 1}\right) \tag{3.18}$$

이고, $\varphi_0 < 1$일 때 Y군이 X군을 무력화 시키는 시간은

$$t_0 = \frac{1}{2\sqrt{ab}} \ln\left(\frac{1 + \varphi_0}{1 - \varphi_0}\right) \tag{3.19}$$

이다.

증명 $\varphi_0 > 1$이라 가정하면 정리 3.2의 결과에 의해 반드시 X군이 승리한다. 즉 Y군의 전투력이 0이 되는 시간을 구하면 된다. 식 (3.17)에서

$$y(\tau) = \cosh\tau - \varphi_0 \sinh\tau = 0$$

일 때 τ를 구하면 즉

$$\varphi_0 \frac{\sinh\tau}{\cosh\tau} = 1 \;\Rightarrow\; \frac{e^{\tau} - e^{-\tau}}{e^{\tau} + e^{-\tau}} = \frac{1}{\varphi_0}$$

가 되고 τ에 대해 정리하면

$$\tau = \frac{1}{2}\ln\left(\frac{\varphi_0 + 1}{\varphi_0 - 1}\right)$$

가 되고 식 (3.16)에서 $\tau = \sqrt{ab}\,t$ 이므로

$$\tau = \frac{1}{2}\ln\left(\frac{\varphi_0 + 1}{\varphi_0 - 1}\right) = \sqrt{ab}\,t$$

가 되어 무력화 시키는데 필요한 경과시간 t는

$$t = \frac{1}{2\sqrt{ab}}\ln\left(\frac{\varphi_0 + 1}{\varphi_0 - 1}\right)$$

가 되고 마찬가지로 $\varphi_0 < 1$일 때 Y군이 X군을 무력화 시키는 시간은

$$t = \frac{1}{2\sqrt{ab}}\ln\left(\frac{1 + \varphi_0}{1 - \varphi_0}\right)$$

임을 같은 방법으로 계산할 수 있다.

아래 그림 3.3은 $x(t) = 0$과 $y(t) = 0$일 때, 식 (3.18)과 식 (3.19)에 대한 그래프이다. 이 그래프는 X군 또는 Y군을 무력화시키는데 필요한 시간을 전투력 우위모수 φ_0의 현저한 효과를 보여주고 있다. 여기서 $x(\tau_0)$와 $y(\tau_0)$의 관계식을 구하기 위해서 식 (3.17)

$$x(\tau) = \cosh\tau - \varphi_0^{-1}\sinh\tau$$

$$y(\tau) = \cosh\tau - \varphi_0 \sinh\tau$$

에서 $x^2(\tau)$, $y^2(\tau)$를 구하고 φ_0^2를 곱하여 정리하면

$$\varphi_0^2 x^2(\tau) - y^2(\tau) = \varphi_0^2 - 1 \tag{3.20}$$

을 구할 수 있다.

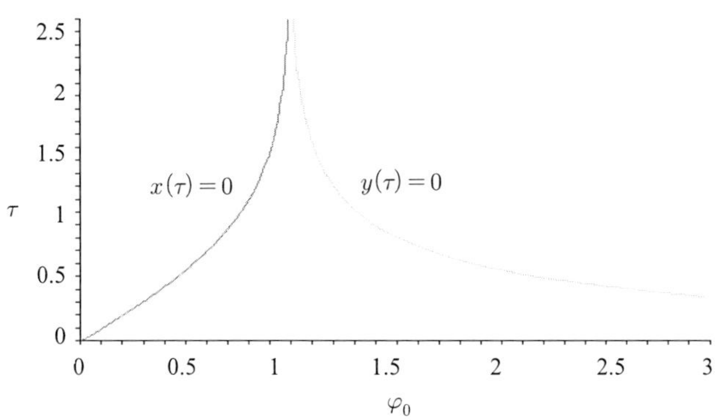

그림 3.3 모수 φ_0의 함수로서 X군 또는 Y군을 무력화 시간

전투력 우위모수 φ_0는 양군의 최초 전투력 비율 x_0/y_0와 전투력 소모율의 비 b/a의 두 가지 비율에 의존하는 함수이다. 따라서 식 (3.15)에서 x_0는 모수 φ_0의 두 배의 요인으로 증가하지만 효력사율 b의 2배는 $\sqrt{2}$의 비율로 모수 φ_0가 증가한다. 다시 말해 수적 전투력의 두 배는 질적 전투력의 4배의 증가와 같다.

[예제 3.2]

X군은 전차전에서 Y군의 대전차 전투 체계를 분당 0.045의 비율로 무력화시키며, 반면 Y군의 대전차 전투체계는 X군의 전차를 분당 0.035비율로 무력화시킨다고 한다. Y군이 X군을 무력화 시키는 시간을 구하여라.

풀이 식 (3.19)를 적용하기 위하여 식 (3.15)의 φ_0를 구하면

$$\varphi_0 = \left(\frac{x_0}{y_0}\right)\sqrt{\frac{b}{a}} = (45/60)\sqrt{0.045/0.035} = 0.8504 < 1$$

이므로 Y군이 승리한다. 따라서 전투 종결 시간 t_0를 구하면

$$t_0 = \frac{1}{2\sqrt{ab}}\ln\left(\frac{1+\varphi_0}{1-\varphi_0}\right)$$

$$= \frac{1}{2\sqrt{0.045 \cdot 0.035}}\ln\left(\frac{1+0.8504}{1-0.8504}\right) = 31.6884.$$

전투에서 X군이 이겼을 때 X군의 전투력 보존 결과는 $C = ay_0^2 - bx_0^2$인 경우 정리 3.1의 식 (3.8)에 의해 결정된다. 특히 $C < 0$일 때 전투력 손실 궤적은 $x = \sqrt{-C/b}$에서 x축과 교차한다는 사실로부터 Y군이 전멸했기 때문에 X군이 승리하게 된다. 따라서 각 군이 전투에서 승리하였을 때 최종 전투력 보존 결과는 다음과 같이 정리할 수 있다.

정리 3.4

최초 전투력이 x_0인 X군의 전투력 소모율이 $b > 0$이고, y_0의 전투력을 보유하고 있는 Y군의 전투력 소모율이 $a > 0$이라하자. 만약 X군이 승리하였을 때 최종 전투력은

$$x_f = \sqrt{x_0^2 - \frac{a}{b}y_0^2} \tag{3.21}$$

이고, 만약 Y군이 승리하였을 때 최종 전투력은 다음과 같다.

$$y_f = \sqrt{y_0^2 - \frac{b}{a}x_0^2} \tag{3.22}$$

증명 X군이 전투에서 승리하였다고 가정하자. 그러면 정리 3.1의 식 (3.8)에서 패한 Y군의 전투력 $y = 0$이 되어 방정식은 $-bx^2 = ay_0^2 - bx_0^2$가 된다. 따라서 이 방정식에서 x에 대해서 정리하면

$$x = \sqrt{x_0^2 - \frac{a}{b}y_0^2}$$

가 된다. 같은 방법으로 Y군이 승리한다면 X군의 전투력이 $x = 0$이므로 식 (3.22)를 얻을 수 있다.

[예제 3.3]

X군은 전차전에서 Y군의 대전차 전투 체계를 분당 0.045의 비율로 무력화시키며, 반면 Y군의 대전차 전투체계는 X군의 전차를 분당 0.035비율로 무력화시킨다고 한다. 만약 X군의 45대의 전차와 Y군의 65대의 대전차 무기체계를 가지고 교전했을 때 Y군의 최종 전투체계 보존력을 구하여라.

풀이 정리 3.3의 식 (3.22)에 의해

$$y_f = \sqrt{y_0^2 - \frac{b}{a}x_0^2} = \sqrt{65^2 - \frac{0.045}{0.035} \times (45)^2} \approx 40.27.$$

이 되어 25대는 전투 중 손실되고 40대가 남아 있게 된다.

다음 예제는 전투 모델링 이론과 리만 적분을 사용하여 지금까지 살펴본 결과들을 종합, 분석하고 그 의미를 해석해 보자. 특히 풀이과정에서 정확한 계산 보다는 근사적으로 유추해보고 또한 소수점의 발생은 사상자의 부상정도를 나타낸다고 가정하자. 3.6절에서 다루게 되겠지만 X군이 전투력을 $q_x(t) \geq 0$으로 재투입하거나 증강시킨다고 하면 X군의 전투력 수준의 변화율은

$$\frac{dx}{dt} = -ay + q_x(t)$$

가 될 것이다. 이런 상황까지 유추하여 다음 예제를 살펴보자.

[예제 3.4]

Y군은 A고지에 견고한 방어진지를 구축하여 전면고수방어를 실시하고 있고, X군은 전략적 요충지를 돌파하기 위해 많은 사상자를 내면서 점령하였다. 하루간의 전투에서 공격개시시간별로 X군은 다음과 같이 전사자가 발생하였다.

시(h)	1	2	3	4	5	6	7	8	9	10
전사자 수	105	100	80	50	50	40	30	20	10	1

상황1) Y군은 전면 고수방어로 최초 1,200명이 방어 중이고 전투 중 병력증원은 없었다. 전투개시 10시간 만에 포로를 포함하여 모두 전멸하였다.

상황2) X군은 전투개시 1시간에 3,500명 전투에 참가하였고 전투 중 4시간차에 1,000명, 7시간차에 예비병력 1,000명을 재투입하였다. 이 방어선에 어떠한 병력도 최초에는 없었다.

1) 이 전투에 대한 전투 모델링 식을 구하여라.

2) $t=0$에서 $t=10$까지 전투시간을 고려하여 X군의 전투소모율 계수 b를 구하여라.

3) X군의 일자별 전투 병력을 고려하고, 리만합을 이용하여 최종 전투 종결시까지 Y군의 전투 병력 $\int_0^{10} y(t)dt$를 구하여라.

4) Y군의 전투 소모율 a를 구하여라.

풀이 이 전투에 대한 전투 모델링 식은 Y군에 대한 병력 증강이 없기 때문에 $q_y(t)=0$이다. 따라서 Y군의 최초 진지를 점령한 병력은 $y_0=1,200$이고, 모델링 식은

$$\frac{dx}{dt}=-ay+q_x(t) \qquad q_x(t)=\begin{cases}3,500, & 0<t\le 1\\ 0, & 1<t\le 3\\ 1,000, & 3<t\le 4\\ 0, & 4<t\le 6\\ 1,000, & 6<t\le 7\end{cases} \text{ 병력/시간}$$

$$\frac{dy}{dt}=-bx$$

임을 알 수 있다.

한편 X군의 전투소모율계수를 구하기 위해 위의 식 $\frac{dy}{dt}=-bx$를 시간 t에 대해 적분하여 미분방정식의 해와 전투가 종료될 때 까지 시간대별로 전사하지 않고 전투에 참여한 X군의 전투원으로부터 소모율 계수를 구할 수 있다. X군의 시간에 따른 전투원의 수는 매시간당 전사자의 수를 집계할 수 있기 때문에 시간당 주어진 전사자와 병력 증원을 고려하여 다음과 같이 리만적분의 합을 적용한다. 특히 $t=4$시간에 X군은 1,000명 증원하였고, $t=7$시간에 다시 1,000명이 증원되었다. 따라서 시간대별 X군이 전투에 참여한 병력수는

시(h)	1	2	3	4	5	6	7	8	9	10
전투원	3,395	3,295	3,215	4,165	4,115	4,075	5,045	5,025	5,015	5,014

Y군은 전투경과 $t=10$시간에 포로를 포함 모두 전사하였기 때문에 $y(10)=0$으로 계산되어

$$\begin{aligned} y(10)-y(0) &= -b\int_0^{10} x(t)\,dt \\ &= -b\sum_{t=1}^{10} x(t) = -b\times 42,359 \end{aligned}$$

따라서 X군의 전투소모율 계수는 다음과 같이 계산된다.

$$b=1,200\div 42,359=0.0283$$

한편 최종 전투종료 시까지 t_i 시간대별 Y군의 전투력을 유추해보면

$$y(t_i) = y_0 - b\int_1^{t_i} x(t_i)dt$$
$$= 1200 - 0.0283 \times \sum_{i=1}^{t_i} x(t_i)$$

가 된다.

따라서 Y군은 $t=1$시간 동안 X군의 전투소모율 계수와 전투원의 수를 고려하여 계산하면 전사하지 않고 전투를 수행한 인원은

$$y(1) = 1,200 - 0.0283 \times 3,395 = 1,104$$

이 되고, 전투 중 전사한 병력 수는 96명으로 유추할 수 있다. 같은 방법으로 $t=2$시간 동안 Y군은

$$\begin{aligned} y(2) &= 1200 - 0.0283 \times (3,395 + 3,295) \\ &= 1010.7 \\ &\cong 1011 \end{aligned}$$

임을 유추할 수 있다. 같은 방법으로 Y군의 전투원의 수를 시간의 경과에 따라 각각 구하면

$$\begin{aligned} &y(3) = 920, y(4) = 802, y(5) = 685, \ y(6) = 570 \\ &y(7) = 427, y(8) = 285, y(9) = 143, y(10) = 1 \end{aligned}$$

으로 계산되고 계산상으로는 $y(10) < 0$인 값을 구하게 되나 전투 중 모두 전사한 것으로 유추할 수 있다. 마지막으로 Y군의 전투 소모율을 구하기 위해서는 전투 모델링 식에서 $x(0) = 0$이기 때문에 다음과 같다.

$$\begin{aligned} x(10) &= -a\int_0^{10} y(t)dt + \int_0^{10} q_x(t)dt \\ &= -a\int_0^{10} y(t)dt + 5,500 \end{aligned}$$

여기서 $\int_0^{10} y(t)dt = \sum_{t_i=1}^{10} y(t_i) = 5,948$ 이므로

$$a = \frac{5500-5014}{\int_0^{10} y(t)dt} = \frac{486}{5,948} = 0.0817$$

임을 구할 수 있다. 여기서 전투 소모율의 비는 $\frac{a}{b} = \frac{0.0817}{0.0283} \cong 2.8867$로 Y군의 전투효율성이 훨씬 우위에 있음을 보여준다.

접적전투 중 한쪽 전투력이 와해되어 더 이상 전투를 수행할 수 없을 정도로 최초 전투력

대비 손실률이 너무 많은 경우 전투가 중단되어 한쪽이 항복하거나 전투를 중단하고 후퇴하는 상황이 발생할 수 있다. 전투 개시 후 t시간에서 X군이 최초 전투력 대비 전투중지 비율을 f_X^{bp}로 나타내고, Y군의 전투 중지 비율을 f_Y^{bp}로 나타내면 각각

$$f_X^{bp} = \frac{x(t)}{x_0}, \quad f_Y^{bp} = \frac{y(t)}{y_0} \tag{3.23}$$

와 같은 식으로 표현할 수 있다.

정리 3.5

최초 전투력이 x_0인 X군의 전투력 소모율이 $b>0$이고, y_0의 전투력을 보유하고 있는 Y군의 전투력 소모율이 $a>0$이라하자. 각 군의 전투중지 비율을 각각 f_X^{bp}, f_Y^{bp}라 한다면, X군이 승리하였을 때 최종 전투 종료시간은

$$t_f = \frac{1}{\sqrt{ab}} \ln\left[\frac{-(y_0/x_0)f_Y^{bp} + \sqrt{b/a - (y_0/x_0)^2(1-(f_Y^{bp})^2)}}{\sqrt{b/a} - y_0/x_0}\right] \tag{3.24}$$

이고, 만약 Y군이 승리하였을 때 최종 전투 종료시간은 다음과 같다.

$$t_f = \frac{1}{\sqrt{ab}} \ln\left[\frac{-(x_0/y_0)f_X^{bp} + \sqrt{a/b - (x_0/y_0)^2(1-(f_X^{bp})^2)}}{\sqrt{a/b} - x_0/y_0}\right] \tag{3.25}$$

증명 위의 식 (3.23)에서 $f_Y^{bp} = \dfrac{y(t)}{y_0}$이고 정리 3.2의 식 (3.10)을 대입하여 정리하면

$$f_Y^{bp} = \frac{y(t)}{y_0} = \cosh\sqrt{ab}\,t - \left(\frac{x_0}{y_0}\right)\sqrt{\frac{b}{a}}\sinh\sqrt{ab}\,t$$

가 된다. 여기서

$$\cosh\sqrt{ab}\,t = \frac{e^{\sqrt{ab}\,t} + e^{-\sqrt{ab}\,t}}{2}, \quad \sinh\sqrt{ab}\,t = \frac{e^{\sqrt{ab}\,t} - e^{-\sqrt{ab}\,t}}{2}$$

이므로 $u = e^{\sqrt{ab}\,t}$로 치환하자. 그러면 위 식은

$$2f_Y^{bp} = u + u^{-1} - (x_0/y_0\sqrt{b/a})(u - u^{-1})$$

가 되고, 다시 u에 대한 이차 방정식으로 정리하면

$$\left(1-\frac{x_0}{y_0}\sqrt{\frac{b}{a}}\right)u^2-2f_Y^{bp}u+\left(1+\frac{x_0}{y_0}\sqrt{\frac{b}{a}}\right)=0$$

가 된다. 따라서 이 2차방정식을 풀면

$$u=\frac{f_Y^{bp}-\sqrt{(f_Y^{bp})^2-(1-(x_0^2/y_0^2)(b/a))}}{1-(x_0/y_0)(\sqrt{b/a})}$$

$$=\frac{(-y_0/x_0)f_Y^{bp}+(y_0/x_0)\sqrt{(f_Y^{bp})^2+(x_0^2/y_0^2)(b/a)-1}}{\sqrt{b/a}-y_0/x_0}$$

$$=\frac{(-y_0/x_0)f_Y^{bp}+\sqrt{b/a-(y_0/x_0)^2(1-(f_Y^{bp})^2)}}{\sqrt{b/a}-y_0/x_0}$$

가 된다. 따라서 $u=e^{\sqrt{ab}\,t}$에서 t에 대하여 정리하면

$$t=\frac{1}{\sqrt{ab}}\ln\left[\frac{-(y_0/x_0)f_Y^{bp}+\sqrt{b/a-(y_0/x_0)^2(1-(f_Y^{bp})^2)}}{\sqrt{b/a}-y_0/x_0}\right]$$

가 된다. 식 (3.25)도 같은 방법으로 증명할 수 있다.

전투종료 시간에 따른 각 군의 승패 결과에 의한 최종 전투력 보존 결과를 알아보자. 정리 3.4에서 각 군의 전투 중지비율에 따른 전투 종료시간 t_f에서 전투력은 다음과 같다.

정리 3.6

최초 전투력이 x_0인 X군의 전투력 소모율이 $b>0$이고, y_0의 전투력을 보유하고 있는 Y군의 전투력 소모율이 $a>0$라고 하자. 각 군의 전투중지 비율을 각각 f_X^{bp}, f_Y^{bp}라 한다면, X군이 승리하였을 때, 최종 전투력은

$$x_f^{bp}=x_0\sqrt{1-\left(\frac{a}{b}\right)\left(\frac{y_0}{x_0}\right)^2\left(1-(f_Y^{bp})^2\right)} \tag{3.26}$$

이고, 만약 Y군이 승리하였을 때 최종 전투력 다음과 같다.

$$y_f^{bp}=y_0\sqrt{1-\left(\frac{b}{a}\right)\left(\frac{x_0}{y_0}\right)^2\left(1-(f_X^{bp})^2\right)} \tag{3.27}$$

증명 정리 3.1에서 주어진 식 (3.8)에서 전투종료시간 t_f에서 각 군의 전투력을 각각 $x_f^{bp}=x(t_f)$, $y_f^{bp}=y(t_f)$라고 하자. 그러면 주어진 방정식은

$$a(y_0^2-(y_f^{bp})^2)=b(x_0^2-(x_f^{bp})^2) \tag{3.28}$$

으로 정리할 수 있고, 여기서 $f_Y^{bp}=y_f^{bp}/y_0$이므로 $y_f^{bp}=y_0 f_Y^{bp}$가 된다. 따라서 식 (3.28)에서 x_f^{bp}에 대하여 정리하면

$$x_f^{bp}=x_0\sqrt{1-\left(\frac{a}{b}\right)\left(\frac{y_0}{x_0}\right)^2\left(1-\left(f_Y^{bp}\right)^2\right)}$$

가 되고 같은 방법으로 y_f^{bp}에 대해 정리하면

$$y_f^{bp}=y_0\sqrt{1-\left(\frac{b}{a}\right)\left(\frac{x_0}{y_0}\right)^2\left(1-\left(f_X^{bp}\right)^2\right)}$$

를 구할 수 있다.

식 (3.26)과 (3.27)을 매개 상수 $\varphi_0=(x_0/y_0)\sqrt{bla}$ 를 이용하여 간단히 표현하면

$$x_f^{bp}=x_0\sqrt{1-\varphi_0^{-2}\left(1-\left(f_Y^{bp}\right)^2\right)}$$

$$y_f^{bp}=y_0\sqrt{1-\varphi_0^{2}\left(1-\left(f_X^{bp}\right)^2\right)}$$

으로 나타낼 수 있다.

[예제 3.5]

X군은 전차전에서 Y군의 대전차 전투 체계를 분당 0.045의 비율로 무력화시키며, 반면 Y군의 대전차 전투체계는 X군의 전차를 분당 0.035비율로 무력화시킨다고 한다. 각 군의 최초 전투력은 X군의 45대의 전차, Y군의 65대의 대전차 무기체계를 가지고 교전한다고 가정하자. 만약 X군은 전투력 보유율 50%에서 더 이상 전투를 수행할 수 없는 전투 중지 비율을 가지고 있다고 한다면 전투에서 승리한 Y군의 최종 전투 종료시간 및 최종 전투력을 구하여라.

풀이 정리 3.4에 의해 Y군의 최종 전투 종료시간

$$t_f = \frac{1}{\sqrt{ab}} \ln\left[\frac{-(x_0/y_0)f_X^{bp} + \sqrt{a/b - (x_0/y_0)^2(1-(f_X^{bp})^2)}}{\sqrt{a/b} - x_0/y_0}\right]$$

$$= \frac{1}{\sqrt{(0.035)(0.045)}} \times$$

$$\ln\left[\frac{-(45/65)(0.5) + \sqrt{0.035/0.045 - (45/65)^2(1-0.5^2)}}{\sqrt{0.035/0.045} - 45/65}\right]$$

$$= 30.927$$

이 되고

$$y_f^{bp} = y_0\sqrt{1-\left(\frac{b}{a}\right)\left(\frac{x_0}{y_0}\right)^2\left(1-\left(f_X^{bp}\right)^2\right)}$$

$$= 65\sqrt{1-(0.045/0.035)(45/65)^2(1-0.5^2)}$$

$$= 34.969 \approx 35$$

를 구할 수 있다.

3.3 지역 사격에 대한 란체스터 모델 : 선형법칙

기본형 전투모델은 정리 3.1의 식 (3.7)에서처럼

$$\frac{dx}{dt} = -ay$$
$$\frac{dy}{dt} = -bx$$

로 주어지고 단일 전투력 소모율 a와 b는 시간에 대해 상수로 가정하였다. 그러나 다양한 전투 상황에서 X군과 Y군은 사수와 표적의 거리에 따라 위치와 무기 효과도가 변한다. 따라서 $a = a(t)$와 $b = b(t)$는 시간에 따른 종속변수로 볼 수 있다. 그러면 위 기본형 전투모델은 더 이상 동차인 모델이 아니기 때문에 분석적 모델로부터 정보를 추적하기가 한층 어려워진다.

어떤 경우에는 단일 전투력 소모율이 시간에 종속될 뿐만 아니라 표적의 수에도 영향을 받는다. 예를 들어 표적 탐지는 표적의 수에 의해 이러한 상황이 발생한다. 즉,

$a=a(t,x)$는 시간과 표적의 수에 의존하는 함수이다. 이러한 모델은 더 이상 해석적으로 접근하기가 어렵고 전투력 수준을 시간에 따라 수치적 방법으로 예측할 수밖에 없다. 좀 더 복잡한 상황을 생각해 보면 단일 전투력 소모율이 시간에 종속될 뿐만 아니라 상대 전투력 비율 x/y에 영향을 받을 경우 $a=a(t,x/y)$로 표현할 수 있다. 또한 좀 더 구체적인 경우 소모율 상수가 시간과 표적의 수, 사수의 수에 따라 유동적일 경우 $a=a(t,x,y)$인 경우도 생각해 볼 수 있다.

지역표적을 위한 무기체계를 적용할 경우 적 표적은 일정한 지역이 된다. 따라서 대응되는 란체스터 소모율 상수는 표적의 개수에 의존한다. 그러므로 기본 모델은

$$\frac{dx}{dt}=-axy \qquad (3.29)$$
$$\frac{dy}{dt}=-bxy$$

이고, a,b는 양의 상수이고, 각 군의 최초 전투력을 각각 $x_0=x(0), y_0=y(0)$라고 하자. 그리고 각 진영에서 작전상 손실과 재투입 전투력은 없다고 가정한다.

정리 3.7(란체스터의 선형법칙)

X군의 전투력 소모율이 $b>0$이고 Y군의 전투력 소모율이 $a>0$일 때, 최초 전투력 $x(0)=x_0$, $y(0)=y_0$에 대하여 $K=ay_0-bx_0$라고 하면, 식 (3.29)의 해는

$$ay-bx=K \qquad (3.30)$$

가 된다. 따라서 $K>0$이면 Y군이 승리하고, $K<0$이면 X군이 승리한다.

증명 식 (3.29)에서 주어진 연립미분방정식에서

$$\frac{dy}{dx}=\frac{dy/dt}{dx/dt}=\frac{-bxy}{-ayx}=\frac{b}{a}$$

로 쉽게 계산할 수 있고, 변수분리형 $ady=bdx$으로 변환하여 해를 구하면

$$a\int_{y_0}^{y}dy=b\int_{x_0}^{x}dx \Rightarrow a(y-y_0)=b(x-x_0)$$

란체스터 선형 모델의 해가 된다. 여기서 $K=ay_0-bx_0$라고 하면 위의 해는

$$ay-bx=K$$

가 된다. 따라서 위의 식으로부터 $K>0$이면 Y군이 승리하고, $K<0$이면 X군

이 승리한다.

전투 수행에 대한 자취는 아래 그림 3.4에서 보여준다. 특히 $\frac{y_0}{x_0} > \frac{b}{a}$인 경우 Y군이 승리한다는 사실을 방정식 (3.30)에서 보여주고 있다.

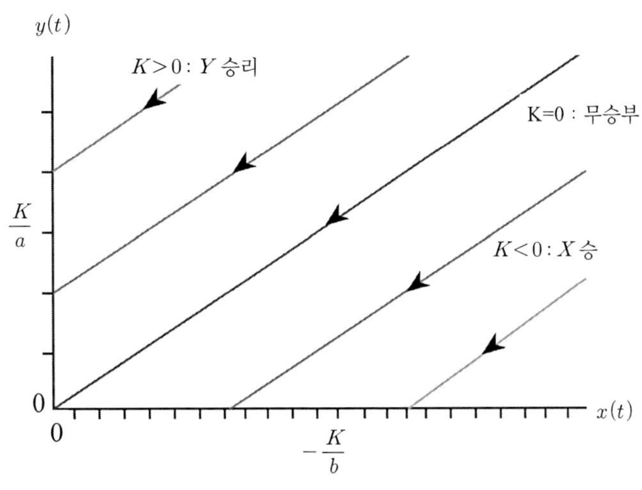

그림 3.4 전투수행자취($K>0$)

란체스터 선형 전투모델에 대한 해를 구하기 위해 다음과 같은 비선형 미분방정식의 해에 대한 보조 정리가 필요하다. 제1장에서 소개한 1계 선형미분방정식에서 다룬 Bernoulli 미분방정식의 해법을 참고하기 바란다.

보조정리 3.8

임의의 미분 가능한 함수 f, g에 대하여 비선형 미분방정식

$$y''y = (y')^2 + (f + gy^2)y' - y(f' - g'y^2)$$

의 1계도함수는 임의의 상수 C 에 대하여 $y' = y(C + gy) - f$이다.

증명 임의의 상수 C에 대하여 $y' = y(C + gy) - f$라고 하면,

$$\begin{aligned} y'' &= y'(C + gy) + y(gy)' - f' \\ &= Cy' + gyy' + g'y^2 + gyy' - f' \end{aligned}$$

이 된다. 따라서

$$
\begin{aligned}
y''y &= Cyy' + gy^2y' + g'y^3 + gy^2y' - f'y \\
&= (y')^2 - (y')^2 + fy' - fy' + Cyy' + gy^2y' + g'y^3 + gy^2y' - f'y \\
&= (y')^2 - (y' + f - gy^2 - Cy)y' + (f + gy^2)y' - y(f' - g'y^2)
\end{aligned}
$$

여기서 $y' + f - y(C + gy) = 0$이므로

$$y''y = (y')^2 + (f + gy^2)y' - y(f' - g'y^2)$$

을 만족한다.

선형 모델에 대한 해를 구하는 과정에서 필요한 베르누이 미분방정식의 해에 대해 간단히 알아보자.

보조정리 3.9

베르누이 미분방정식은 정수 k와 임의의 미분 가능한 함수 $p(x)$, $g(x)$에 대하여

$$y' + p(x)y = g(x)y^k$$

인 형태로서 일반해는 $y^{1-k} = Y_1 + Y_2$로 주어진다. 여기서 Y_1, Y_2는 각각

$$
\begin{aligned}
Y_1 &= Ce^{-\psi(x)}, \\
Y_2 &= (1-k)e^{-\psi}\int e^{\psi}g(x)dx
\end{aligned}
$$

이며 $\psi = (1-k)\int p(x)dx$이다.

증명 베르누이 미분방정식 $y' + p(x)y = g(x)y^k$에서 $k = 0, 1$이면 전형적인 선형미분방정식이다. 따라서 $k \neq 0, 1$인 경우에 대해서 해를 구하면 된다. 주어진 방정식을 보다 쉽게 변형하기 위해 $u = y^{1-k}$로 치환하면 $u' = (1-k)y^{-k}y'$이 되고 1차 비동차 선형 미분방정식

$$y' + p(x)y = g(x)y^k \Rightarrow u' + (1-k)p(x)u = (1-k)g(x)$$

으로 변환된다. 이 미분방정식은 전형적인 적분인자를 이용하여 풀 수 있다. 따라서 적분인자 $\psi(x) = \int (1-k)p(x)dx$가 되고 일반해는

$$u(x) = e^{-\psi(x)}\int e^{\psi(x)}(1-k)g(x)dx + Ce^{-\psi(x)}$$

가 된다. 따라서 $u(x) = y^{1-k} = Y_1 + Y_2$이므로

$$Y_1 = Ce^{-\psi(x)},\ \ Y_2 = (1-k)e^{-\psi(x)}\int e^{\psi(x)}g(x)dx$$

가 됨을 알 수 있다.

이제 위의 란체스터 선형 전투모델에 대한 해를 구하여 보자.

정리 3.10

X군의 전투력 소모율이 $b>0$이고 Y군의 전투력 소모율이 $a>0$일 때, 최초 전투력 $x(0)=x_0$, $y(0)=y_0$에 대하여 란체스터 선형모델 (3.30)의 전투시간 경과에 따른 X군의 전투력 수준은 다음과 같다.

$$x(t) = \begin{cases} x_0\left[\dfrac{bx_0 - ay_0}{bx_0 - ay_0e^{-(bx_0-ay_0)t}}\right], & bx_0 \neq ay_0 \\ \dfrac{x_0}{1+bx_0t}, & bx_0 = ay_0 \end{cases} \tag{3.30}$$

이와 마찬가지로 Y군의 전투력 수준은

$$y(t) = \begin{cases} y_0\left[\dfrac{bx_0 - ay_0}{-ay_0 + bx_0e^{(bx_0-ay_0)t}}\right], & bx_0 \neq ay_0 \\ \dfrac{y_0}{1+ay_0t}, & bx_0 = ay_0 \end{cases} \tag{3.31}$$

로 주어진다.

증명 식 (3.29)에서 주어진 연립미분방정식 $\dfrac{dx}{dt}=-axy$, $\dfrac{dy}{dt}=-bxy$에 대하여 첫 번째 도함수 $\dfrac{dx}{dt}=-axy$를 t에 대한 2계 도함수를 구하면

$$\frac{d^2x}{dt^2} = -a\frac{dx}{dt}y - ax\frac{dy}{dt}.$$

여기서 $x' = dx/dt$라고 하면 위의 식은 다음과 같이 정리된다.

$$x'' = -ax'y - ax(-bxy), \quad (x' = -axy \text{ 이므로})$$
$$= -ax'y - bxx'$$
$$= (-ay - bx)x'$$

따라서 이 식을 다시 정리하면

$$x''x = -axyx' - bx^2x'$$
$$= (x')^2 - bx^2x'$$

가 된다. 이 비선형미분방정식은 보조정리 3.8의

$$y''y = (y')^2 + (f + gy^2)y' - y(f' - g'y^2)$$

형태로서 $f = 0$, $g = -b$에 해당된다. 그러므로 1계도함수는 $x' = x(C - bx)$임을 알 수 있다. 이 미분방정식은 베르누이 방정식의 특수한 형태이며 $k = 2$로 보조정리 3.9에 의해 $x^{1-k} = X_1 + X_2$로 표현된다. 즉 $k = 2$, $p(t) = -C$, $g(t) = -b$ 이므로 적분인자는 $\psi(t) = -\int -Cdt = Ct$이고

$$X_1 = De^{-Ct},\ X_2 = -e^{-Ct}\int e^{Ct}(-b)dt = \frac{b}{C}$$

가 되어, 이를 정리하면

$$x^{1-2} = x^{-1} = X_1 + X_2 \Rightarrow x = \frac{1}{X_1 + X_2} = \frac{C}{CDe^{-Ct} + b}$$

를 만족한다. 또한 $\frac{dx}{dt} = -axy$에서 $y = -\frac{x'}{ax}$가 되고 위에서 계산한 $x = \frac{C}{CDe^{-Ct} + b}$을 이용하여 계산하면 다음과 같다.

$$y = -\frac{x'}{ax} = -\frac{C^2D}{a(CD + be^{Ct})}$$

따라서 초기 전투력 $x(0) = x_0$, $y(0) = y_0$를 이용하여 상수 C, D 계산하여 정리하면

$$x(t) = x_0\left[\frac{bx_0 - ay_0}{bx_0 - ay_0 e^{-(bx_0 - ay_0)t}}\right], \quad bx_0 \neq ay_0$$

같은 방법으로

$$y(t) = y_0\left[\frac{bx_0 - ay_0}{-ay_0 + bx_0 e^{(bx_0 - ay_0)t}}\right], \quad bx_0 \neq ay_0$$

을 각각 구할 수 있다.

한편 $C = bx_0 - ay_0 = 0$인 경우 위의 식은 $x' = -bx^2$이 되고 $\psi(t) = 0$이므로

$$X_1 = D,\ X_2 = -\int(-b)dt = bt$$

가 된다. 따라서 $x = \dfrac{1}{X_1 + X_2} = \dfrac{1}{D + bt}$가 되고 $t = 0$에서 $x_0 = \dfrac{1}{D}$이므로

$$x(t) = \frac{x_0}{1 + bx_0 t}$$

임을 구할 수 있다. 같은 방법으로 $y(t)$를 구하면 식 (3.31)을 얻을 수 있다.

3.4 게릴라전에 대한 란체스터 모델 : 혼합법칙

장기간에 걸쳐 계속되는 전투의 초기 단계에서 X군이 매복에 걸려 근접전투를 수행하는 상황에 봉착하게 되면 X군은 Y군의 직접사격에 노출된다. 그러나 X군은 Y군의 정확한 위치를 알지 못하기 때문에 지역사격으로 응전할 수밖에 없다. 이러한 상황에 적합한 미분방정식의 모델은 다음과 같다.

$$\frac{dx}{dt} = -ay \qquad (3.32)$$
$$\frac{dy}{dt} = -bxy$$

이 미분방정식을 다시 쓰면

$$\frac{dy}{dx} = \frac{dy/dt}{dx/dt} = \frac{b}{a}x$$

이고, 변수분리형으로 이 미분방정식의 해를 구하면

$$ady = bxdx \Rightarrow \int_{y_0}^{y} ady = \int_{x_0}^{x} bxdx \tag{3.33}$$

$$\Rightarrow a(y_0 - y) = \frac{b}{2}(x_0^2 - x^2)$$

와 같이 된다. 식 (3.32)의 미분방정식의 해는 다음과 같은 식의 부호에 달려있다.

$$\Delta = ay_0 - \frac{b}{2}x_0^2 \tag{3.34}$$

정리 3.11

X군의 전투력 소모율이 $b > 0$이고, Y군의 전투력 소모율이 $a > 0$일 때, 최초 전투력 $x(0) = x_0$, $y(0) = y_0$에 대하여 게릴라전 혼합모델의 전투시간 경과에 따른 각 군의 전투력 수준은 $\Delta > 0$일 때, $\eta = \sqrt{(b|\Delta|)/2}$에 대하여

$$x(t) = \frac{x_0 - \sqrt{2\Delta/b}\tan(\eta t)}{1 + x_0\sqrt{b/2\Delta}\tan(\eta t)} \tag{3.35}$$

$$y(t) = \frac{y_0 \sec^2(\eta t)}{\left[1 + x_0\sqrt{b/2\Delta}\tan(\eta t)\right]^2} \tag{3.36}$$

이며, $\Delta < 0$ 인 경우 전투시간 경과에 따른 각 군의 전투력 수준은 다음과 같다.

$$x(t) = \frac{x_0 - \sqrt{2|\Delta|/b}\tanh(\eta t)}{1 + x_0\sqrt{b/2|\Delta|}\tanh(\eta t)} \tag{3.37}$$

$$y(t) = \frac{y_0 \operatorname{sech}^2(\eta t)}{\left[1 + x_0\sqrt{b/2|\Delta|}\tanh(\eta t)\right]^2} \tag{3.38}$$

증명 식 (3.32)의 게릴라전 혼합모델 $\frac{dx}{dt} = -ay$, $\frac{dy}{dt} = -bxy$에서 $\frac{d^2x}{dt^2} = abxy = -bx\frac{dx}{dt}$가 된다. 따라서 $x'' = -bxx'$가 되어 x에 대해 적분하면

$$x' = -\frac{b}{2}x^2 - c_1. \tag{3.39}$$

여기서 적분상수 $-c_1$은 계산을 편리하게 하기 위하여 -부호를 붙였다. 위 미분방정식의 해를 구하기 위하여 변수분리형을 이용하면 적분상수 c_2에 대하여

$$-\int \frac{dx}{c_1 + b/2\, x^2} = \int dt = t + c_2$$

가 되고, 이 부정적분을 구하면($\int \frac{dx}{a^2+x^2} = \frac{1}{a} tan^{-1}\frac{x}{a} + c$임을 이용)

$$\Rightarrow\ -\sqrt{\frac{2}{bc_1}}\tan^{-1}(\sqrt{b/2c_1}\,x) = t + c_2$$

$$\Rightarrow\ x = -\sqrt{2c_1/b}\tan[\sqrt{bc_1/2}\,(t+c_2)]. \tag{3.40}$$

또한 $\frac{dx}{dt} = -ay$에서 식 (3.39)를 이용하면 $y = -\frac{1}{a}\frac{dx}{dt} = \frac{b}{2a}x^2 + \frac{c_1}{a}$이 된다. 따라서 식 (3.40)을 대입하여 정리하면 다음과 같다.

$$y = \frac{c_1}{a}\left[1 + \tan^2\left(\sqrt{\frac{bc_1}{2}}\,(t+c_2)\right)\right] \tag{3.41}$$

식 (3.40)과 (3.41)에 최초 전투력 $x(0) = x_0,\ y(0) = y_0$을 대입하여 정리하면 $c_1 = ay_0 - \frac{b}{2}x_0^2$을 구할 수 있다. 따라서 식 (3.34)에서 주어진 조건 $\Delta = ay_0 - \frac{b}{2}x_0^2$은 c_1이다.

또한 $\tan(x+y) = \frac{\tan(x)+\tan(y)}{1-\tan(x)\tan(y)}$임을 이용하여 위의 식을 다시 쓰면

$$x = -\sqrt{\frac{2\Delta}{b}} \cdot \frac{\tan\left(\sqrt{\frac{b\Delta}{2}}\,t\right) + \tan\left(\sqrt{\frac{b\Delta}{2}}\,c_2\right)}{1 - \tan\left(\sqrt{\frac{b\Delta}{2}}\,t\right)\tan\left(\sqrt{\frac{b\Delta}{2}}\,c_2\right)} \tag{3.42}$$

을 구할 수 있다. 최초 전투력 $x(0) = x_0,\ y(0) = y_0$임을 이용하여 위의 식에서 $\tan\left(\sqrt{\frac{b\Delta}{2}}\,c_2\right) = -\sqrt{\frac{b}{2\Delta}}\,x_0$임을 알 수 있고, 주어진 조건에서 $\eta = \sqrt{\frac{b\Delta}{2}}$를 식

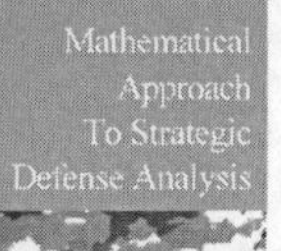

(3.42)에 대입하여 정리하면

$$x(t) = \frac{x_0 - \sqrt{2\Delta/b}\tan(\eta t)}{1 + x_0\sqrt{b/2\Delta}\tan(\eta t)}$$

가 된다. 또한 $\sec(x+y) = \dfrac{\sec x \sec y}{1-\tan x \tan y}$ 을 이용하여 식 (3.41)을 정리하면

$$\begin{aligned} y &= \frac{\Delta}{a}\left[1+\tan^2\left(\sqrt{\frac{b\Delta}{2}}(t+c_2)\right)\right] \\ &= \frac{\Delta}{a}\left[\sec^2(\sqrt{\frac{b\Delta}{2}}(t+c_2))\right] \\ &= \frac{\Delta}{a}\frac{\sec^2(\sqrt{\frac{\Delta b}{2}}t)\sec^2(\sqrt{\frac{\Delta b}{2}}c_2)}{\left[1-\tan(\sqrt{\frac{b\Delta}{2}}t)\tan(\sqrt{\frac{\Delta b}{2}}c_2)\right]^2}. \end{aligned}$$

따라서 식 (3.41)에서 $y_0 = \dfrac{\Delta}{a}sec^2(\sqrt{\dfrac{b\Delta}{2}}c_2)$, $\tan\left(\sqrt{\dfrac{b\Delta}{2}}c_2\right) = -\sqrt{\dfrac{b}{2\Delta}}x_0$ 임을 이용하여 y에 대한 식을 계산하면

$$y = \frac{y_0\sec^2(\eta t)}{\left[1+x_0\sqrt{\frac{b}{2\Delta}}\tan(\eta t)\right]^2}$$

로 간단히 할 수 있다.

한편 $\Delta < 0$ 인 경우 전투시간 경과에 따른 각 군의 전투력 수준을 구하기 위해서는 식(3.42)으로부터

$$x(t) = -\sqrt{\frac{2|\Delta|}{b}}i \cdot \frac{\tan\left(\sqrt{\frac{b|\Delta|}{2}}ti\right)+\tan\left(\sqrt{\frac{b|\Delta|}{2}}ic_2\right)}{1-\tan\left(\sqrt{\frac{b|\Delta|}{2}}it\right)\tan\left(\sqrt{\frac{b|\Delta|}{2}}ic_2\right)} \tag{3.43}$$

을 유도할 수 있고, 초기 전투력 $x(0) = x_0$을 이용하면 식 (3.43)에서 $\tan\left(\sqrt{\dfrac{b|\Delta|}{2}}ic_2\right) = \sqrt{\dfrac{b}{2|\Delta|}}x_0 i$를 구할 수 있다. 또 복소평면에서 $\tan(iz) =$

$i\tanh(z)$, $\sec(iz) = \mathrm{sech}(z)$임을 이용하여 식 (3.43)을 다시 정리하면

$$x(t) = \frac{x_0 - \sqrt{2|\Delta|/b}\tanh(\eta t)}{1 + x_0\sqrt{b/2|\Delta|}\tanh(\eta t)}$$

을 구할 수 있다. 같은 방법으로 계산하면

$$y(t) = \frac{y_0 \mathrm{sech}^2(\eta t)}{\left[1 + x_0\sqrt{b/2|\Delta|}\tanh(\eta t)\right]^2}$$

가 된다.

3.5 자동화기 사격모델(로그법칙)/기하 평균모델

실제 전투에서 발생 가능한 모델로서 피터슨(Peterson)은 전투력 소모율이 적의 사격에 노출되어 있는 병력의 수에 비례한다고 가정하였다. 이러한 상황은 적의 의도하는 표적을 감지하여 대처하고, 아군의 전투 취약성을 감지하기 위하여 소부대 접적전투의 초기 단계에서 발생한다. 또한 적의 전투 부대가 사거리 내에 나타남에 따라 자동적으로 사격을 개시하는 전투 상황에서도 발생한다. 이러한 전투 상황에 대한 모델링을 나타내는 미분방정식은 X군의 전투력 소모율이 $b > 0$이고, Y군의 전투력 소모율이 $a > 0$일 때,

$$\begin{cases} \dfrac{dx}{dt} = -ax \\ \\ \dfrac{dy}{dt} = -by \end{cases} \tag{3.44}$$

이다. 이 경우 위 미분방정식 (3.44)의 해는 각각의 변수에 대해 서로 독립적이고

$$\begin{cases} x(t) = x_0 e^{-at} \\ \\ y(t) = y_0 e^{-bt} \end{cases} \tag{3.45}$$

로 쉽게 계산된다. 또한 로그법칙에 대한 전투 진행에 따른 상태방정식은 식 (3.45)를 시간에 대해 구하면

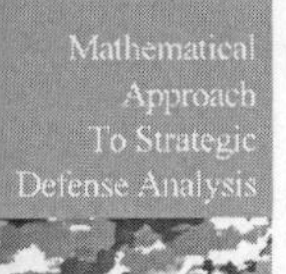

$$b\ln\frac{x_0}{x}=a\ln\frac{y_0}{y} \tag{3.46}$$

의 관계식을 얻을 수 있다.

한편 각 군의 전투력 소모율이 상대 전투력의 기하 평균에 비례한다고 가정해 보자 이러한 상황을 나타내는 미분방정식은 X군의 전투력 소모율이 $b>0$이고, Y군의 전투력 소모율이 $a>0$일 때,

$$\begin{aligned}\frac{dx}{dt}&=-a\sqrt{xy}\\ \frac{dy}{dt}&=-b\sqrt{xy}\end{aligned} \tag{3.47}$$

로 모델링할 수 있다.

정리 3.12

X군의 전투력 소모율이 $b>0$이고, Y군의 전투력 소모율이 $a>0$일 때, 최초 전투력 $x(0)=x_0$, $y(0)=y_0$에 대하여 기하 평균에 대한 전투시간 경과에 따른 각 군의 전투력 수준은 다음과 같다.

$$x(t)=\left(\sqrt{x_0}\cosh(\frac{1}{2}\sqrt{ab}\,t)-\sqrt{\frac{y_0a}{b}}\sinh(\frac{1}{2}\sqrt{ab}\,t)\right)^2 \tag{3.48}$$

$$y(t)=\left(\sqrt{y_0}\cosh(\frac{1}{2}\sqrt{ab}\,t)-\sqrt{\frac{x_0b}{a}}\sinh(\frac{1}{2}\sqrt{ab}\,t)\right)^2 \tag{3.49}$$

증명 식 (3.47)에서 $u=\sqrt{x}$, $v=\sqrt{y}$로 치환하면

$$\frac{du}{dt}=\frac{1}{2}x^{-1/2}\frac{dx}{dt}=-\frac{1}{2}av$$

이고

$$\frac{dv}{dt}=\frac{1}{2}y^{-\frac{1}{2}}\frac{dy}{dt}=-\frac{1}{2}bu$$

로 쉽게 변환된다. 이 미분방정식은 직사화기 란체스터 모델인 식 (3.7)과 (3.8)과 동일한 유형이다. 따라서 같은 방법으로 이 미분방정식의 해를 구하면 정리 3.2에서 주어진 것처럼

$$u(t) = u_0 \cosh(\frac{1}{2}\sqrt{ab}\,t) - v_0\sqrt{\frac{a}{b}}\sinh(\frac{1}{2}\sqrt{ab}\,t)$$

$$v(t) = v_0 \cosh(\frac{1}{2}\sqrt{ab}\,t) - u_0\sqrt{\frac{b}{a}}\sinh(\frac{1}{2}\sqrt{ab}\,t)$$

과 같이 계산된다. 여기서 $u_0 = \sqrt{x_0}$, $v_0 = \sqrt{y_0}$ 이므로 위의 식에 대입하여 정리하면 각각

$$x(t) = \left(\sqrt{x_0}\cosh(\frac{1}{2}\sqrt{ab}\,t) - \sqrt{\frac{y_0 a}{b}}\sinh(\frac{1}{2}\sqrt{ab}\,t)\right)^2$$

$$y(t) = \left(\sqrt{y_0}\cosh(\frac{1}{2}\sqrt{ab}\,t) - \sqrt{\frac{x_0 b}{a}}\sinh(\frac{1}{2}\sqrt{ab}\,t)\right)^2$$

를 구할 수 있다.

정리 3.12에서 식 (3.48)과 (3.49)를 좀 더 간단히 정리하기 위하여 $\tau = \sqrt{ab}\,t$, $\Psi_0 = \dfrac{x_0 b}{y_0 a}$ 로 치환하면 각각 다음과 같다.

$$x(t) = x_0\left(\cosh\frac{1}{2}\tau - \Psi_0^{-\frac{1}{2}}\sinh\frac{1}{2}\tau\right)^2 \tag{3.50}$$

$$y(t) = y_0\left(\cosh\frac{1}{2}\tau - \Psi_0^{\frac{1}{2}}\sinh\frac{1}{2}\tau\right)^2 \tag{3.51}$$

식 (3.50)과 (3.51)에서 τ를 소거하면

$$\Psi_0\frac{x(t)}{x_0} - \frac{y(t)}{y_0} = \Psi_0 - 1 \tag{3.52}$$

인 함수 관계를 얻을 수 있다. 이 식은 $x(t)$와 $y(t)$ 사이에 선형의 관계를 보여 주고 있다. 특히 $\Psi_0 = 1$인 경우

$$\frac{x(t)}{x_0} = \frac{y(t)}{y_0} = (\cosh\frac{1}{2}\tau - \sinh\frac{1}{2}\tau)^2 = e^{-\tau}$$

로 정리 3.2의 직사화기 모델과 일치한다.

3.6 기본형 란체스터모델의 확장 및 헴볼드모델(Helmbold Model)

3.2절에서 다루었던 기본형 란체스터 모델을 보다 다양한 전투 상황에 맞게 변형해 보자. 예를 들면 X군이 계속에서 전투력을 $q(t) \geq 0$의 비율로 재투입한다고 하면 X군의 전투력 수준의 변화율은

$$\frac{dx}{dt} = -ay + q(t) \tag{3.53}$$

가 될 것이다. 여기서 $q(t) < 0$인 경우는 계속해서 전투력을 철수시킨다는 것을 의미한다. 그러면 함수 $q(t)$는 어떻게 예측할 수 있을까? 우선 먼저 제한된 전투 병력과 무기의 재보급으로부터 예측 가능할 것이다. 또한 이러한 보급 기준은 최대한 지속 보급 가능할 정도의 일정한 비율 m으로 전투에 투입할 것이다. 따라서 만약 R을 전투에 투입 가능한 전체 보유량이라 하면

$$q(t) = \begin{cases} m & \text{if} \quad 0 \leq t \leq \dfrac{R}{m} \\ 0 & \text{if} \quad t > \dfrac{R}{m} \end{cases} \tag{3.54}$$

와 같이 모델링할 수 있다.

또 다른 고려 사항은 비전투적 손실로 기계적 결함, 질병과 부상 등을 들 수 있다. 이러한 비전투적 손실률에 포함되는 많은 요소들 중 정신적 공황장애와 탈영과 같은 심리적인 요인들은 정확히 예측하기가 어렵다. 그러나 비전투적 손실률은 전투력에 비례한다고 가정한다. 여기서 전투력의 재투입은 없는 것으로 가정했던 것처럼 X군의 전투력 수준은 시간의 경과에 따라 상수 a, c 와 $q(t) \geq 0$에 대하여

$$\frac{dx}{dt} = -cx - ay + q(t) \tag{3.55}$$

가 되고, 이와 마찬가지로 Y군에 대해서도 적용할 수 있다. 여기서 $-ay$는 전투에 의한 손실, $-cx$는 비전투 손실, 그리고 $q(t)$는 병력 증강으로 해석할 수 있다. 이와 같은 방법으로 Y군에 대해서 미분방정식을 설계하면 다음과 같다.

$$\frac{dx}{dt} = -cx - ay + q(t)$$
$$\frac{dy}{dt} = -bx - dy + p(t) \tag{3.56}$$

식 (3.56)에 해당되는 행렬 방정식은 다음과 같다.

$$\boldsymbol{y}' = \begin{bmatrix} -c & -a \\ -b & -d \end{bmatrix} \cdot \boldsymbol{y} + \boldsymbol{r} \tag{3.57}$$

여기서 $\boldsymbol{y}' = (x'(t), y'(t))^T$, $\boldsymbol{y} = (x, y)^T$ 그리고 $\boldsymbol{r} = (q(t), p(t))^T$이다. 이 미분방정식은 매개변수 변화법을 이용하여 해를 구하면

$$\boldsymbol{y} = W(t) \cdot W^{-1}(t_0) \cdot \boldsymbol{y}_0 + W(t) \cdot \int_{t_0}^{t} W^{-1}(s)\boldsymbol{r}(s)ds \tag{3.58}$$

이고, 여기서 $W(t)$는 대응되는 동차 미분방정식의 일차 독립인 해로 상수 k_1, k_2, k_3와 k_4 그리고 고유치λ_1, λ_2에 대하여

$$W(t) = \begin{bmatrix} k_1 e^{\lambda_1 t} & k_3 e^{\lambda_2 t} \\ k_2 e^{\lambda_1 t} & k_4 e^{\lambda_2 t} \end{bmatrix}$$

이다.

다음은 란체스터 기본형을 확장한 모델로서 점진적으로 병력의 규모면에서 차이가 발생하는 피아 병력들이 근접전투를 수행하고 있을 때 전투상황에서 야기되는 규모의 비효율성을 수학적 전투모델링에서는 반드시 고려하여야 한다. 예를 들면 대규모 부대와 소규모 부대가 전투를 하고 있을 때, 지형과 기상 및 시간과 공간의 제약에 의해 대부대의 모든 병력들이 동시에 전투를 수행하지는 못할 것이다. 그런 상황에 대하여 헴볼드(Helmbold)는 효력사 비율을 단지 상대 전투력의 비율에 따르는 요인들에 의해 변형되는 란체스터 모델의 확장을 제시하였다. 따라서 그의 제안에 의하면 기본 모델은

$$\begin{cases} \dfrac{dx}{dt} = -aE_y\left(\dfrac{x}{y}\right)y \\ \\ \dfrac{dy}{dt} = -bE_x\left(\dfrac{y}{x}\right)x \end{cases} \tag{3.59}$$

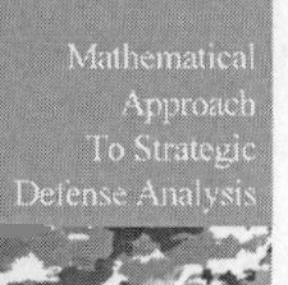

으로 주어진다. 여기서 E_y와 E_x는 규모의 비효율성을 적용한 효력사 제한요인을 나타낸다. 이러한 요인들에 대한 함수형태는 다음과 같이 전형적인 관찰로부터 유추할 수 있다. 첫째, E_y와 E_x는 둘 다 증가함수이다. 즉, $x/y > 1$일 때, Y군은 선택할 수 있는 표적을 보다 많이 가지게 되고, X군의 손실률 dx/dt는 $x/y = 1$에 대한 비율보다 위로 증가한다. 유사하게 $y/x > 1$일 때 Y군의 손실률 dy/dt도 증가한다. 두 번째, 규모의 비효율성은 양측에 동일하게 적용된다. 세 번째, E_y와 E_x는 양적으로 동형상태에 대한 요인들을 조절하기 때문에 $E_x(1)$과 $E_y(1)$은 같은 단위여야 한다. 따라서 수학적으로 이러한 상태를 모델링하면 함수 E_y 또는 E_x의 독립변수 u에 대하여

$$E_x(u) = E_y(u) = E(u)$$

$$E(1) = 1$$

$$E(u) = u\text{에 대한 증가함수}$$

로서 나타낼 수 있다. 여기서 $E(u) = u^c$라고 하면 식 (3.59)는 $w = 1 - c$라고 할 때

$$\frac{dx}{dt} = -a\left(\frac{x}{y}\right)^{1-w} y \tag{3.60}$$

$$\frac{dy}{dt} = -b\left(\frac{y}{x}\right)^{1-w} x$$

가 된다. 특히 여기서 w를 웨이스(wiess) 모수라고 한다. 지수 $c = 0, 1/2, 1$에 대해 각각 헴볼드 모델을 정리하면 다음과 같다.

$c = 1 - w$	w	미분방정식 모델	전투모델
0	1	$\frac{dx}{dt} = -ay$ $\frac{dy}{dt} = -bx$	직사화기모델
1/2	1/2	$\frac{dx}{dt} = -a\sqrt{xy}$ $\frac{dy}{dt} = -b\sqrt{xy}$	기하평균모델
1	0	$\frac{dx}{dt} = -ax$ $\frac{dy}{dt} = -by$	자동화기 사격모델

위의 표에서 지수 c가 0에서 1로 변화됨에 따라 직사화기 전투모델이 기하평균모델로 변형되고 다시 자동화기 사격 모델로 전환된다. 한편 각 진영의 전투 소모율은 적의 화력에 노출되어 있는 병력의 수에 비례한다.

3.7 가변적인 소모율 계수 : 기동공격 모델

이미 앞 절에서 다루었던 여러 가지 모델에서 가변적인 소모율 계수를 적용하여 다양하게 논의할 수도 있지만 여기서는 학부과정에서 이해할 수 있는 수학적 배경을 바탕으로 할 수 있는 직사화기 모델인 제곱법칙만을 설명하고자 한다. 따라서 이를 모델링할 수 있는 미분방정식은

$$\begin{cases} \dfrac{dx}{dt} = -a(t)y \\ \dfrac{dy}{dt} = -b(t)x \end{cases} \tag{3.61}$$

이고, 여기서 $a(t)$와 $b(t)$는 시간종속 소모율 계수로서 이 계수들은 병력 분산, 사격률, 표적획득률 같은 많은 다양한 변수들에 의하여 결정된다. 이러한 가변적인 소모율 상수는 기동 공격에서 잘 나타난다. 식 (3.61)에서 y를 소거하면

$$\frac{d^2x}{dt^2} - \frac{1}{a}\frac{da}{dt}\frac{dx}{dt} - abx = 0 \tag{3.62}$$

인 2계미분방정식을 구할 수 있다. 일반적으로 미분방정식 (3.62)의 일반해는

$$x(t) = c_1 x_1(t) + c_2 x_2(t) \tag{3.63}$$

로 주어지며 상수 c_1과 c_2는 초기조건에 의해 결정되며, $x_1(t)$와 $x_2(t)$는 쌍곡선 형태의 일반적인 란체스터 함수로서 보조함수들이다. 일단 이 함수들을 알 수 있다면 $y(t)$의 해도 쉽게 구할 수 있다. 해석적 해를 유추해보면 소모율 계수들이 상수 k_x, k_y, μ와 ν에 대하여

$$a(t) = k_y(t+c)^{\nu}, \ c \geq 0$$

$$b(t) = k_x(t+c)^{\mu},\ c \geq 0 \tag{3.64}$$

로 주어진다. 이 결과는 비교적 복잡하고 무한 급수해로 나타난다. 그러나 비교적 간단한 상수에 대해서는 해를 구할 수 있다.

정리 3.13

함수 $h(t)$에 대하여 X군의 전투력 소모율이 $b(t) = k_x h(t)$이고, Y군의 전투력 소모율이 $a(t) = k_y h(t)$라고 하자. 최초전투력 $x(0) = x_0$, $y(0) = y_0$일 때, 기동형 모델에 대한 전투시간 경과에 따른 각 군의 전투력 수준은 다음과 같다.

$$x(\theta) = x_0 \cosh\theta - y_0\sqrt{k_y/k_x}\ \sinh\theta \tag{3.65}$$

$$y(\theta) = y_0 \cosh\theta - x_0\sqrt{k_x/k_y}\ \sinh\theta$$

여기서 $\theta = \sqrt{k_x k_y}\int_0^t h(s)ds$이다.

증명 주어진 미분방정식 (3.62)는

$$\frac{d^2x}{dt^2} - \frac{1}{h(t)}\frac{dh(t)}{dt}\frac{dx}{dt} - k_x k_y h^2(t)x = 0$$

이 된다. 이 미분방정식을 풀기 위하여

$$\theta = \sqrt{k_x k_y}\int_0^t h(s)ds$$

로 치환하자. 따라서

$$\frac{d\theta}{dt} = \sqrt{k_x k_y}\,h(t),\quad \frac{d^2\theta}{dt^2} = \sqrt{k_x k_y}\,\frac{dh(t)}{dt},$$

$$\frac{dx}{dt} = \frac{dx}{d\theta}\frac{d\theta}{dt} = \frac{dx}{d\theta}\sqrt{k_x k_y}\,h(t),$$

$$\frac{d^2x}{dt^2} = \frac{dx}{d\theta}\sqrt{k_x k_y}\,\frac{dh(t)}{dt} + \frac{d^2x}{d\theta^2}k_x k_y h^2(t)$$

이고 주어진 미분방정식에 대입하여 정리하면 다음과 같다.

$$\frac{d^2x}{d\theta^2} - x = 0$$

이 미분방정식의 해는 정리 3.2와 같은 방법으로 구하면 상수 c_1과 c_2에 대하여

$$x = c_1 \sinh\theta + c_2 \cosh\theta$$

가 된다. 최초 전투력 $x(0) = x_0$, $y(0) = y_0$을 이용하여 상수를 구하면

$$x(\theta) = x_0 \cosh\theta - y_0 \sqrt{k_y / k_x}\, \sinh\theta$$

가 되고, 같은 방법으로

$$y(\theta) = y_0 \cosh\theta - x_0 \sqrt{k_x / k_y}\, \sinh\theta$$

를 구할 수 있다. 여기서 $\theta = \sqrt{k_x k_y} \int_0^t h(s) ds$이므로 t에 대한 함수이다.

가장 간단한 모델로 기동부대가 일정한 상대속도로 전투를 수행하는 경우이다. 수학적으로 이러한 형태의 모델을 상대 전투부대의 이격거리 r에 대하여

$$\begin{cases} \dfrac{dx}{dt} = -a(r)y \\ \dfrac{dy}{dt} = -b(r)x \end{cases} \tag{3.66}$$

로 나타낼 수 있고, 여기서 $a(r)$과 $b(r)$은 사거리 종속 소모율 계수이다. 또한 이격 사거리 r을 일정한 상대속도에 의하여

$$\begin{aligned} r(t) &= r_0 - vt \\ v &= v_x + v_y \end{aligned} \tag{3.67}$$

로 나타낼 수 있다. 여기서 r_0는 최초 전투개시 전 사거리, v는 공격부대의 상대적인 접근 속도, 그리고 v_x와 v_y는 각각 X군과 Y군의 진격하는 상대속도이다.

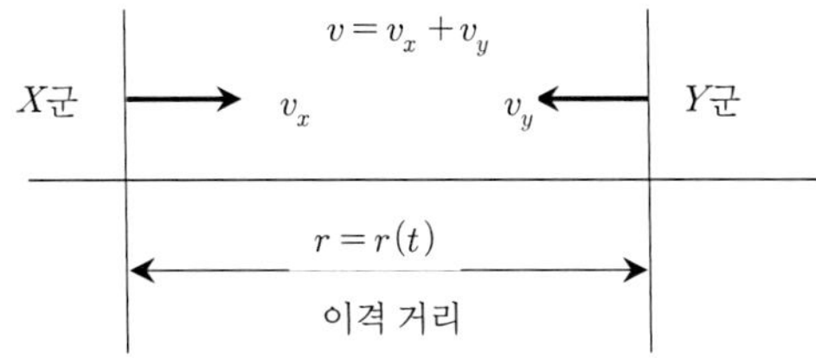

그림 3.5 기동공격 모델

전투부대의 이격거리 r이 시간에 따라 변하면 소모율 계수 $a(r)$과 $b(r)$도 변할 것이다. 가능한 모델 하나는 전투에 투입된 무기체계의 최대 유효사거리를 기준으로 $a(r)$과 $b(r)$을 나타낼 수 있다. 예를 들면 본더(Bonder)와 패럴(Farrell)이 사용했던

$$b_p(r) = \begin{cases} b_0\left(1 - \dfrac{r}{r_x}\right)^{\mu} & 0 \le r \le r_x \\ 0 & r \ge r_x \end{cases} \tag{3.68}$$

$$a_p(r) = \begin{cases} a_0\left(1 - \dfrac{r}{r_y}\right)^{\nu} & 0 \le r \le r_y \\ 0 & r \ge r_y \end{cases} \tag{3.69}$$

를 들 수 있다. 여기서 r_x와 r_y는 각각 X군과 Y군에 대한 무기체계의 최대 사거리이다. 식 (3.68)과 (3.69)에서 b_0와 a_0는 각각 X군과 Y군의 무기 소모율 상수이고 μ와 ν는 소모율 계수에 따르는 이격거리를 모델링하기 위한 상수이다. 따라서 위의 식 (3.68)과 (3.69)를 거듭제곱 소모율 계수(power attrition rate coefficient)로 알려져 있다 아래 그림 3.6은 다양한 상수 μ와 ν의 값에 대한 전투이격거리 모수 r/r_y와 r/r_x에 대한 $a_p(r)$과 $b_p(r)$의 변화를 보여준다.

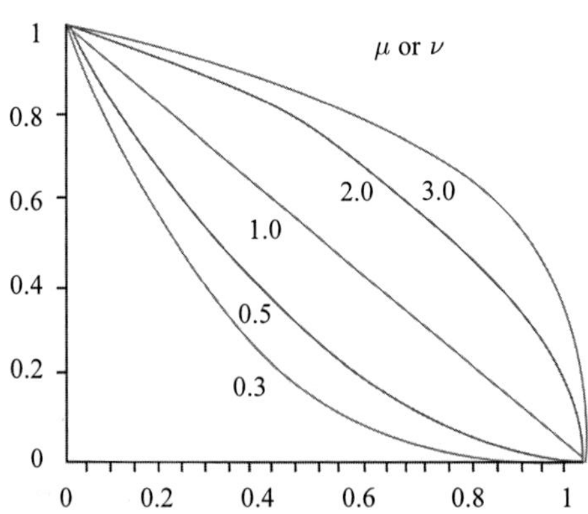

그림 3.6 전투이격거리 r/r_y에 따른 소모율 계수 $a_p(r)/a_0$의 변화

식 (3.67)을 식 (3.68)와 (3.69)에 대입하여 계산하면 전투이격거리에 따른 소모율 계수는 시간종속 변수로 아래와 같이 변환된다.

$$b_p(t) = \begin{cases} b_0\left(\dfrac{v}{r_x}\right)^{\mu}\left(\dfrac{r_x}{v} - \dfrac{r_0}{v} + t\right)^{\mu} & 0 \le r \le r_x \\ 0 & r \ge r_x \end{cases}$$

그리고

$$a_p(t) = \begin{cases} a_0\left(\dfrac{v}{r_y}\right)^{\nu}\left(\dfrac{r_y}{v} - \dfrac{r_0}{v} + t\right)^{\nu} & 0 \le r \le r_y \\ 0 & r \ge r_y \end{cases}$$

또 다른 잘 알려진 전투이격거리 가변소모율 계수는

$$b_E(r) = \begin{cases} b_0\left(1 - e^{-b_1(r_x - r)}\right) & 0 \le r \le r_x \\ 0 & r \ge r_x \end{cases} \tag{3.70}$$

$$a_E(r) = \begin{cases} a_0\left(1 - e^{-a_1(r_y - r)}\right) & 0 \le r \le r_y \\ 0 & r \ge r_y \end{cases} \tag{3.71}$$

가 있고, 상수 b_1과 a_1은 $b_E(r)$과 $a_E(r)$의 이격거리에 종속하는 모델링에 사용된다. 식 (3.70)과 (3.71)은 지수적 소모율계수(exponential attrition rate coefficients)라고 한다. 아래 그림 3.7은 다양한 a_1의 값에 대한 전투이격거리 r/r_y와 r/r_x에 따른 $a_E(r)$과 $b_E(r)$의 변화를 보여준다.

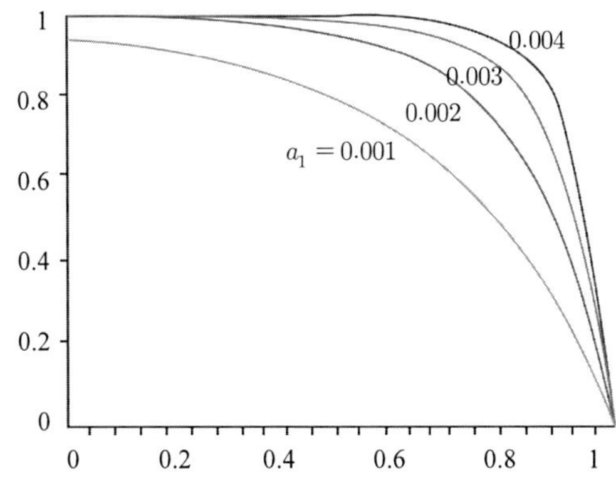

그림 3.7 전투이격거리 r/r_y에 따른 소모율 계수 $a_E(r)/a_0$의 변화

또 다른 전투이격거리 종속 소모율 계수에 대한 모델은 사격효과에 지수적으로 감소하는 것으로 상수 $a_1, b_1 > 0$에 대하여 다음과 같다.

$$\begin{aligned} b_{ED}(r) &= b_0 e^{-b_1 r} \\ a_{ED}(r) &= a_0 e^{-a_1 r} \end{aligned} \tag{3.72}$$

식 (3.72)을 지수적 감소 소모율계수(exponential decay attrition rate coefficients)라 한다. 그림 3.8은 다양한 a_1의 값에 대한 전투이격거리 r/r_y와 r/r_x에 따른 $a_{ED}(r)$과 $b_{ED}(r)$의 변화를 보여준다.

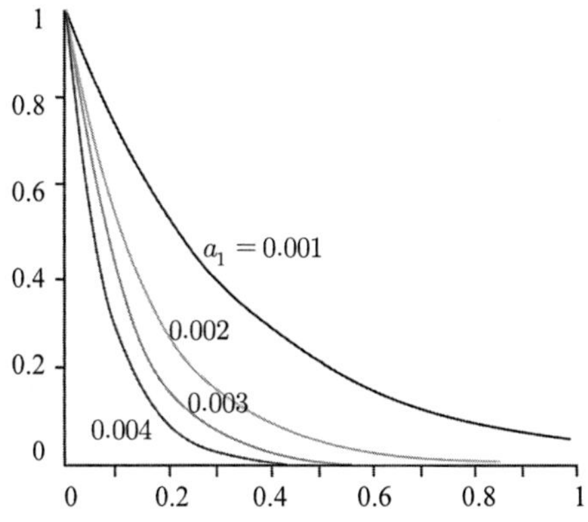

그림 3.8 전투이격거리 r/r_y에 따른 소모율 계수 $a_{ED}(r)/a_0$의 변화

3.8 이오지마 전투의 적용

이 절은 프리제미에니엑키(Przemieniecki)가 저술한 수학적 국방분석에서 소개한 이오지마 전투에 대한 전투 모델링을 앞 절에서 소개한 내용을 바탕으로 적용해 보고자 한다.

1945년 이오지마 전투에 대한 세부적인 데이터들이 알려져 있어 란체스터 직사화기 전투 모델을 증명하는데 사용된다. 도쿄에서 약 660마일 남쪽에 위치한 섬에서 벌어진 전투로 태평양전쟁에서 가장 치열한 전투 중의 하나로 기록되고 있다. 이 섬은 태평양에서 전략적으로 가장 중요한 지점으로 도쿄와 미군의 전진 기지인 사이판의 중간에 위치하고 있어 일본

으로 발진하는 미군의 폭격기를 중간에서 차단하는 군사적 요충지였다. 한편 미군의 입장에서는 일본 본토에 대한 작전을 구상하기에 최상의 전진 기지가 될 수 있는 최적의 위치에 해당하는 섬이었다.

미군은 1945년 2월 19일에 공격을 하였고 일본군의 최후까지 사수하고자 하였다. 따라서 36일간의 전투에서 미군의 사상자는 6000여명이었고 그 결과 태평양전쟁이 종식되기까지 2000여대가 넘는 미군의 $B-29$폭격기가 이착륙을 할 수 있었다.

이오지마 전투에 처음 투입된 미군은 54,000명, 2차 전투에서는 없으며, 3차 전투에는 6,000명, 4차와 5차 전투에는 없으며, 6차에는 13,000명 그 후에는 증원되지 않았다. 수학적 수식으로 나타내면 다음과 같다.

$$x(t) = \begin{cases} 54,000 & 0 < t \le 1 \\ 0 & 1 < t \le 2 \\ 6,000 & 2 < t \le 3 \\ 0 & 3 < t \le 5 \\ 13,000 & 5 < t \le 6 \\ 0 & 6 < t \le 36 \end{cases} \quad \text{병력/일}$$

이는 실제 전투 현장에 투입된 단위부대 병력의 전투원 및 전투 근무지원 병력 전부를 포함하고 있다 물론 여기에서의 가정은 전투가 시작되기 전에 어떤 병력도 이곳 이오지마에서 없었다. 미군의 일별 전투사상자는 클리포드 모워하우스 대위에 의해 집계되었으나 일본군의 전투사상자에 대한 기록은 없다. 그러나 2만명의 전사자와 1,083명의 포로, 전투개시 전에 21,000명의 병력이 뉴콤에 증강된 것을 기본 자료로 적용하였다. 물론 여기서 최초 계산한 데이터들 중에 생존자와 섬의 곳곳에 있는 동굴에서 사망한 병력을 제외하였기 때문에 실제로는 이 보다 더 많아 21,500명으로 산정하는 것이 더 바람직하다. 그리고 전투 중에 일본군의 전력 증강은 없었다. 전투는 28일간 지속되었고, 미군에게 완전히 평정되었으나 산발적인 저항이 있어 개전 후 36일까지도 계속되었다. 따라서 이오지마 전투에 대한 전투 모델링은 식 (3.53)에 의해 병력보강 $q_y(t) = 0$ 즉,

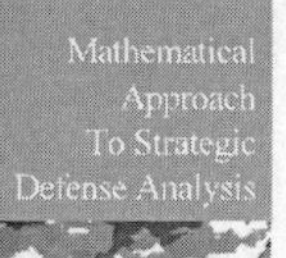

$$\begin{aligned}\frac{dx}{dt} &= -ay + q_x(t) \\ \frac{dy}{dt} &= -bx\end{aligned} \tag{3.73}$$

로 나타내어진다. 여기서 X군은 미군이고, Y군은 일본군이다. 시간 $t=0$에서 $t=36$까지 식 (3.73)의 두 번째 식을 적분하면

$$y(36) - y(0) = -b\int_0^{36} x(t)dt \tag{3.74}$$

가 된다. 한편 위의 적분에 대한 리만합을 구하면

$$\int_0^{36} x(t)dt = \sum_{i=1}^{36} x(t_i) \quad \text{병력수/일}$$

이고, 여기서 $x(t_i)$는 t_i일에 전사하지 않고 전투에 참여한 미군의 병력 수를 말한다. 따라서 미군의 병력 데이터에 의하면

$$b = \frac{y(0) - y(36)}{\sum_{i=1}^{36} x(t_i)} = \frac{21{,}000 - 0}{2{,}037{,}000} = 0.0106$$

을 구할 수 있다. 한편 식 (3.73)의 미군에 대한 전투 모델링 식을 적분하면 $x(0)=0$이므로

$$\begin{aligned}x(36) &= -a\int_0^{36} y(t)dt + \int_0^{36} q_x(t)dt \\ &= -a\int_0^{36} y(t)dt + 73{,}000\end{aligned}$$

가 된다. 전투 36일째 미군의 전투참가 병력이 52,000명이므로

$$a = \frac{73{,}000 - 52{,}000}{\int_0^{36} y(t)dt} = \frac{21{,}000}{\int_0^{36} y(t)dt} \tag{3.75}$$

가 된다. 따라서 같은 방법으로 적분에 대해 리만합으로 근사시키면

$$\int_0^{36} y(t)dt = \sum_{j=1}^{36} y(t_i)$$

이고, 여기서 전사하지 않은 실제 병력 수 $y(t_j)$의 값은 식 (3.74)에서

$$\begin{aligned} y(t_j) &= y(0) - b\int_0^{t_j} x(t)dt \\ &= y(0) - b\sum_{i=1}^{t_j} x(t_i) \end{aligned}$$

구할 수 있다. 위의 식에 각각 t_i일별 미군의 병력 수를 대입하여 일본군의 전투 소모율을 계산하면 식 (3.75)로 부터

$$a = \frac{21,000}{387,600} = 0.0543$$

을 구할 수 있다. 위의 식에서 전투 29일부터 36일까지의 전투에 대한 추가적인 참여도는 하루에 15,100명으로 계산하였다.

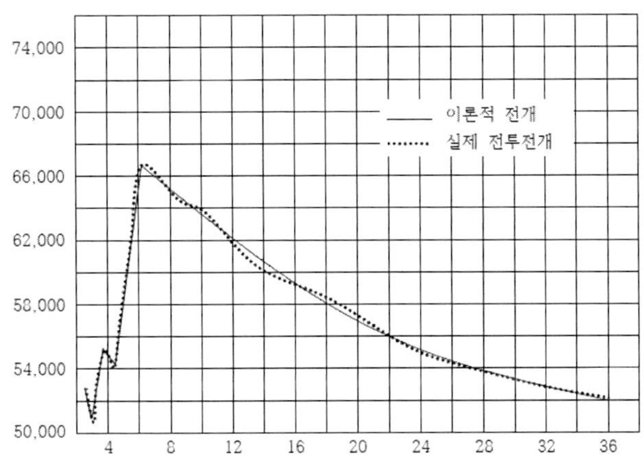

그림 3.9 이오지마 전투에 참가한 미군의 수

식 (3.73)에서 주어진 미분방정식에 대한 해로부터 예측되는 미군의 전투력과 실제 전투력의 비교는 아래 그림에서 보여주고 있다. 이 예측도에 대한 그림 3.9는 실제 전투상황과 대단히 일치함을 보여주고 있다. 여기서 전투 소모율의 비 $\frac{a}{b} = \frac{0.0544}{0.0106} = 5.1$로 일본군의 전투 효율이 훨씬 우위에 있음을 보여준다. 이는 갱도 및 참호 동굴진지 등 일본군의 방어 준비태세가 잘 갖추어져 있었다고 볼 수 있다. 반면 전투 8일째 전투력의 비율 $\frac{x(8)}{y(8)} = \frac{64,000}{16,500} = 3.9$로 미군은 병력의 수적 우세하였다고 볼 수 있다.

연습문제

1. X군의 전투력 소모율이 $b>0$이고, Y군의 전투력 소모율이 $a>0$일 때, 최초 전투력 $x(0)=x_0, y(0)=y_0$에 대하여 게릴라전 혼합모델의 전투시간 경과에 따른 각 군의 전투력 수준은 $\Delta>0$일 때,

(1) Y군이 승리하는 최종 시간과 전투력을 구하여라.

(2) $\Delta=0$일 때 관계식을 구하고, 그 의미를 설명하여라.

2. X군의 전투력 소모율이 $b>0$이고, Y군의 전투력 소모율이 $a>0$일 때, 혼합모델에 $\frac{dx}{dt}=-ay, \frac{dy}{dt}=-bxy$에 대하여 물음에 답하여라.

(1) 이 혼합모델을 매복작전에 사용되었을 때, 어느 쪽에서 매복전투를 실시했는지 설명하여라.

(2) 이 모델에 대한 해를 구하여라.

3. X군의 전투력 소모율이 $b>0$이고, Y군의 전투력 소모율이 $a>0$일 때, 선형법칙인 지역사격모델에 대한 해는 $b(x_0-x)=a(y_0-y)$이다. Y군이 승리하기 위한 a, b, x_0, y_0들의 관계식을 구하여라.

4. X군의 병력은 1,000명이고, Y군의 병력은 750명이다. 각 군은 상대방의 사격으로부터 서로 노출되어 있다.

(1) 만약 사격속도와 무기의 명중(살상)확률이 서로 같고 전투는 한쪽이 완전히 무력화될 때까지 계속된다고 하자. 전투가 종료되었을 때 각 군의 최종 전투력 수준을 얼마인가?

(2) Y군은 X의 3/4의 병력을 보유하고 있으므로 만약 X군의 무기체계 효율이 Y군의 효율에 3/4에 해당될 때 어느 쪽이 승리할 것인가? 그리고 승리한 쪽에서는 얼마나 많은 병력이 생존할 것이라 예측되는가?

5. X군의 병력은 최초 200명이고 소모율 상수 $b=0.1$이며, Y군의 병력은 240명이며 소모율 상수는 $A=0.08$이다.

(1) 만약 양쪽이 모두 철수하는 상황이 없다면 어느 쪽이 승리하는가?

(2) 교전이 종료되었을 때, 승리한 쪽에 얼마나 많은 병력이 남아 있는가?

(3) 만약 패배한 측에서 이 전투에서 승리하기 위해 최소한 얼마나 많은 병력을 전투에 투입하여야 할 것인가?

6. X군의 전투력 소모율이 $b>0$이고, Y군의 전투력 소모율이 $a>0$일 때, 란체스터 모델에서 각 군에서 모두 일정한 비율로 전투부대를 교체한다면 최초 전투력 $x(0)=x_0$, $y(0)=y_0$ 에 대해 수학적으로 모델링한 결과는 다음과 같다.

$$\frac{dx}{dt}=-ay+r$$

$$\frac{dy}{dt}=-bx+s$$

여기서 r과 s는 양의 상수로 각각 X군과 Y군의 교체비율을 나타낸다.

(1) 연속적인 교체율에 따른 위 방정식의 해를 구하여라.

(2) X군이 승리하기 위한 조건들 a, b, x_0, y_0,와 s는 무엇인지 설명하여라.

7. 다음 전투모델에 대하여 각 군의 전투가 종료되는 최종 시간에 대한 조건들을 구하여라.

(1) 지역사격 모델

(2) 게릴라전 모델

(3) 자동화기 모델

(4) 기하평균모델

(5) 자동/직사화기 모델

8. 6.25 한국전쟁사에 기록된 백마고지 전투에 투입된 아군과 중공군 등의 전투에서 일자별 병력 투입과 전사자 수를 참조하여 수학적 전투모델을 설정하고, 피아의 전투력 소모율을 구하고 각 군의 전투 효율성을 설명하여라.

memo

Chapter 4

확률형 전투모델 이론

앞 장에서는 미분방정식에 기반을 둔 전투모델로서 전투력 또는 무기체계의 강·약점을 결정하는 란체스터 확정형 모델에 대해 소개하였는데, 이 장에서는 여러 가지 전투 모델에 대해서 어떤 특정한 시간대의 전투효과에 대한 확률을 결정해보자. 특히 두 가지 간단한 모델로 시간에 독립적인 **순차적 전투모델**(sequential combat duel)과 시간에 종속적인 **연속형 전투모델**(continuous combat duel)을 어떤 전술적 근접전투에서 놀람(surprise)에 근거한 확률적인 측면에서 설명하고자 한다. 즉 일어날 사건이 희박한 경우는 놀람이 증가하고, 너무 자주 일어나는 사건에 대해서는 놀람의 정도가 감소한다. 이 원리에 의해 일대일 직사화기 전투모델과 지역사격 전투모델에 대하여 완벽한 확률론적 분석을 할 수 있다. 이 결과를 토대로 궁극적으로 앞 장에서 배운 사실들과 연계하여 확률론적 모델과 미분방정식형 모델의 해들을 상호 비교해 보겠다.

4.1 순차적 전투모델(Sequential Combat Duel Model)

이 절에서는 두 가지 무기 또는 서로 상대방에게 사격하는 단위부대 또는 1대1의 결전 상황에 대한 순차적인 전투모델을 다루어 보자. 이 같이 간단한 조우전 형태의 모델은 한 종류의 무기 또는 상대를 제압하는 단위제대의 특정한 확률값을 구하는 수학적 원리를 설명해준다.

어떤 특정한 라운드에서 X군의 무기가 Y군의 무기를 파괴할 확률을 p라 하고, 마찬가지로 Y군의 무기가 X군의 무기를 파괴할 확률은 q라 하자. 따라서 상대방의 사격에 무기가 파괴되지 않을 확률은 각각 X군은 $1-q$와 Y군은 $1-p$가 된다. 여기서 확률 p, q는 각 군의 무기체계의 성능에 따라 다르기 때문에 나타나는 확률값이다.

한편 이 전투모델에서 X군이 먼저 사격하고, 다음 Y군, 이어서 X군, Y군, … 순서로 사격을 하며, 다음 라운드 사격을 하기 전에 앞에 사격한 결과를 안다고 가정한다. 이러한 가정은 순차적인 전투모델에서 각 사건에 대한 개별적인 확률들을 공식화할 수 있다.

정리 4.1

각 군의 파괴확률을 각각 p, q라 하자. X군이 먼저 사격하고, 다음 Y군, 이어서 X군, Y군, … 순서로 사격하고, 각 라운드의 사건들이 서로 독립이라 할 때, X군이 n라운드까지 사격에서 Y군이 파괴될 확률의 합은

$$P_Y(n) = p\,\frac{1-(1-p)^n(1-q)^n}{1-(1-p)(1-q)} \tag{4.1}$$

이고, 충분히 많은 라운드 $n=\infty$일 때 X군에 의해 Y군이 파괴될 확률의 합은

$$P_Y(n=\infty) = \frac{p}{1-(1-p)(1-q)} \tag{4.2}$$

가 된다.

증명 순차적인 전투모델에서 사격하는 순서를 정리하면 각 사건은 서로 배반이기 때문에

(1) X군의 1라운드 사격에서 Y군을 파괴할 확률은 p

(2) 반면 X군의 1라운드 사격에서 Y군의 생존할 확률은 $1-p$

(3) Y군의 1라운드 사격에서 X군을 파괴할 확률은 $(1-p)q$

(4) 반면 Y군의 1라운드 사격에서 X군이 생존할 확률은 $(1-p)(1-q)$

(5) X군의 2라운드 사격에서 Y군을 파괴할 확률은 $(1-p)(1-q)p$

(6) X군의 2라운드 사격에서 Y군의 생존할 확률은 $(1-p)^2(1-q)$

(7) Y군의 2라운드 사격에서 X군을 파괴할 확률은 $(1-p)^2(1-q)q$

계속해서 시행하면 일반적으로 X군의 n라운드 사격에서 Y군을 파괴할 확률은

$$(1-p)^{n-1}(1-q)^{n-1}p$$

이고, X군의 n라운드 사격에서 Y군의 생존할 확률은

$$(1-p)^n(1-q)^{n-1}$$

이다. 한편 Y군의 n라운드 사격에서 X군을 파괴할 확률은

$$(1-p)^n(1-q)^{n-1}q$$

이고, Y군의 n라운드 사격에서 X군이 생존할 확률

$$(1-p)^n(1-q)^n$$

이 된다. 따라서 X군의 n라운드까지 사격에서 Y군의 파괴될 확률의 합은

$$\begin{aligned} P_Y &= (1)+(5)+(9)+\cdots \\ &= p+(1-p)(1-q)p+\cdots+(1-p)^{n-1}(1-q)^{n-1}p \\ &= p\,\frac{1-(1-p)^n(1-q)^n}{1-(1-p)(1-q)} \end{aligned}$$

가 된다. 한편 충분히 많은 라운드 $n=\infty$일 때 X군에 의해 Y군이 파괴될 확률의 합은 $\lim_{n\to\infty}(1-p)^n(1-q)^n=0$이기 때문에

$$\begin{aligned} \lim_{n\to\infty} P_Y(n) &= \lim_{n\to\infty} p\,\frac{1-(1-p)^n(1-q)^n}{1-(1-p)(1-q)} \\ &= \frac{p}{1-(1-p)(1-q)} \end{aligned}$$

가 된다.

같은 방법으로 Y군의 n라운드까지 사격에서 X군이 파괴될 확률의 합은

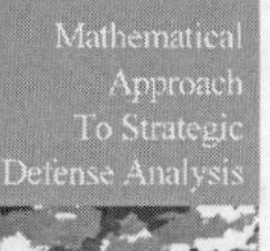

$$\begin{aligned} P_X &= (3)+(7)+\cdots \\ &= (1-p)q+(1-p)^2(1-q)q+\cdots+(1-p)^n(1-q)^{n-1}q \\ &= (1-p)q\,\frac{1-(1-p)^n(1-q)^n}{1-(1-p)(1-q)} \end{aligned} \tag{4.3}$$

이고, 충분히 많은 라운드 $n=\infty$일 때 Y군이 X군을 파괴할 확률의 합은

$$\begin{aligned} \lim_{n\to\infty} P_X(n) &= \lim_{n\to\infty}\,(1-p)q\,\frac{1-(1-p)^n(1-q)^n}{1-(1-p)(1-q)} \\ &= \frac{(1-p)q}{1-(1-p)(1-q)} \end{aligned} \tag{4.4}$$

으로 계산된다.

앞에서는 X군이 먼저 사격하고 이어서 Y군이 사격하는 순차적 전투모델에서 역으로 Y군이 먼저 사격하고 X군이 나중에 사격하는 전투모델인 경우 같은 방법으로 확률을 계산하면 Y군에 의해 X군이 파괴될 확률을 Q_X라 할 때, n라운드까지 합과 충분히 많은 라운드 $n=\infty$까지 합은 각각

$$Q_X(n) = q\,\frac{1-(1-p)^n(1-q)^n}{1-(1-p)(1-q)} \tag{4.5}$$

$$Q_X(n=\infty) = \frac{q}{1-(1-p)(1-q)} \tag{4.6}$$

이고,

$$Q_Y(n) = p(1-q)\,\frac{1-(1-p)^n(1-q)^n}{1-(1-p)(1-q)} \tag{4.7}$$

$$Q_Y(n=\infty) = \frac{p(1-q)}{1-(1-p)(1-q)} \tag{4.8}$$

로 주어진다. 아래 그림 4.1은 확률 p와 q에 따른 $P_Y(n=\infty)$와 $Q_Y(n=\infty)$의 분포를 나타낸다.

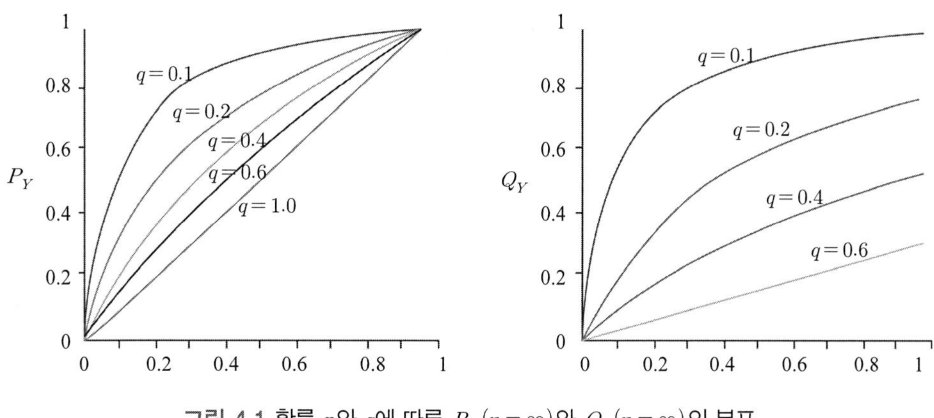

그림 4.1 확률 p와 q에 따른 $P_Y(n=\infty)$와 $Q_Y(n=\infty)$의 분포

X군의 그래프와 Y군의 그래프를 상호 비교해 보면 X군이 먼저 사격할 때가 Y군이 사격을 먼저 할 경우보다 Y군의 무기가 파괴될 확률이 더 높다는 측면에서 X군의 더 유리하다는 것을 분명하게 보여주고 있다.

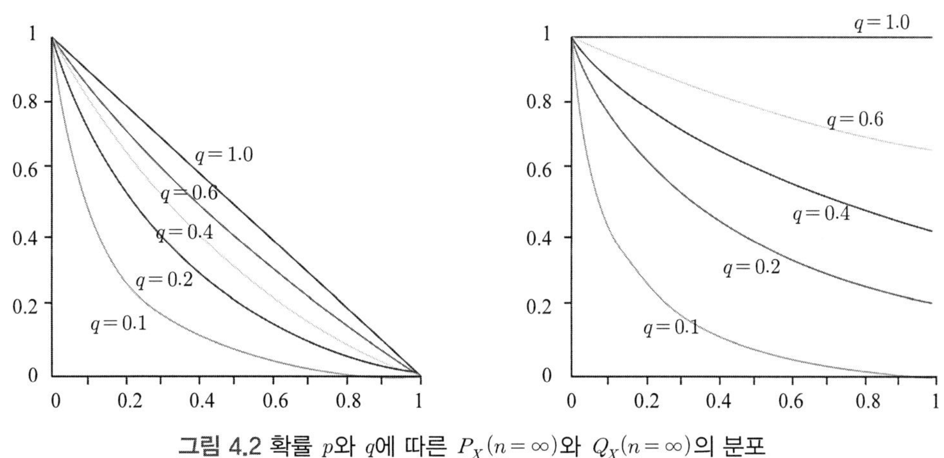

그림 4.2 확률 p와 q에 따른 $P_X(n=\infty)$와 $Q_X(n=\infty)$의 분포

즉 $P_Y(n) \geq Q_Y(n)$이기 때문에 이러한 그래프의 모양을 보여준다. 이와 마찬가지로 확률이 각각 p와 q인 경우 $P_X(n=\infty)$와 $Q_X(n=\infty)$의 분포도를 그려보면 위의 그림 4.2와 같다.

만약 X군이 먼저 사격할 때 $1-P_X(n) > 1-Q_X(n)$이므로 X군의 생존확률이 Y군보다 더 높음을 알 수 있다. 특히 지금까지의 관계에서 $P_X(n=\infty)+P_Y(n=\infty)=1$과

$Q_X(n=\infty)+Q_Y(n=\infty)=1$임을 증명할 수 있다. 세부적인 증명은 독자들 스스로 풀어볼 수 있도록 연습문제에 남겨둔다.

4.2 연속형 전투모델(Continuous Combat Duel Model)

이 절에는 실전적인 1대1 전투모델로서 단위시간당 일정한 비율로 특정 라운드까지 연속적으로 동시에 서로 상대방에게 사격을 실시하는 전투상황이다. 시간에 따른 연속적인 전투모델을 분석하기 위해 전투개시시간을 $t=0$으로 하고 그 순간부터 X군과 Y군의 각각 α_X와 α_Y의 비율로서 상대방에게 동시에 사격을 한다고 가정하겠다. 여기서 확률 $P_X(t)$와 $P_Y(t)$는 시간 t에서 X군과 Y군의 무기가 각각 파괴될 확률을 나타낸다. 이러한 확률들은 $P_X(n)$은 $P_Y(n)$과 비교될 수 있을 것이며, 여기서 $P_X(n)$과 $P_Y(n)$는 앞 절에서 보았듯이 단지 양쪽에서 사격한 라운드의 수에만 의존한다. 만약 임의의 시간 $t \ge 0$에서 전투가 계속되고 있다면, 즉 이전까지 양측에서의 사격으로부터 각각의 무기들이 파괴되지 않았다면, 충분히 작은 시간 Δt 시간 사이에 일어나는 사건은 다음과 같이 표 4.1로 정리할 수 있다. 여기서 p와 q는 앞 절에서처럼 상대방의 표적을 파괴할 확률이라 하자. 즉 확률 p는 X군이 사격으로 Y의 무기가 파괴될 확률이고, 반대로 q는 Y군이 사격으로 X의 무기가 파괴될 확률이다.

표 4.1 연속형 전투모델에 대한 사건의 확률

사건 (event)	사건의 개요	사건의 확률 = $P(A_j)$
A_1	X군의 사격과 Y군의 무기 파괴	$p\alpha_X\Delta t+0(\Delta t^2)$
A_2	Y군의 사격과 X군의 무기 파괴	$q\alpha_Y\Delta t+0(\Delta t^2)$
A_3	X군의 사격과 Y군의 무기 파괴되지 않음	$1-p\alpha_X\Delta t+0(\Delta t^2)$
A_4	Y군의 사격과 X군의 무기 파괴되지 않음	$1-q\alpha_Y\Delta t+0(\Delta t^2)$
A_5	X군과 Y군 양쪽 다 사격하지 않음	$1-\alpha_X\Delta t-\alpha_Y\Delta t+0(\Delta^2 t)$
A_6	X군과 Y군이 Δt 시간에 사격하나 그들의 표적을 파괴하지 못함	$1-p\alpha_X\Delta t-q\alpha_Y\Delta t+0(\Delta^2 t)$
A_7	양쪽 무기가 동시에 사격	$0(\Delta t^2)$

위 표에서 언급한 사건들을 살펴보면 $A_i \cap A_j = \varnothing\ (i \neq j)$로 서로 배반사건임을 알 수 있다. 또한 시간차 Δt가 충분히 작아 $\alpha_X \Delta t$와 $\alpha_Y \Delta t$가 1보다 적거나 같다고 가정한다. 참고로 $\alpha_X \Delta t = 1$의 의미는 시간 Δt시간에 1라운드 사격이 있었음을 말한다. 따라서 이 결과는 각각 X군과 Y군에 의해 사격한 임의의 한 라운드의 확률과의 곱으로 간주할 수 있다. 한편 $0(\Delta t^2)$은 연속적인 전투상황에서 반영되는 고차 항을 말하며, 부가적인 해석에서는 고려하지 않는다.

위 표에서 주어진 첫 번째 사건은 단순히 한 라운드에서 Y군의 무기가 파괴될 확률 p와 Δt 시간에 일어나는 X군의 무기의 발사비율을 곱한 것을 알 수 있다. 만약 $\alpha_X \Delta t = 1$이면 X군의 무기가 분명히 발사되었다는 것을 말한다. 따라서 이러한 곱 $\alpha_X \Delta t$을 이용하기 위해서는 $\alpha_X \Delta t < 1$이어야 한다.

정리 4.2

X군과 Y군의 파괴확률이 각각 p, q이고, 사격 비율을 각각 α_X, α_Y라 하자. 연속형 전투모델에서 시간 t에서 X군의 무기가 파괴될 확률 $P_X(t)$는

$$P_X(t) = \frac{q\alpha_Y}{p\alpha_X + q\alpha_Y}\left(1 - e^{-(p\alpha_X + q\alpha_Y)t}\right) \tag{4.9}$$

이고, Y군의 무기가 파괴될 확률 $P_Y(t)$는

$$P_Y(t) = \frac{p\alpha_X}{p\alpha_X + q\alpha_Y}\left(1 - e^{-(p\alpha_X + q\alpha_Y)t}\right) \tag{4.10}$$

이다.

증명 X군의 파괴될 확률 $P_X(t)$는 $P_X(t+\Delta t)$를 분석하여 얻을 수 있다. 위의 표 4.1에서

$$\begin{aligned} P_X(t+\Delta t) &= P(A_2) + P(A_6)P_X(t) \\ &= q\alpha_Y \Delta t + (1 - p\alpha_X \Delta t - q\alpha_Y \Delta t)P_X(t) \end{aligned}$$

를 구할 수 있다. 다시 이 식을 정리하면

$$\frac{P_X(t+\Delta t) - P_X(t)}{\Delta t} = q\alpha_Y - (p\alpha_X + q\alpha_Y)P_X(t)$$

가 된다. 따라서 양변에 극한을 취하면

$$\frac{dP_X(t)}{dt} = \lim_{\Delta t \to 0} \frac{P_X(t+\Delta t) - P_X(t)}{\Delta t}$$
$$= q\alpha_Y - (p\alpha_X + q\alpha_Y) P_X(t)$$

을 계산할 수 있고, 같은 방법으로 $P_Y(t)$에 대한 도함수를 구하면

$$\frac{dP_Y(t)}{dt} = p\alpha_X - (p\alpha_X + q\alpha_Y) P_Y(t)$$

가 된다. 따라서 이 두 미분방정식으로부터 해를 구하면 상수 C_1과 C_2에 대하여

$$P_X(t) = C_1 e^{-(p\alpha_X + q\alpha_Y)t} + \frac{q\alpha_Y}{p\alpha_X + q\alpha_Y} \tag{4.11}$$

와

$$P_Y(t) = C_2 e^{-(p\alpha_X + q\alpha_Y)t} + \frac{p\alpha_X}{p\alpha_X + q\alpha_Y} \tag{4.12}$$

가 된다. 따라서 초기조건 $P_X(0) = P_Y(0) = 0$을 이용하여 상수 C_1과 C_2를 구하면

$$C_1 = -\frac{q\alpha_Y}{p\alpha_X + q\alpha_Y}, \quad C_2 = -\frac{p\alpha_X}{p\alpha_X + q\alpha_Y}$$

가 된다. 따라서 식 (4.11)과 (4.12)에 상수 C_1과 C_2 를 대입하여 정리하면 구하는 확률 $P_X(t)$, $P_Y(t)$는 각각

$$P_X(t) = \frac{q\alpha_Y}{p\alpha_X + q\alpha_Y}(1 - e^{-(p\alpha_X + q\alpha_Y)t})$$

$$P_Y(t) = \frac{p\alpha_X}{p\alpha_X + q\alpha_Y}(1 - e^{-(p\alpha_X + q\alpha_Y)t})$$

를 구할 수 있다.

식 (4.9)와 (4.10)의 복잡한 식을 치환하여 간단히 나타내기 위하여 화력우위모수(fire superiority parameter)

$$\beta = \frac{p\alpha_X}{q\alpha_Y}$$

와 무차원 시간지수(non-dimensional time index)로 치환하여 대입하면

$$\tau = \sqrt{pq\alpha_X\alpha_Y} \cdot t$$

가 되고, 식 (4.9)와 (4.10)은 각각

$$P_X(\tau) = \frac{1}{1+\beta}\left[1 - \exp\left(-\frac{\beta+1}{\sqrt{\beta}}\tau\right)\right] \tag{4.13}$$

$$P_Y(\tau) = \frac{\beta}{1+\beta}\left[1 - \exp\left(-\frac{\beta+1}{\sqrt{\beta}}\tau\right)\right] \tag{4.14}$$

으로 간단히 할 수 있다. 화력우위모수에 따른 식 (4.13)과 (4.14)의 그래프는 아래와 같다. 이 그래프에서 화력우위모수 $\beta = p\alpha_X/q\alpha_Y$의 중요성을 충분히 볼 수 있다.

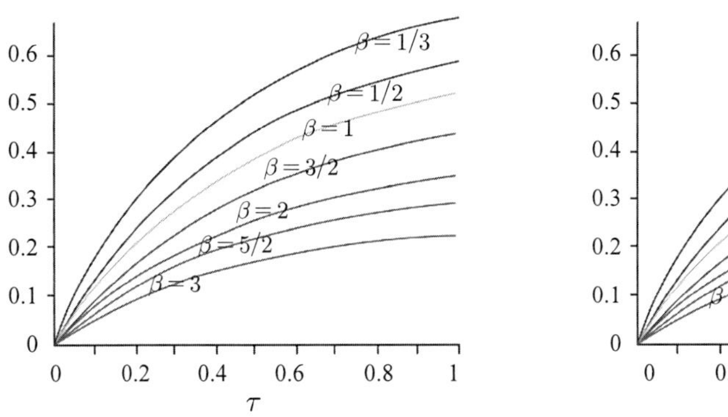

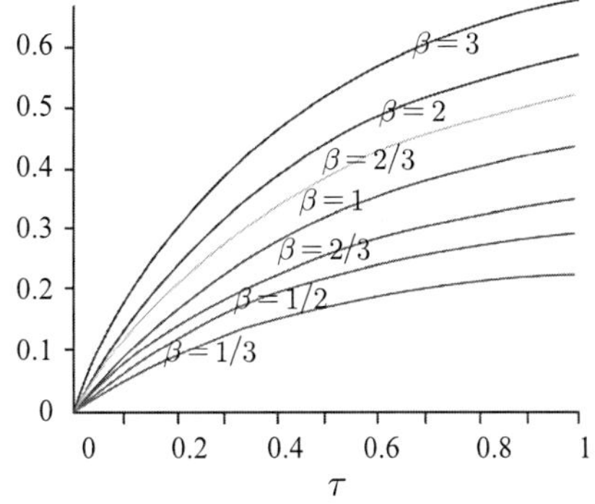

그림 4.3 화력우위모수에 따른 $P_X(\tau)$, $P_Y(\tau)$의 변화량

[예제 4.1]

각 군의 파괴확률 $p = q$이고 $\alpha_X/\alpha_Y = 2$라고 할 때, 전투가 종결되었을 때, 즉, $\tau = \infty$일 때 각 군이 파괴될 확률을 구하여라.

풀이 $p = q$이고 $\alpha_X/\alpha_Y = 2$이기 때문에 화력우위지수 $\beta = \dfrac{p\alpha_X}{q\alpha_Y} = 2$가 된다. 따라서

$$\lim_{\tau \to \infty} P_X(\tau) = \lim \frac{1}{1+\beta}\left[1-\exp\left(-\frac{\beta+1}{\sqrt{\beta}}\tau\right)\right]$$

$$= \frac{1}{1+2} \cong 0.333$$

가 되고, 반면

$$\lim_{\tau \to \infty} P_Y(\tau) = \lim_{\tau \to \infty} \frac{\beta}{1+\beta}\left[1-\exp\left(-\frac{\beta+1}{\sqrt{\beta}}\tau\right)\right]$$

$$= \frac{\beta}{1+\beta} = \frac{2}{1+2} \cong 0.667$$

로 계산된다.

위 예제 4.1에서 임의의 무차원 시간지수 τ에 대하여

$$\frac{P_Y(\tau)}{P_X(\tau)} = \frac{\beta/(1+\beta)}{1/(1+\beta)} = \beta = 2$$

가 되어 Y군의 무기가 파괴될 확률이 Y군의 무기에 의해 X군의 무기가 파괴될 확률보다 2배로 크다는 것을 말해준다. 아래 그림 4.4는 위의 예제에서 화력우위모수 $\beta = 2$에 따른 무차원 시간지수 τ에 대한 $P_X(\tau)$, $P_Y(\tau)$의 변화량에 대한 그래프이다.

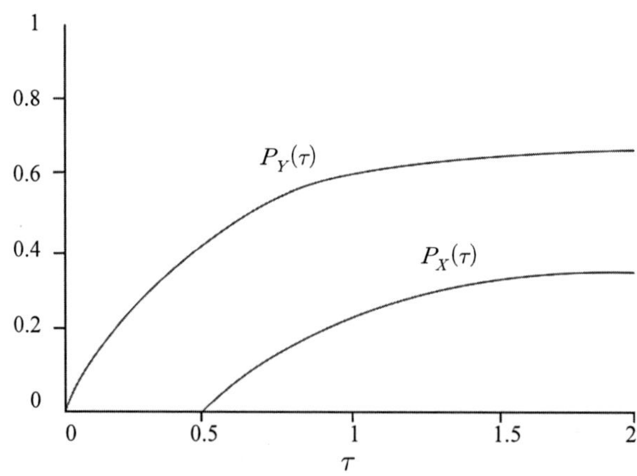

그림 4.4 $\beta = 2$와 Y군의 지연반응 $\tau_0 = 0.5$에 따른 $P_X(\tau)$, $P_Y(\tau)$의 변화량

한편 X군의 기습사격으로 Y군이 일정한 시간 t_0까지 대응사격을 하지 못하는 전투상황에서는 Y군의 사상자는 급증하지만 X군은 t_0시간까지 사상자가 발생하지 않는다. 이

를 수학적으로 모델링하면 초기국면 $0 \le t \le t_0$에 대하여 확률 $P_X(t)$를 구할 수 있고, 이를 계산하면

$$P_X(t) = 0; \quad 0 \le t \le t_0$$

$$P_Y(t) = 1 - e^{-p\alpha_X t}; \quad 0 \le t \le t_0$$

가 된다. 위의 식을 간단히 하기 위하여 무차원 시간지수 $\tau = \sqrt{pq\alpha_X \alpha_Y}\, t$와 화력우위 모수 $\beta = p\alpha_X / q\alpha_Y$를 사용하고, $\tau \le \tau_0$에 대한 Y군의 사격률 α_Y에 대하여 다시 정리하면,

$$P_X(\tau) = 0; \ 0 \le \tau \le \tau_0 \tag{4.16}$$

$$P_Y(\tau) = 1 - e^{-\sqrt{\beta}\,\tau}; \ 0 \le \tau \le \tau_0 \tag{4.17}$$

로 치환된다. 여기서 $\tau_0 = \sqrt{pq\alpha_X \alpha_Y}\, t_0$이다.

정리 4.3

X군과 Y군의 파괴확률을 각각 p, q이고, 사격 비율을 각각 α_X, α_Y라 하자. 연속형 전투모델에서 기준시간 t_0에 대하여 시간 $t > t_0$에서의 X군의 무기가 파괴될 확률 $P_X(t)$는 아래와 같이

$$P_X(t) = \frac{q\alpha_Y}{p\alpha_X + q\alpha_Y}\left[1 - e^{-(p\alpha_X + q\alpha_Y)(t - t_0)}\right] e^{-p\alpha_X t_0} \tag{4.18}$$

이고, Y군의 무기가 파괴될 확률 $P_Y(t)$는 다음과 같다.

$$P_Y(t) = 1 - e^{-p\alpha_X t_0} + \frac{p\alpha_X}{p\alpha_X + q\alpha_Y}\left[1 - e^{-(p\alpha_X + q\alpha_Y)(t - t_0)}\right] e^{-p\alpha_X t_0} \tag{4.19}$$

증명 $t(t \ge t_0)$에서 $S_Y(t)$를 Y군의 무기가 생존할 사건이라 하면, 시간 $t = t_0$에서

$$P(S_Y(t_0)) = 1 - P_Y(t_0) = e^{-p\alpha_X t_0}$$

가 된다. 사건 $T_X(t)$를 시간 $t(t \ge t_0)$에서 X군의 무기가 파괴될 사건이라 하자. 그러면 위의 식을 이용하여 조건부 확률을 각각 계산하면 $t \ge t_0$에 대하여

$$P_X(t) = P(T_X(t-t_0) \mid S_Y(t_0)) \times P(S_Y(t_0))$$

$$= \frac{q\alpha_Y}{p\alpha_X + q\alpha_Y}\left[1 - e^{-(p\alpha_X + q\alpha_Y)(t-t_0)}\right]e^{-p\alpha_X t_0}$$

가 된다.

한편, 시간 $t \geq t_0$에서 Y군의 무기가 파괴될 확률 $P_Y(t)$는 Y군의 파괴될 사건 T_Y에 대하여

$$P_Y(t) = P(T_Y(t_0)) + P(T_Y(t-t_0) \mid S_Y(t_0)) \times P(S_Y(t_0))$$

$$= 1 - e^{-p\alpha_X t_0} + \frac{p\alpha_X}{p\alpha_X + q\alpha_Y}\left[1 - e^{-(p\alpha_X + q\alpha_Y)(t-t_0)})\right]e^{-p\alpha_X t_0}$$

와 같이 구할 수 있다.

위 정리 4.3에서 다시 무차원 시간지수 τ와 화력우위모수 β를 사용하여 다시 정리하면 $\tau \geq \tau_0$에 대하여 각각

$$P_X(\tau) = \frac{1}{1+\beta}\left\{1 - \exp\left[-\frac{\beta+1}{\sqrt{\beta}}(\tau - \tau_0)\right]\right\}\exp(-\sqrt{\beta}\,\tau_0) \tag{4.20}$$

$$P_Y(\tau) = 1 - \exp(-\sqrt{\beta}\,\tau_0) + \frac{\beta}{1+\beta}\left\{1 - \exp\left[-\frac{\beta+1}{\sqrt{\beta}}(\tau - \tau_0)\right]\right\}\exp(-\sqrt{\beta}\,\tau_0) \tag{4.21}$$

로 계산된다. 또한 τ가 무한대로 갈 때 극한값을 계산하면 다음과 같다.

$$P_Y(\tau = \infty) = \lim_{\tau \to \infty} P_Y(\tau)$$

$$= 1 - \exp(-\sqrt{\beta}\,\tau_0)$$

$$+ \frac{\beta}{1+\beta}\lim_{\tau \to \infty}\left[\left\{1 - \exp\left[-\frac{\beta+1}{\sqrt{\beta}}(\tau - \tau_0)\right]\right\}\exp(-\sqrt{\beta}\,\tau_0)\right]$$

$$= 1 - \frac{1}{1+\beta}\exp(-\sqrt{\beta}\,\tau_0).$$

아래 그림 4.5는 무차원 시간지수 τ_0 만큼 화력우위모수 β에 따른 $P_Y(\tau=\infty)$의 지연 반응효과를 나타내는 변화량이다. 예를 들면 만약 X군의 화력우위모수가 작은 $\beta=2/3$이면 P_Y는 $\tau_0=0$에서는 $P_Y=0.4$이고 $\tau_0=0.5$에서는 $P_Y=0.6011$로 증가한다. 이는 어떤 임의의 전술적 근접전투에서 나타나는 중요한 놀람의 원리를 설명해준다.

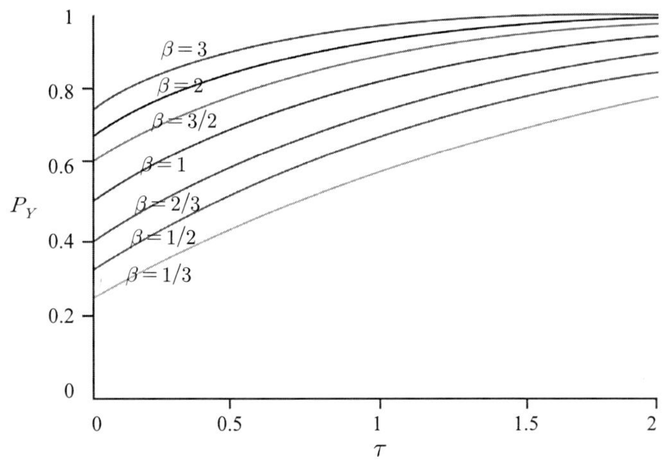

그림 4.5 화력우위모수 β에 따른 $P_Y(\tau=\infty)$의 지연 반응효과

4.3 연속형 직사화기 전투모델(Continuous directed Fire Model)

앞 절까지는 두 개의 무기체계 또는 쌍방의 전투부대를 하나의 단위로 묶어 이들 사이의 순차적 전투모델과 연속형 전투모델을 중심으로 다루었다. 이 절에서는 동종의 전투부대가 각각 일정한 전투력 소모율을 가지고 쌍방이 전술적 근접전투를 수행하는 상황을 모델링하고자 한다. 특히 근접전에서 사용되는 모든 가정은 3장 2절의 정리 3.1(제곱법칙)에 의해 주어진 것과 동일하다. X군과 Y군의 최초전투력은 각각 x_0와 y_0를 보유하고 있다고 가정하고, 전투시간의 경과에 따른 전투력 $x(t)$와 $y(t)$는 확률적으로 결정하게 될 것이다. 따라서 근접전투가 개시된 후 시간 t에서 어떤 특정한 값 (x, y)의 일어날 확률은 최초 전투력 x_0, y_0와 X군의 전투효과 소모율이 $b>0$이고, Y군의 전투 효과 소모율 $a>0$의 함수로서 결정된다. 그러므로 직사화기 결정형 전투모델을 다루는 방정식은

$$\frac{dx}{dt} = -ay$$
$$\frac{dy}{dt} = -bx \tag{4.22}$$

가 된다는 것을 제3장 2절의 정리 3.1에서 이미 잘 알고 있다. 특히 X군의 전투효과 소모율이 $b>0$는 X군의 효력사율에 의해 상대방에게 피해를 입히는 효과지수이며, 마찬가지로 Y군의 전투효과 소모율 $a>0$는 Y군의 효력사율에 의해 상대방에게 피해를 입히는 Y군의 전투효과지수임을 상기하기 바란다.

여기서 x와 y는 둘 다 $x=0,1,2,\cdots,x_0$와 $y=0,1,2,,\cdots,y_0$인 값을 취하는 확률변수가 되고, 사상자들은 시간의 경과에 따라 랜덤하게 발생한다고 가정한다. 이와 더불어 생존 전투 병력의 수도 확률변수가 된다. 전투력 x와 y에 대한 해는 자연수의 순서쌍 (x,y)로 구성되며, 전투상황에 따라 확률로서 표현되며 그 값을 구할 수 있게 된다. 미분방정식형 전투모델과는 다르게 어떤 전투 병력이 시간 $t=t_0$에서 0이 될 때 불연속인 해가 나타나게 되지만, 확률형 전투모델에서는 $t>t_0$에서도 그 해가 존재하고 제한을 두지 않기 때문에 이러한 현상이 나온다. 과연 전투력이 $x \gg y$ 또는 $y \gg x$으로 확연한 차이를 보이는 실제 전투상황에도 확률형 전투모델이 타당한가에 대해서는 여전히 의문점이 발생한다.

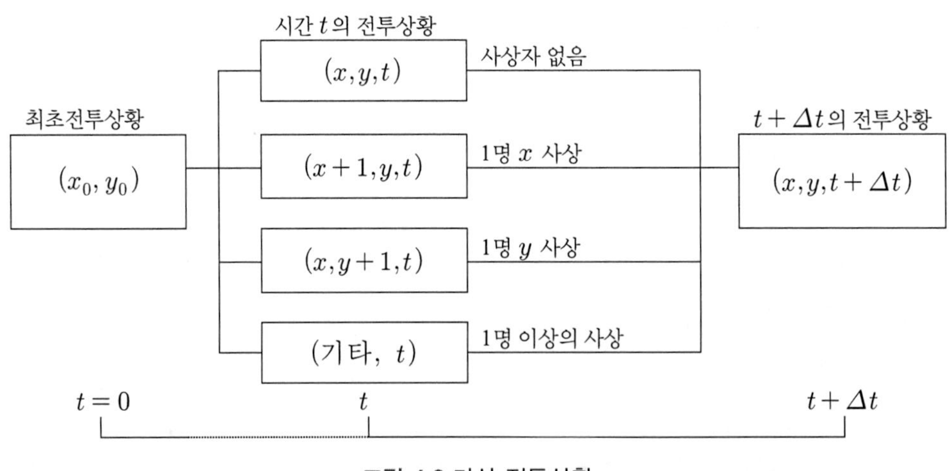

그림 4.6 가상 전투상황

그림 4.6에서 보는 것처럼 시간 $t+\Delta t$에서의 특정한 전투상황은 여러 가지 다양하고 서로 다른 전투상황을 유추해 보면서 진행되는 경과 과정을 살펴볼 수 있다. 또한 앞으로 진행될 시간 $t+\Delta t$에서의 전투상황은 현 시간 t에서의 전투상황에만 의존하고 과거의 결과에 대해서는 독립적으로 무관하다는 사실을 알아야한다. 이러한 확률적상황은 마르코프 확률 과정론으로 설명할 수 있고 콜모고로프(Kolmogrov) 방정식에 의해 표현할 수 있다.

다음은 식 (4.22)에서 주어진 미분방정식에서 평균변화율 $\frac{\Delta x}{\Delta t}=-ay$를 생각해보자. 즉, 이 식을 다시 정리하면 $ay\Delta t=-\Delta x$이 된다. 따라서 이 식을 분석하기 위해 확률형 전투모델에 대한 가정을 설정하자.

가정 : 확률형 기본전투모델에 대한 가정

(1) $ay\Delta t=1$이면 시간 Δt 사이에 X군에 1명의 사상자가 발생한다.
(2) 만약 $ay\Delta t<1$이면 이 곱을 시간 Δt 사이에 X군에서 사상자가 발생할 확률로 가정한다.
(3) 마찬가지로 $bx\Delta t<1$인 경우 이 곱을 Y군에서 1명의 사상자가 발생할 확률로 가정할 수 있다.

위의 확률형 기본 전투모델의 가정에서 주어진 이러한 확률들을 시간 t에서 전투상황 (x,y)를 결정하는 데 사용되고, 이 확률을 $P(x,y,t)$로 나타내자.

시간 t에서 전투상황 (x,y)에서의 확률 $P(x,y,t)$에 대한 초기조건은

$$P(x,y,0)=\begin{cases}1 & x=x_0,\ y=y_0 \\ 0 & \text{기타}\end{cases} \tag{4.23}$$

으로 정의한다.

시간의 경과에 따른 전투 상황변화에 대한 확률을 예측하기 위하여, 최초 X군과 Y군은 각각 x_0와 y_0의 전투력(병력, 또는 무기)을 가지고 전투를 수행하였고, 시간 t에서 각각 (x,y)의 전투력을 유지하고 있다고 하면 시간의 경과에 따라 다음 전투 상황은 X군이 1명 전사하거나 또는 Y군이 1명 전사하는 상황으로 전개될 것이다. 이런 전투 상황의 변화에서 손실이 X군에서 발생할 확률과 Y군에서 발생할 확률을 각각 구하여보자. 아래 그림은 사망자가 발생하는 전투시간 $t+\Delta t$에 대한 상황도이다.

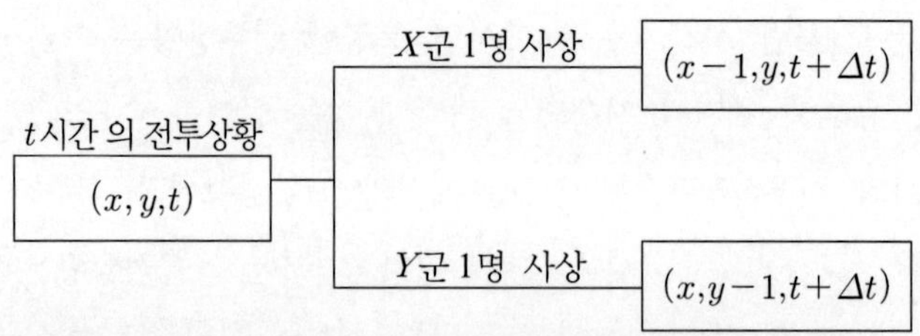

정리 4.4

연속형 직사화기 확률형 전투모델에서 X군의 전투력 효과지수는 $b>0$이고, Y군의 전투력 효과지수는 $a>0$라고 하자. 시간 t에서 각 군의 전투 상황이 (x, y, t)일 때 다음 전투 상황에서 전사자 1명의 발생한다면 각 군에서 발생할 확률은 다음과 같다.

1) X군에서 전사자가 발생할 확률

$$P(X\text{군 1명전사} \mid \text{전사자 1명 일어날사건}) = \frac{ay}{ay+bx}$$

2) Y군에서 전사자가 발생할 확률

$$P(Y\text{군 1명전사} \mid \text{전사자 1명 일어날사건}) = \frac{bx}{ay+bx}$$

증명 위에서 제시된 기본 전투모델의 가정에 의해 시간 t에서 전투 상황이 (x, y, t)이면 X군의 병력이 Δt시간 동안 1명 살상될 확률은 $ay\Delta t$가 되고, 같은 이유로 Y군의 병력이 Δt시간 동안 1명 살상될 확률은 $bx\Delta t$가 된다. 따라서 전투상황 (x, y, t)에서 X군의 1명 사상자가 발생하는 다음 전투 상황$(x-1, y, t+\Delta t)$에 대한 예측 확률은 조건부 확률로 다음과 같이 계산할 수 있다.

$$\begin{aligned} & P(X\text{군 1명전사} \mid \text{전사자 1명 일어날사건}) \\ &= \frac{P(X\text{군 1명 전사})}{P(X\text{군 1명 전사 또는 } Y\text{군 1명 전사})} \\ &= \frac{ay\Delta t}{ay\Delta t + bx\Delta t} \\ &= \frac{ay}{ay+bx} \end{aligned}$$

같은 방법으로 전투상황 (x, y, t)에서 Y군의 1명 사상자가 발생하는 다음 전투 상황 $(x, y-1, t+\Delta t)$에 대한 조건부 확률은

$$P(Y\text{군 1명전사 | 전사자 1명 일어날사건}) = \frac{bx}{ay+bx}$$

와 같다. 두 확률의 합은 1이 되며, 다음 전투 상황에서 반드시 전사자가 발생함을 의미한다.

[예제 4.2]

X군은 최초 $x_0 = 2$대의 전차, Y군은 최초 $y_0 = 3$대의 전차가 전투를 실시하고 있다. X군의 전투 소모율계수는 $b = 0.2$이고 Y군의 전투소모율 계수는 $a = 0.095$라고 가정하자. 시간의 경과에 의한 전투 상황별 예측 확률을 구하여라.

풀이 시간 t에서 전투 상황이 (x,y)라 하면 $t+\Delta t$시간의 다음 전투 상황은 $(x-1,y)$이거나 $(x,y-1)$이 될 것이다. 따라서 위의 식에서 전투상황이 $(x,y)\rightarrow(x-1,y)$으로 될 확률은 $\dfrac{ay}{bx+ay}$ 이고, $(x,y)\rightarrow(x,y-1)$이 될 확률은 $\dfrac{bx}{bx+ay}$가 된다.

이를 대입하여 단계별 전투상황에 따른 예측 확률을 구하면 다음과 같다.

아래 도표에서 계산된 확률 값을 예를 들어 계산해보면 전투상황 (1,3)에서 Y군 사상자가 1명 발생하는 (1,2)의 전투 상황의 확률은

$$\frac{bx}{bx+ay} = \frac{0.2\times 1}{0.2\times 1 + 0.095\times 3} = 0.4124$$

이다. 한편 (2,3) →(2,2)→(2,1)→(2,0)의 전투 상황도에 따른 X군의 승리할 확률은 $0.5839\times 0.6780\times 0.8081 = 0.3199$가 된다.

최종적으로 이러한 전투 상황에서 각 군의 승리할 확률을 구하면

$$X\text{군이 승리할 확률} = 0.0597 + 0.0654 + 0.0515 + 0.3199 = 0.4965$$

가 되며,

$$\begin{aligned} Y\text{ 군이 승리할 확률} &= 0.2445 + 0.0836 + 0.0283 + 0.0916 + 0.0310 + 0.0245 \\ &= 0.5035 \end{aligned}$$

가 된다. 당연히 두 확률의 합은 1이 됨을 알 수가 있다.

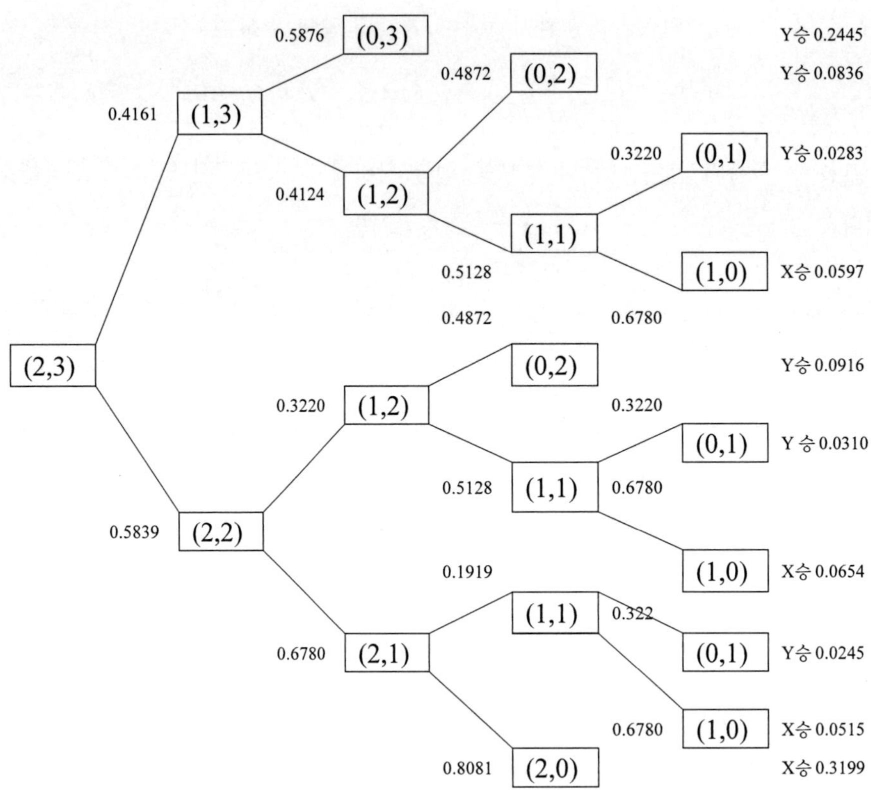

다음은 전투시간의 경과에 따른 확률의 변화를 나타내는 미분방정식을 구하는 방법에 대해 알아보자.

정리 4.5

X군과 Y군의 최초전투력은 각각 x_0와 y_0이며, X군의 전투력 효과지수는 $b>0$이고, Y군의 전투력 효과지수는 $a>0$일 때 연속형 직사화기 확률형 전투모델에 대한 식 (4.22)의 시간 $t+\Delta t$에서의 확률

$$P(x,\ y,\ t+\Delta t) = P(x,y,t)(1-ay\Delta t - bx\Delta t) + P(x+1,y,t)ay\Delta t + P(x,y+1,t)bx\Delta t \tag{4.24}$$

으로 주어지고, 확률형 미분방정식은

$$\frac{dP(x,y,t)}{dt} = -P(x,y,t)(ay+bx) + P(x+1,y,t)ay + P(x,y+1)bx \tag{4.25}$$

가 된다.

증명 조건부확률의 정의로부터

$$\begin{aligned} P(x,y,t+\Delta t) =& P(x,y,t)P(\text{양측 사상자 없음}) \\ &+ P(x+1,y,t)P(\Delta t\text{내 } X\text{군 1명 사상}) \\ &+ P(x,y+1,t)P(\Delta t\text{내 } Y\text{군 1명 사상}) \\ &+ P(x+i,y+j,t)P(\Delta t\text{내 각군 1명이상 사상}) \end{aligned} \tag{4.26}$$

여기서 $i=1,\cdots,x_0$, $j=1,\cdots,y_0$이다. 따라서 위의 가정과 정의로부터

$$P(\text{양측 사상자 없음}) = 1 - ay\Delta t - bx\Delta t$$

$$P(\Delta t\text{내 } X\text{군 1명 사상}) = ay\Delta t$$

$$P(\Delta t\text{내 } Y\text{군 1명 사상}) = bx\Delta t$$

$$P(\Delta t\text{내 각군 1명이상 사상}) = 0$$

와 같이 정리된다. 이 확률값들을 식 (4.26)에 대입하여 계산하면 식 (4.24)

$$\begin{aligned} P(x,\ y,\ t+\Delta t) =& P(x,y,t)(1-ay\Delta t - bx\Delta t) \\ &+ P(x+1,y,t)ay\Delta t + P(x,y+1,t)bx\Delta t \end{aligned}$$

을 얻을 수 있다. 따라서 확률함수에 대한 평균변화율은

$$\begin{aligned} \frac{P(x,\ y,\ t+\Delta t) - P(x,y,t)}{\Delta t} =& -P(x,y,t)(ay+bx) \\ &+ P(x+1,y,t)ay + P(x,y+1,t)bx \end{aligned}$$

따라서 $\Delta t \rightarrow 0$에 따라

$$\begin{aligned} \lim_{\Delta t \rightarrow 0} \frac{P(x,\ y,\ t+\Delta t) - P(x,y,t)}{\Delta t} =& -P(x,y,t)(ay+bx) \\ &+ P(x+1,y,t)ay + P(x,y+1,t)bx \end{aligned}$$

가 되어 증명은 끝난다.

여기서 제3장 2절에서 정의한 식 (3.15)에서 약간 변형하여

$$\varphi_0 = \left(\frac{x_0}{y_0}\right)\sqrt{\frac{b}{a}}$$

와 무차원 시간 종속매개변수 식 (3.16)

$$\tau = \sqrt{ab}\, t$$

으로 정의하여 식 (4.24)를 다시 간단히 정리하여 보자. 여기서 $\Delta\tau = \sqrt{ab}\,\Delta t$이므로

$$ay\Delta t = ay\frac{\Delta\tau}{\sqrt{ab}} = \sqrt{\frac{a}{b}}\, y\Delta\tau = \varphi_0^{-1}\frac{x_0}{y_0}\, y\,\Delta\tau \tag{4.27}$$

가 되고, 또한 같은 방법으로 계산하면

$$b\,x\,\Delta t = b\,x\,\frac{\Delta\tau}{\sqrt{ab}} = \sqrt{\frac{b}{a}}\; x\,\Delta\tau = \varphi_0\frac{y_0}{x_0}x\Delta\tau \tag{4.28}$$

가 된다. 따라서 위의 증명에서처럼 위의 두 식을 대입하여 다시 쓰면

$$\begin{aligned} P(x,\, y,\, \tau+\Delta\tau) = {} & P(x,y,\tau)(1-\varphi_0^{-1}\frac{x_0}{y_0}y\Delta\tau - \varphi_0\frac{y_0}{x_0}x\Delta\tau) \\ & + P(x+1,y,\tau)\varphi_0^{-1}\frac{x_0}{y_0}y\Delta\tau \ + P(x,y+1,\tau)\varphi_0\frac{y_0}{x_0}x\Delta\tau \end{aligned} \tag{4.29}$$

가 되고, 이 식을 다시 $\Delta\tau$에 대한 평균변화율로 고쳐 쓰면

$$\begin{aligned} \frac{P(x,\, y,\, \tau+\Delta\tau) - P(x,y,\tau)}{\Delta\tau} = {} & -P(x,y,\tau)(\varphi_0^{-1}\frac{x_0}{y_0}y + \varphi_0\frac{y_0}{x_0}x) \\ & + P(x+1,y,\tau)\varphi_0^{-1}\frac{x_0}{y_0}y + P(x,y+1,\tau)\varphi_0\frac{y_0}{x_0}x \end{aligned} \tag{4.30}$$

가 되며, 극한 $\Delta\tau \to 0$을 취하면

$$\begin{aligned} \frac{dP(x,y,\tau)}{d\tau} & = \lim_{\Delta\tau\to 0}\frac{P(x,\, y,\, \tau+\Delta\tau) - P(x,y,\tau)}{\Delta\tau} \\ & = -P(x,y,\tau)(\varphi_0^{-1}\frac{x_0}{y_0}y + \varphi_0\frac{y_0}{x_0}x) \\ & \quad + P(x+1,y,\tau)\varphi_0^{-1}\frac{x_0}{y_0}y + P(x,y+1,\tau)\varphi_0\frac{y_0}{x_0}x \end{aligned} \tag{4.31}$$

이 된다. 이 방정식을 직사화기 모델의 확률형 전투상황 (x,y)에 대한 **콜모고로프 미분 방정식**(Kolmogorov differential equation)이라 한다.

지금부터는 식 (4.31)의 해를 전투상황별로 적절한 조건을 부여하여 구하여 보자. 제

한조건을 $ay\Delta t < 1$과 $bx\Delta t < 1$으로 하면 $x = x_0$와 $y = y_0$일 때, 식 (4.28)과 식 (4.29)으로부터

$$ay\Delta t = \varphi_0^{-1}\frac{x_0}{y_0}\,y\,\Delta\tau < 1$$

$$bx\,\Delta\,t = \varphi_0\frac{y_0}{x_0}x\Delta\tau < 1$$

의 관계를 얻을 수 있으므로 각각

$$\Delta\tau < \frac{\varphi_0}{x_0} \text{와 } \Delta\tau < \frac{\varphi_0^{-1}}{y_0} \tag{4.32}$$

인 관계식을 얻을 수 있다.

식 (4.29)는 경계조건 $x = 0$와 $y = 0$가 아닐 때 성립한다. 이 경우는 양측이 모두 전멸하여 더 이상 전투를 수행할 수 없는 상황이다. 따라서 이 경우를 제외한 경계조건에서 해를 구하여 보자.

(i) $x = x_0$와 $y = y_0$인 경우(사상자가 없는 경우)

$P(x_0+1,\, y_0,\, \tau) = P(x_0,\, y_0+1,\, \tau) = 0$ 가 되어 식 (4.29)는

$$P(x_0,\, y_0,\, \tau+\Delta\tau) = P(x_0,y_0,\tau)(1-\varphi_0^{-1}\frac{x_0}{y_0}y_0\Delta\tau - \varphi_0\frac{y_0}{x_0}x_0\Delta\tau) \tag{4.33}$$

가 된다.

(ii) $0 < x < x_0$이고 $y = y_0$인 경우(X군의 사상자 발생, Y군 사상자 없음)

$$\begin{aligned} P(x,\, y_0,\, \tau+\Delta\tau) &= P(x,y_0,\tau)(1-\varphi_0^{-1}x\Delta\tau - \varphi_0\frac{y_0}{x_0}x\Delta\tau) \\ &+ P(x+1,y_0,\tau)\varphi_0^{-1}x_0\Delta\tau \end{aligned} \tag{4.34}$$

으로 계산된다.

(iii) $x = x_0$이고 $0 < y < y_0$인 경우(X군 사상자 없음, Y군 사상자 발생)

$$\begin{aligned} P(x_0,\, y,\, \tau+\Delta\tau) &= P(x_0,y,\tau)(1-\varphi_0^{-1}\frac{x_0}{y_0}y\Delta\tau - \varphi_0 y_0\Delta\tau) \\ &+ P(x_0,y+1,\tau)\varphi_0\, y_0\Delta\tau \end{aligned} \tag{4.35}$$

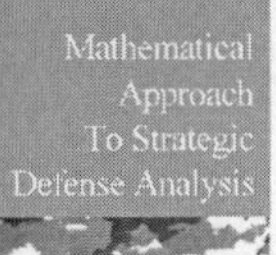

가 된다.

한편 경계조건이 $x=0$과 $y=0$인 경우는 기본형 확률 식 (4.26)을 변형해야 한다.

(iv) $x=0$이고 $0<y\leqq y_0$인 경우(X군 전멸, Y군 사상자 발생)

이 경우 식 (4.29)는 다음과 같이 변형하여 식 (4.32)를 대입하여 계산하면 된다.

$$\begin{aligned} P(0,y,\tau+\Delta\tau) = & \ P(0,y,\tau)P(\text{양측 사상자 없음}) \\ & + P(1,y,\tau)P(\Delta\tau\text{내 } X\text{군 1명 사상}) \\ & + P(0,y+1,\tau)P(\Delta\tau\text{내 } Y\text{군 1명 사상} \end{aligned}$$

따라서 $x=0$인 경우 식 (4.32)로부터 확률 P(양측 사상자 없음)$=1$과 $P(\Delta\tau$내 Y군 1명 사상$)=0$을 쉽게 구할 수 있다. 따라서 이 경우

$$P(0,\ y,\ \tau+\Delta\tau) = P(0,y,\tau)\times 1 + P(1,y,\tau)\varphi_0^{-1}\frac{x_0}{y_0}y\,\Delta\tau \tag{4.36}$$

를 구할 수 있다.

(v) $0<x\leqq x_0$이고 $y=0$인 경우(X군 사상자 발생, Y군 전멸)

(iv)에서처럼 확률 P(양측 사상자 없음)$=1$과 $P(\Delta\tau$내 X군 1명 사상$)=0$임을 알 수 있다. 따라서 같은 방법으로 구하면

$$P(x,\ 0,\ \tau+\Delta\tau) = P(x,0,\tau) + P(x,1,\tau)\varphi_0\frac{y_0}{x_0}x\,\Delta\tau \tag{4.37}$$

이 됨을 알 수 있다.

(vi) 마지막으로 $x=0$와 $y=0$인 경우(양측 모두 전멸)

전투가 더 이상 지속될 수 없는 상황으로 다음과 같다.

$$P(0,0,\tau)=0 \tag{4.38}$$

지금까지 식 (4.29)와 (i)에서 (vi)에 대한 확률방정식의 해의 존재 영역을 전투상황도에 도식하면 아래 그림과 같다.

좀 더 구체적으로 이 방정식들에 대한 해를 수치적으로 구하기 위해서는 φ_0, x_0, y_0와 $\Delta\tau$ 값들이 주어져야 한다. 해는 전 단계에서 구한 새 확률 P값과 $\Delta\tau$로부터 구할 수 있다.

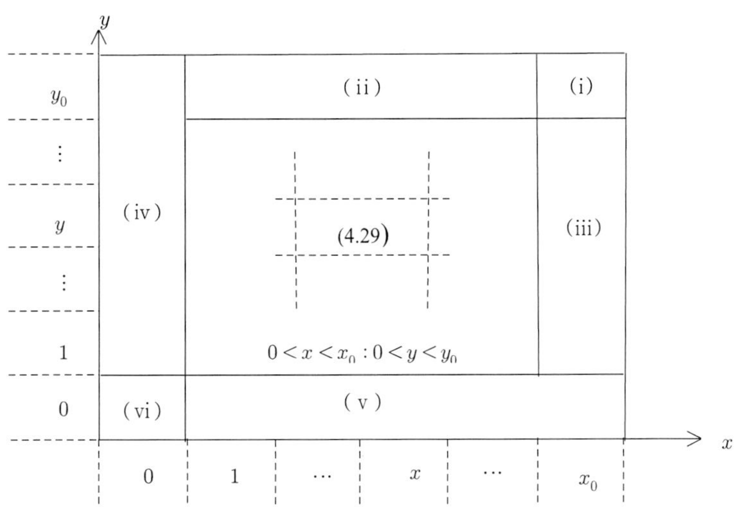

그림 4.7 전투상황도 : 확률방정식의 해의 존재영역

확률 $P(x,y,t)$의 계산으로부터 얻어진 수치적 값에 대한 체크는

$$\sum_{x=0}^{x_0}\sum_{y=0}^{y_0}P(x,y,t)=1$$

을 이용하면 된다. 왜냐하면 확률 $P(x,y,t)$는 모든 상황에 대한 확률분포를 나타내고 당연히 모두 더하면 1이 되기 때문이다. 한편 각 확률변수 x, y에 대한 기댓값은

$$E[x]=\sum_{x=0}^{x_0}\sum_{y=0}^{y_0}xP(x,y,t)$$

이고

$$E[y]=\sum_{x=0}^{x_0}\sum_{y=0}^{y_0}yP(x,y,t)$$

가 된다. 기댓값 $E[x]$와 $E[y]$과 미분방정식형 전투모델의 결과를 서로 비교해보는 것도 무척 흥미로운 일이다.

비록 기댓값 $E[x]$, $x(\tau)$와 $E[y]$, $y(\tau)$는 무차원 시간종속변수 τ가 작은값에 대해서는 매우 훌륭하게 일치하지만 아래 도표 4.2에서 보는 것처럼 큰 τ값에 대해서는 많은 오차가 발생한다. 즉 이는 해의 근본적 성질에서 찾아 볼 수 있다. 기댓값 $E[x]$와 $E[y]$는 시간 $\tau=0$에 $\tau=\tau_0$따라 점근적으로 감소하고 $y(\tau)$는 0으로 줄어든다. 그러므로 미

분방정식형 전투모델과 대응되는 확률적 기댓값과는 같지 않다.

표 4.2 $\varphi_0 = 1.5,\ x_0 = 20,\ y_0 = 20$에 대한 미방형과 확률형 전투모델

τ	$E[x]$	$x(\tau)$	$E[y]$	$y(\tau)$
0	20.00	20.00	20.00	20.00
0.05	19.35	19.36	18.52	18.52
0.25	17.24	17.26	13.03	13.05
0.50	15.56	15.60	6.94	6.92
0.75	14.80	14.93	2.62	1.22
1.00	14.72	14.91	2.04	0

[예제 4.3]

X군은 최초 $x_0 = 2$대의 전차, Y군은 최초 $y_0 = 3$대의 전차가 전투를 실시하고 있다. X군의 전투 소모율계수는 $b = 0.2$이고 Y군의 전투소모율 계수는 $a = 0.095$라고 가정하자. 전투개시 후 임의의 시간 t에서 전투 상황 (x,y)의 확률을 $P(x,y,t)$라고 할 때, 전투가 $(2,3) \rightarrow (2,2) \rightarrow (2,1) \rightarrow (2,0)$으로 전개되는 확률 방정식을 구하여라.

풀이 시간의 경과에 따른 확률 방정식을 구하기 위해 먼저 경계조건들을 생각해보자. 우선, 개전초의 전투 상황 $P(x_0,y_0,0) = P(2,3,0) = 1$임을 알 수 있고, 그리고 전투 개시 전의 전투 병력보다 많은 경우로 $P(x_0+1,y_0,t) = P(x_0,y_o+1,t) = 0$이다. 그러면 각 전투 상황별 확률 방정식을 정리 6.4의 식 (6.25)

$$\frac{dP(x,y,t)}{dt} = -P(x,y,t)(ay+bx)$$

$$+ P(x+1,y,t)ay + P(x,y+1,t)bx$$

을 적용해 해를 구하면 된다.

a) $P(2,3,t)$: 초기경계조건 $P(3,3,t) = P(2,4,t) = 0$임을 고려하여 미분방정식을 구하면,

$$P'(2,3,t) = -P(2,3,t)(0.685) + P(3,3,t) \times 0.285 + P(2,4,t) \times 0.4$$

$$= -0.685P(2,3,t)$$

이 되고, 이 1계 선형미분방정식의 해를 구하면

$$P(2,3,t) = Ce^{-0.685t}$$

가 된다. 초기조건 $P(2,3,0)=1$임을 고려하여 상수 C를 구하면

$$P(2,3,t) = e^{-0.685t}$$

가 됨을 알 수 있다.

b) $P(2,2,t)$: 초기경계조건은 $P(2,2,0)=0$, $P(3,2,t)=0$을 염두에 두고, 미분방정식을 구하면

$$\begin{aligned} P'(2,2,t) &= -0.59P(2,2,t)+0.19P(3,2,t)+0.4P(2,3,t) \\ &= -0.59P(2,2,t)+0.4P(2,3,t) \\ &= -0.59P(2,2,t)+0.4e^{-0.685t} \end{aligned}$$

이 미분 방정식을 풀고 초기조건 $P(2,2,0)=0$을 대입하여 계산하면 다음과 같다.

$$\begin{aligned} P(2,2,t) &= Ce^{-0.59t}+0.4e^{-0.59t}\int e^{0.59t}e^{-0.685t}dt \\ &= Ce^{-0.59t}-4.2105e^{-0.685t} \\ &= 4.2105(e^{-0.59t}-e^{-0.685t}) \end{aligned}$$

c) $P(2,1,t)$:초기경계조건 $P(2,1,0)=0$, $P(3,1,t)=0$을 고려하여 미분방정식을 구하면

$$\begin{aligned} P'(2,1,t) &= -P(2,1,t)\times 0.495+P(3,1,t)\times 0.095+P(2,2,t)\times 0.4 \\ &= -0.495P(2,1,t)+0.4P(2,2,t) \\ &= -0.495P(2,1,t)+0.4\times 4.2105(e^{-0.59t}-e^{-0.685t}) \\ &= -0.495P(2,1,t)+1.6842(e^{-0.59t}-e^{-0.685t}) \end{aligned}$$

이 된다. 여기서 구한 미분방정식에서 초기조건 $P(2,1,0)=0$을 대입하여 해를 구하면,

$$\begin{aligned} P(2,1,t) &= Ce^{-0.495t}+e^{-0.495t}\int 1.6842e^{0.495t}(e^{-0.59t}-e^{-0.685t})dt \\ &= Ce^{-0.495t}-17.7284e^{0.59t}+8.8642e^{0.685t} \end{aligned}$$

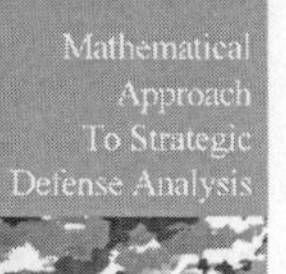

가 되고 $P(2,1,0)=0$를 대입하여 C를 구하면 $C=8.8642$이다. 따라서

$$P(2,1,t)=8.8642e^{-0.495t}-17.7284e^{-0.59t}+8.8642e^{-0.685t}$$

가 된다.

d) $P(2,0,t)$: 마지막으로 X군이 최종 승리하는 전투로 초기경계조건 $P(2,0,0)=0$이다. 동일한 초기조건들을 고려하면 $P(2,0,t)=0$, $P(3,0,t)=0$이다. 따라서 방정식은

$$\begin{aligned} P'(2,0,t) &= 0.4P(2,1,t) \\ &= 0.4(8.8642e^{-0.495t}-17.7284e^{-0.59t}+8.8642e^{-0.685t}) \\ &= 3.5457e^{-0.495t}-7.0914e^{-0.59t}+3.5457e^{-0.685t} \end{aligned}$$

이 된다. 이를 적분하여 계산하고 초기조건 $P(2,0,0)=0$을 대입하여 상수 $C=0.3199$를 구하면

$$\begin{aligned} P(2,0,t) &= -7.163e^{-0.495t}+12.0193e^{-0.59t}-5.1762e^{-0.685t}+C \\ &= -7.163e^{-0.495t}+12.0193e^{-0.59t}-5.1762e^{-0.685t}+0.3199 \end{aligned}$$

여기서 최종 전투단계에서 $t\rightarrow\infty$로 갈 때 X군의 승리할 확률은 0.3199가 되어 위 예제 6.2에서 구한 값과 정확히 일치함을 알 수 있다.

다음은 정리 4.5로부터 직접 유추할 수 있는 것으로 전투상황에 따른 예상 평균 전투시간에 대한 예측이다. 즉 시간 t에서의 전투 상황이 (x,y,t) 일 때 시간 $t+\Delta t$까지 전투력 손실이 일어나지 않을 확률을 구하면 식 (4,24)로부터

$$\begin{aligned} P(x,\,y,\,t+\Delta t) = {} & P(x,y,t)(1-ay\Delta t-bx\Delta t) \\ & + P(x+1,y,t)ay\Delta t+P(x,y+1,t)bx\Delta t \end{aligned}$$

에서 전투력 손실이 발생하지 않았기 때문에 위의 식에서 $P(x+1,y,t)ay\Delta t=0$, 그리고 $P(x,y+1,t)bx\Delta t=0$이 된다. 그러므로 위의 식을 다시 쓰면

$$P(x,\,y,\,t+\Delta t)=P(x,y,t)(1-ay\Delta t-bx\Delta t)$$

가 되고

$$\frac{P(x,y,t+\Delta t)-P(x,y,t)}{\Delta t}=-(ay+bx)P(x,y,t)$$

를 유도할 수 있어, $\Delta t \to 0$ 으로 감에 따라 미분방정식

$$P'(x,y,t)=-(ay+bx)P(x,y,t)$$

을 구할 수 있다. 초기 조건을 대입하여 미분방정식의 해를 구하면

$$P(x,y,t)=e^{-(ay+bx)t}$$

가 된다.

그러면 시간 t의 전투 교전 상황에서 병력 손실이 발생할 확률을 $Q(x,y,t)$라 하면

$$1-P(x,y,t)=1-e^{-(ay+bx)t}=Q(x,y,t)$$

가 된다.

그러면 각 군의 전투 상황 (x,y)이 지속될 예상평균시간 $\bar{t}$를 유도해보자. 즉 전투 상황 (x,y)에서 X군이 1명 전사하여 $(x-1,y)$로 변화되는 시간, 또는 Y군이 1명 전사하여 $(x,y-1)$로 변화되는 시간을 의미한다.

정리 4.6

연속형 직사화기 확률형 전투모델에서 X군의 전투력 효과지수는 $b>0$이고, Y군의 전투력 효과지수는 $a>0$라고 하자. 각 군의 전사자가 발생하지 않고 전투 상황이 (x,y)로 지속될 예상평균시간은

$$E(t)=\bar{t}=\frac{1}{ay+bx}$$

이다.

증명 위의 도입부분에서 시간 t의 전투 교전 상황에서 병력 손실이 발생하지 않을 확률은 $P(x,y,t)$값은 $P(x,y,t)=e^{-(ay+bx)t}$를 구하였다. 따라서 손실이 발생할 확률을 $Q(x,y,t)$라 하면

$$Q(x,y,t)=1-P(x,y,t)=1-e^{-(ay+bx)t}$$

이 된다. 이 분포에 대한 확률밀도함수는 $f(t)=\frac{dQ(x,y,t)}{dt}$이다. 따라서 평균시간 $\bar{t}$를 구하면 지수분포의 평균으로 다음과 같다.

$$\bar{t} = \int_0^\infty t \frac{dQ(x,y,t)}{dt} dt$$

$$= \int_0^\infty (ay+bx)te^{-(ay+bx)t} dt$$

$$= \frac{1}{(ay+bx)}$$

[예제 4.4]

X군은 최초 $x_0 = 2$대의 전차, Y군은 최초 $y_0 = 3$대의 전차가 전투를 실시하고 있다. X군의 전투 소모율계수는 $b = 0.2$이고 Y군의 전투소모율 계수는 $a = 0.095$라고 가정하자. 시간의 경과에 의한 전투 상황별 예상 평균전투시간 $\bar{t}$을 구하여라.

풀이 시간 t에서 전투 상황이 (x,y)라 하면 다음 전투 상황은 $(x-1,y)$이거나 $(x,y-1)$이 될 것이다. 따라서 위의 식으로부터 전투상황이 $(x,y) \rightarrow (x-1,y)$ 또는, $(x,y) \rightarrow (x,y-1)$이 될 예상시간은 $\bar{t} = \dfrac{1}{bx+ay}$가 된다. 이식에 대입하여 단계별 전투상황에 따른 예상 평균시간을 구하면 다음과 같다.

아래 도표에서 계산된 예상 평균 시간 $\bar{t}$를 예를 들어 계산해보면 전투상황 (1,3)에서 Y군 사상자가 1명 발생하는 (1,2)의 전투 상황의 예상 평균시간은

$$\bar{t} = \frac{1}{bx+ay} = \frac{1}{0.2 \times 1 + 0.095 \times 3} = 2.0619$$

이다. 한편 (2,3) →(2,2)→(2,1)→(2,0)의 전투 상황도에 따른 X군의 승리할 때까지 전투가 지속될 예상시간은 도표로부터

$$\bar{t} = 1.4599 + 1.6949 + 2.0202 = 5.175$$

가 된다.

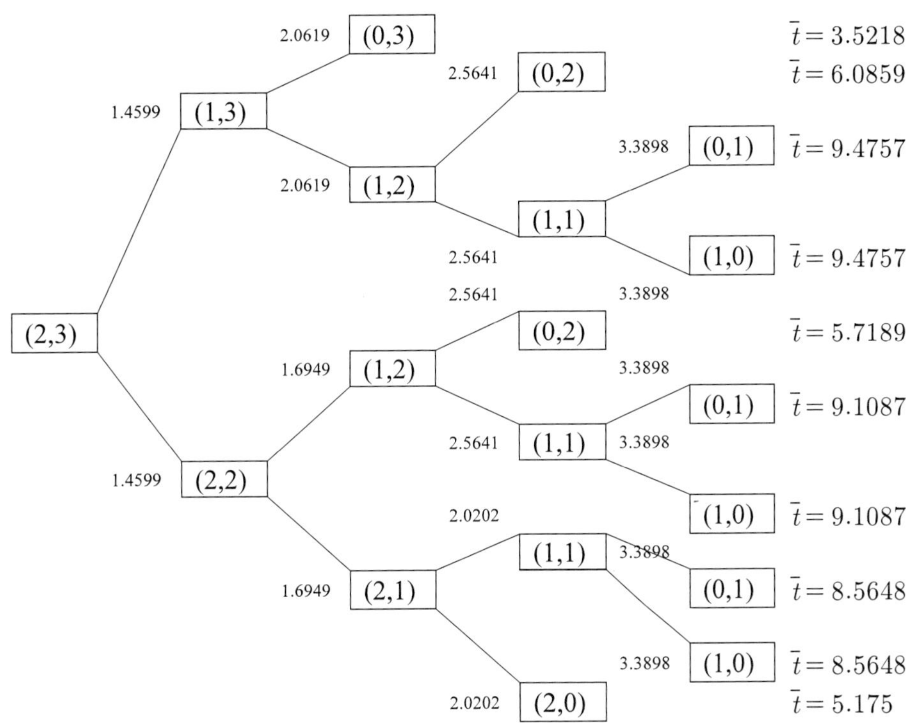

4.4 연속형 지역사격 전투모델(Continuous Area Fire Model)

제3장 3절의 식 (3.29)을 전투력 효과지수를 적용하여 다시 쓰면 주어진 지역사격 전투모델에 대한 미분방정식은 확률적 특성을 고려 (Y군의 사격에 의해 X군의 생존한 지역에 떨어질 비율 x/x_0)

$$\frac{dx}{dt} = -a\frac{x\,y}{x_0}$$

$$\frac{dy}{dt} = -b\frac{x\,y}{y_0} \qquad (4.39)$$

가 된다. 여기서 양의 상수 b, a는 마찬가지로 각각 X군과 Y군의 전투력 효과지수(소모율 상수)이고, 각 군의 최초전투력을 각각 $x_0 = x(0)$, $y_0 = y(0)$라고 하자. 그리고 각

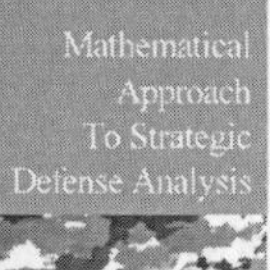

진영에서 작전상 손실과 재투입 전투력은 없다고 가정한다.

식 (4.39)을 해석하기 위해 앞 절에서 정의한 $\varphi_0 = (x_0/y_0)\sqrt{b/a}$와 무차원 시간매개변수 $\tau = \sqrt{ab}\,t$를 이용하여 유한 차분식으로 다시 쓰면

$$\Delta x = -a\frac{xy}{x_0}\Delta t = -\varphi_0^{-1}\frac{xy}{y_0}\Delta\tau \tag{4.40}$$

$$\Delta y = -b\frac{xy}{y_0}\Delta t = -\varphi_0\frac{xy}{x_0}\Delta\tau \tag{4.41}$$

와 같이 정리할 수 있다. 여기서 충분히 작은 Δt 또는 $\Delta\tau$에 대하여 $\Delta x \le 1$과 $\Delta y \le 1$은 X군 또는 Y군에서 1명의 사상자가 발생할 확률로 가정할 수 있다.

앞 절의 직사화기 모델처럼 시간 t에서 전투상황 (x,y)의 확률 $P(x,y,t)$에 대한 초기 조건을

$$P(x,y,0) = \begin{cases} 1 & x = x_0,\ y = y_0 \\ 0 & \text{기타} \end{cases} \tag{4.42}$$

으로 정의한다.

정리 4.7

X군과 Y군의 최초전투력은 각각 x_0와 y_0이며, X군의 전투력 효과지수는 $b > 0$, Y군의 전투력 효과지수 $a > 0$일 때, 연속형 지역사격 전투모델에 대한 식 (4.39)의 시간 $t + \Delta t$에서 확률

$$\begin{aligned} P(x,y,t+\Delta t) = {} & P(x,y,t)\left(1 - a\frac{xy}{x_0}\Delta t - b\frac{xy}{y_0}\Delta t\right) \\ & + P(x+1,y,t)a\frac{xy}{x_0}\Delta t + P(x,y+1,t)b\frac{xy}{y_0}\Delta t \end{aligned} \tag{4.43}$$

으로 주어지고, 확률형 미분방정식은

$$\begin{aligned} \frac{dP(x,y,t)}{dt} = {} & -P(x,y,t)\left(a\frac{xy}{x_0} + b\frac{xy}{y_0}\right) + P(x+1,y,t)a\frac{xy}{x_0} \\ & + P(x,y+1)b\frac{xy}{y_0} \end{aligned} \tag{4.44}$$

가 된다.

증명 직사화기 전투모델에서처럼 조건부확률의 정의를 이용하면

$$\begin{aligned} P(x,y,t+\Delta t) = & \ P(x,y,t)P(\text{양측 사상자 없음}) \\ & + P(x+1,y,t)P(\Delta t\text{내 } X\text{군 1명 사상}) \\ & + P(x,y+1,t)P(\Delta t\text{내 } Y\text{군 1명 사상}) \\ & + P(x+i,y+j,t)P(\Delta t\text{내 각군 1명이상 사상}) \end{aligned} \tag{4.45}$$

마찬가지로 여기서 $i=1,\cdots,x_0,\ j=1,\cdots,y_0$이다. 따라서 위의 가정과 정의로부터

$$\begin{aligned} & P(\text{양측 사상자 없음}) = 1 - a\frac{xy}{x_0}\Delta t - b\frac{xy}{y_0}\Delta t \\ & P(\Delta t\text{내 } X\text{군 1명 사상}) = a\frac{xy}{x_0}\Delta t \\ & P(\Delta t\text{내 } Y\text{군 1명 사상}) = b\frac{xy}{y_0}\Delta t \\ & P(\Delta t\text{내 각군 1명 이상사상}) = 0 \end{aligned}$$

이 된다. 이 식들을 식 (4.45)에 대입하여 다시 정리하면 식 (4.43)인

$$\begin{aligned} P(x,y,t+\Delta t) = & \ P(x,y,t)\left(1 - a\frac{xy}{x_0}\Delta t - b\frac{xy}{y_0}\Delta t\right) \\ & + P(x+1,y,t)a\frac{xy}{x_0}\Delta t + P(x,y+1,t)b\frac{xy}{y_0}\Delta t \end{aligned}$$

를 구할 수 있다. 따라서 확률함수에 대한 평균변화율은

$$\begin{aligned} \frac{P(x,y,t+\Delta t) - P(x,y,t)}{\Delta t} = & -P(x,y,t)\left(\frac{axy}{x_0} + \frac{bxy}{y_0}\right) \\ & + P(x+1,y,t)\frac{axy}{x_0} + P(x,y+1,t)\frac{bxy}{y_0} \end{aligned}$$

이다. 따라서 $\Delta t \to 0$에 따라 구하는 확률형 미분방정식

$$\begin{aligned} \frac{dP(x,y,t)}{dt} & = \lim_{\Delta t \to 0} \frac{P(x,y,t+\Delta t) - P(x,y,t)}{\Delta t} \\ & = -P(x,y,t)\left(\frac{axy}{x_0} + \frac{bxy}{y_0}\right) \\ & \quad + P(x+1,y,t)\frac{axy}{x_0} + P(x,y+1,t)\frac{bxy}{y_0} \end{aligned}$$

가 되어 증명은 끝난다.

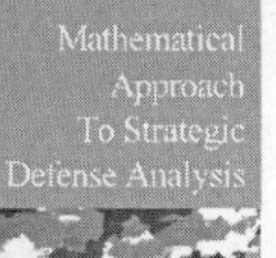

무차원 매개변수 $\varphi_0 = (x_0/y_0)\sqrt{b/a}$ 와 $\tau = \sqrt{ab}\,t$ 를 이용한 식 (4.40)과 (4.41)을 사용하여 식 (4.44)를 다시 쓰면 직사화기 모델처럼

$$\begin{aligned} P(x,\, y,\, \tau+\Delta\tau) &= P(x,y,\tau)(1-\varphi_0^{-1}\frac{xy}{y_0}\Delta\tau - \varphi_0\frac{xy}{x_0}\Delta\tau) \\ &+ P(x+1,y,\tau)\varphi_0^{-1}\frac{xy}{y_0}\Delta\tau + P(x,y+1,\tau)\varphi_0\frac{xy}{x_0}\Delta\tau \end{aligned} \tag{4.46}$$

가 되고, 이 식을 다시 $\Delta\tau$에 대한 평균변화율로 고쳐 쓰면

$$\begin{aligned} \frac{P(x,\, y,\, \tau+\Delta\tau)-P(x,y,\tau)}{\Delta\tau} &= -P(x,y,\tau)(\varphi_0^{-1}\frac{x}{y_0}y + \varphi_0\frac{y}{x_0}x) \\ &+ P(x+1,y,\tau)\varphi_0^{-1}\frac{xy}{y_0} + P(x,y+1,\tau)\varphi_0\frac{xy}{x_0} \end{aligned} \tag{4.47}$$

가 되며, 극한 $\Delta\tau \to 0$을 취하면

$$\begin{aligned} \frac{dP(x,y,\tau)}{d\tau} &= \lim_{\Delta\tau\to 0}\frac{P(x,\, y,\, \tau+\Delta\tau)-P(x,y,\tau)}{\Delta\tau} \\ &= -P(x,y,\tau)(\frac{\varphi_0^{-1}}{y_0}+\frac{\varphi_0}{x_0})xy \\ &+ P(x+1,y,\tau)\varphi_0^{-1}\frac{xy}{y_0} + P(x,y+1,\tau)\varphi_0\frac{xy}{x_0} \end{aligned} \tag{4.48}$$

가 된다.

식 (4.48)을 확률형 지역사격 전투모델의 전투상황 (x,y)에 대한 콜모고로프 미분방정식(Kolmogorov differential equation)이라 한다.

여기서도 직사화기 모델에서처럼 전투상황별로 적절한 경계조건을 부여하여 식 (4.46)의 해 를 구하여 보자. $x=0$와 $y=0$인 경계조건은 양측이 모두 전멸하여 더 이상 전투를 수행할 수 없는 상황이다. 따라서 이 경우를 제외한 경계조건에서 해를 구하여 보자.

(i) $x=x_0$와 $y=y_0$인 경우(사상자가 없는 경우)

$$P(x_0+1,\, y_0,\, \tau) = P(x_0,\, y_0+1,\, \tau) = 0$$

가 되어 식 (4.46)는

$$P(x_0,\ y_0,\ \tau+\Delta\tau)=P(x_0,y_0,\tau)(1-\varphi_0^{-1}x_0\Delta\tau-\varphi_0 y_0\Delta\tau) \tag{4.49}$$

가 된다.

(ii) $0<x<x_0$이고 $y=y_0$인 경우(X군의 사상자 발생, Y군 사상자 없음)

$$\begin{aligned}P(x,\ y_0,\ \tau+\Delta\tau)&=P(x,y_0,\tau)(1-\varphi_0^{-1}x\Delta\tau-\varphi_0\frac{x\,y_0}{x_0}\Delta\tau)\\&\quad+P(x+1,y_0,\tau)\varphi_0^{-1}x\Delta\tau\end{aligned} \tag{4.50}$$

으로 계산된다.

(iii) $x=x_0$이고 $0<y<y_0$인 경우(X군 사상자 없음, Y군 사상자 발생)

$$\begin{aligned}P(x_0,\ y,\ \tau+\Delta\tau)&=P(x_0,y,\tau)(1-\varphi_0^{-1}\frac{x_0}{y_0}y\Delta\tau-\varphi_0\,y\Delta\tau)\\&\quad+P(x_0,y+1,\tau)\varphi_0\,y\Delta\tau\end{aligned} \tag{4.51}$$

가 된다.

한편 경계조건이 $x=0$과 $y=0$인 경우는 기본형 조건부확률에 대한 식 (4.45)을 변형해야 한다.

(iv) $x=0$이고 $0<y\leq y_0$인 경우(X군 전멸, Y군 사상자 발생)

이 경우 식 (4.45)는 다음과 같이 변형하여 식 (4.40)과 (4.41)의 가정한 확률값을 대입하여 계산하면 된다.

$$\begin{aligned}P(0,y,\tau+\Delta\tau)&=P(0,y,\tau)P(\text{양측 사상자 없음})\\&\quad+P(1,y,\tau)P(\Delta\tau\text{내 }X\text{군 1명 사상})\\&\quad+P(0,y+1,\tau)P(\Delta\tau\text{내 }Y\text{군 1명 사상}\end{aligned}$$

따라서 $x=0$인 경우 식 (4.40)로부터 확률 $P(\text{양측 사상자 없음})=1$과 $P(\Delta\tau\text{내 }Y\text{군 1명 사상})=0$을 쉽게 구할 수 있다. 따라서 이 경우

$$P(0,\ y,\ \tau+\Delta\tau)=P(0,y_0,\tau)\times 1+P(1,y,\tau)\varphi_0^{-1}\frac{y}{y_0}\Delta\tau \tag{4.52}$$

를 구할 수 있다.

(v) $0 < x \leqq x_0$이고 $y = 0$인 경우(X군 사상자 발생, Y군 전멸)

(iv)에서처럼 확률 P(양측 사상자 없음)$=1$과 P($\Delta\tau$내 X군 1명 사상)$=0$임을 알 수 있다. 따라서 같은 방법으로 구하면

$$P(x,\, 0,\, \tau + \Delta\tau) = P(x,0,\tau) + P(x,1,\tau)\varphi_0 \frac{x}{x_0} \Delta\tau \tag{4.53}$$

이 됨을 알 수 있다.

(vi) 마지막으로 $x = 0$와 $y = 0$인 경우(양측 모두 전멸)

전투가 더 이상 지속될 수 없는 상황으로 다음과 같다.

$$P(0,0,\tau) = 0 \tag{4.54}$$

지금까지 식 (4.46)과 (i)에서 (vi)에 대한 확률방정식의 해의 존재 영역을 전투상황도에 도식하면 다음과 같다.

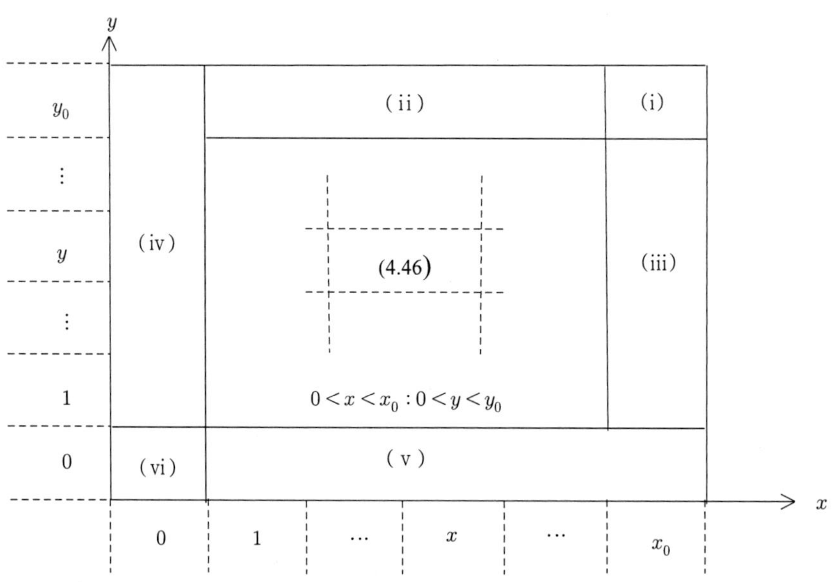

그림 4.12 지역사격전투상황도 : 확률방정식의 해의 존재영역

좀 더 구체적으로 이 방정식에 대한 해를 수치적으로 구하기 위해서는 φ_0, x_0, y_0와 $\Delta\tau$ 값들이 주어져야 한다. 해는 전 단계로부터 새로운 확률 P값과 $\Delta\tau$로부터 구할 수 있다.

여기서도 기댓값 $E[x]$와 $E[y]$과 미분방정식형 지역사격 전투모델의 결과를 서로 비교해 보자. 아래 도표 4.3에서 보는 것처럼 $\varphi_0 = 1.5$, $x_0 = 20$, $y_0 = 20$일 경우 $E[x]$, $x(\tau)$와 $E[y]$, $y(\tau)$를 비교한 것으로 직사화기 모델과는 다르게 기댓값 $E[x]$, $x(\tau)$와 $E[y]$, $y(\tau)$는 매우 훌륭하게 일치하는 것을 알 수 있다. 즉 이는 해의 근본적 성질에서 찾아볼 수 있다. 기댓값 $E[y]$와 $E[y]$는 시간 $\tau = 0$에 적절히 커짐에 따라 0으로 수렴한다. 그러므로 미분방정식형 전투모델과 대응되는 확률변수에 기댓값과는 상당히 일치한다.

표 4.3 $\varphi_0 = 1.5$, $x_0 = 20$, $y_0 = 20$에 대한 미방형과 확률형 전투모델

τ	$E[x]$	$x(\tau)$	$E[y]$	$y(\tau)$
0	20.00	20.00	20.00	20.00
0.05	19.36	19.37	18.56	18.58
0.25	17.37	17.38	14.08	14.12
0.50	15.70	15.72	10.33	10.36
0.75	14.58	14.58	7.81	7.80
1.00	13.79	13.77	6.02	5.98

연습문제

1. 식 (4.1)과 (4.3)에서 주어진 식을 이용하여 $P_X(n)+P_Y(n)=1$이고, 마찬가지로 식 (4.5)와 (4.7)을 이용하여 $Q_X(n)+Q_Y(n)=1$임을 증명하여라.

2. 순차적 전투모델에서 X, Y군의 보유하고 있는 전차의 파괴확률이 각각 $p=q=0.4$라고 한다. 만약 X군이 먼저 사격을 한다고 할 때 다음 물음에 답하여라.

(1) $P_X(10)$과 $P_Y(10)$을 각각 구하여라.

(2) $P_X(n)$, $Q_X(n)$을 구하여라.

(3) $P_X(n)+P_Y(n)=1$과 $Q_X(n)+Q_Y(n)=1$임을 확인하여라.

3. 기갑부대 X군과 Y군이 전차전을 수행하고 있다고 하자. X군의 전투력 효과지수(소모율 상수)가 $a=0.012$이고 Y군의 전투력효과지수 $b=0.01$이며 최초 전차 수는 $x_0=75$, $y_0=100$이라할 때 연속형 직사화기 확률형 모델을 적용하여 물음에 답하여라.

(1) 100번 시뮬레이션한 결과 전투가 종결될 때까지 각 군의 평균 최종 전투력은 얼마이고 어느 쪽이 승리하는가?

(2) 100번 시뮬레이션하여 최초 전투력 대비 전투력 보유율이 50%에 도달할 때 전투가 중단된다고 할 때 각 군의 평균 최종 전투력은 얼마이고 어느 군이 승리하게 되는가?

4. X군은 최초 $x_0=3$대의 전차, Y군은 최초 $y_0=2$대의 전차가 전투를 실시하고 있다. X군의 전투 소모율계수는 $b=0.1$이고 Y군의 전투소모율 계수는 $a=0.2$라고 가정하자. 전투개시 후 임의의 시간 t에서 전투 상황 (x,y)의 확률을 $P(x,y,t)$라고 할 때, 다음 물음에 답하여라.

(1) 시간의 경과에 의한 전투 상황별 예측 확률을 구하여라.

(2) 전투가 $(3,2)\rightarrow(2,2)\rightarrow(1,2)\rightarrow(0,2)$으로 전개되는 확률 방정식을 구하여라.

(3) 시간의 경과에 의한 전투 상황별 예상 평균전투시간 $\bar{t}$을 구하여라.

제병과 협동 대부대 전투모델

제 3장에서 동종의 부대 또는 같은 종류의 무기체계가 편제되어있는 란체스터 확정형 전투 모델링에 대해서 살펴보았다. 이 장에서는 대부대 전투모델로서 서로 다른 부대와 연합하여 제병과 협동 작전을 계획하고 실행하는 전술 부대에 대한 수학적 전투 모델링과 시간에 따른 전투력의 변화를 결정하는 수치적 방법을 유도해 보고자 한다. 제 3장에서 소개된 것처럼 상대(적)의 전술 부대에 대항하여 아군의 무기특성과 화력배치 등에 의해 영향을 받는 소모율 계수는 전투 모델링의 기본 개념을 연구하는데 근간이 된다. 제 3장에서 다루었던 직사화기 모델, 지역사격 모델, 게릴라전 모델을 보다 확장하여 제병과 협동작전 형태의 모델을 도입하여 해석하고 결과들을 분석해 보자. 상수 계수의 소모율과 관련하여 해석적인 해를 근사적으로 유도할 수는 있으나, 이 해석적인 해는 또 다른 측면에서 상대 전투력의 효율성 척도를 나타내는 우위모수(superiority parameter)의 개념을 유도해 낸다. 이 모수는 상대 전투력의 양적, 질적인 세기로 둘 다의 함수라고 볼 수 있다. 이 모수는 또한 접적전투를 수행하고 있는 우위성 판정에 대한 기준을 제시해 준다. 전투력을 구성하는 요소가 다양하고, 그에 따른 소모율 계수가 각각 다르기 때문에 모델링되는 방정식은 행렬형태의 미분방정식이 될 것이다. 제병과 협동 전투력에 대한 이 개념의 적용은 1 : 2인 근접전투에서 설명하겠다. 5장의 주요한 수학적 개념은 연립 미분방정식계에 대한 행렬 표현에 의한 해석 및 이해가 요구된다. 두 번째 지역사격 교전 모델과 마지막 게릴라전 모델에서는 비선형 미분방정식으로 모델링된다. 이 방정식을 행렬형태로 나타내어 해를 구하기 위해 대각행렬로 변형시켜 구한 모델링에 대한 수치해를 근사적으로 구한다.

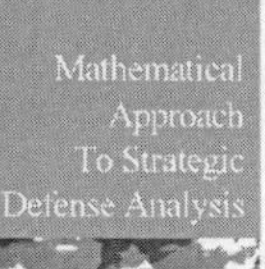

5.1 직사화기 모델 “대부대 대 대부대”의 교전

제병과 협동 전투력(대부대 대 대부대 교전)에 대한 전투 모델링에 의해 구현된 란체스터 방정식의 수치적 해는 특정한 전투력의 배치와 효력사율로부터 구할 수 있다. 제 3장 2절에서처럼 X군의 전투력을 벡터 $\mathbf{x}$, Y군의 전투력을 벡터 $\mathbf{y}$로 나타내자. 그러면 직사화기 모델에 대한 미분방정식은

$$\frac{d\mathbf{x}}{dt} = -B\mathbf{y} \tag{5.1}$$

$$\frac{d\mathbf{y}}{dt} = -A\mathbf{x}$$

으로 모델링할 수 있다. 여기서 $\mathbf{x}$와 $\mathbf{y}$는 열벡터 행렬로

$$\mathbf{x} = \begin{pmatrix} x_1 \\ x_2 \\ \vdots \\ x_m \end{pmatrix}, \quad \mathbf{y} = \begin{pmatrix} y_1 \\ y_2 \\ \vdots \\ y_n \end{pmatrix} \tag{5.2}$$

이고, 각 구성원 $x_1, \cdots x_m$과 $y_1, \cdots y_n$은 분리된 동종의 전투단위의 양을 나타낸다. 또한 아래첨자 지수는 각각 X군과 Y군의 단위 병과별 전투력의 수로 말할 수 있다. 이와 같은 교전에 대한 수학적 모델은 그림 5.1에서 볼 수 있듯이 각각 상태 변수 x_i와 y_j, 행렬 A와 B를 구성하는 적절한 소모율 계수 a_{ij}와 b_{ij}를 서로 바꿔줌으로써 나타낼 수 있다. 이미 란체스터 확정형 전투 모델링에서 잘 알고 있는 것처럼 소모율 계수는 효력사율과 화력배치 정도를 설명해 준다. 행렬 A와 B는 음이 아니고 또한 x_i, $y_j > 0$이라 가정한다. 만약 이 가정에서 $x_i = 0$ 또는 $y_j = 0$이면 전투력을 이루는 한 개의 병과 또는 부대 중 해당되는 전투력은 상실한 것으로 설명할 수 있다. 보다 정확히 수학적 모델링에 의한 식 (5.1)은

$$\begin{pmatrix} \frac{dx_1}{dt} \\ \vdots \\ \frac{dx_m}{dt} \end{pmatrix} = -\begin{pmatrix} b_{11} & b_{12} & \cdots & b_{1n} \\ b_{21} & b_{22} & \cdots & b_{2n} \\ \vdots & \vdots & \vdots & \vdots \\ b_{m1} & b_{m2} & \cdots & b_{mn} \end{pmatrix} \begin{pmatrix} y_1 \\ y_2 \\ \vdots \\ y_n \end{pmatrix} \tag{5.3}$$

$$\begin{pmatrix} \frac{dy_1}{dt} \\ \vdots \\ \frac{dy_n}{dt} \end{pmatrix} = -\begin{pmatrix} a_{11} & a_{12} & \cdots & a_{1m} \\ a_{21} & a_{22} & \cdots & a_{2m} \\ \vdots & \vdots & \vdots & \vdots \\ a_{n1} & a_{n2} & \cdots & a_{nm} \end{pmatrix} \begin{pmatrix} x_1 \\ x_2 \\ \vdots \\ x_m \end{pmatrix} \tag{5.4}$$

으로 표현된다. 특히 식 (5.3)에서처럼 행렬 B의 j번째 열을 고려하며 표현하면

$$\begin{aligned} \frac{dx_1}{dt} &= \cdots - b_{1j}\,y_j - \cdots \\ \frac{dx_2}{dt} &= \cdots - b_{2j}\,y_j - \cdots \\ &\vdots \\ \frac{dx_i}{dt} &= \cdots - b_{ij}\,y_j - \cdots \\ &\vdots \\ \frac{dx_m}{dt} &= \cdots - b_{mj}\,y_j - \cdots \end{aligned}$$

이 되고, 이를 해석해 보면 Y군의 y_j 전투 단위는 동시에 상대 전투 단위인 $x_1, \cdots x_m$와 동시에 교전하고 있음을 나타낸다. 그러므로 계수 b_{ij}는 전투력 배치 및 화력배치 요소 즉, y_j의 전투력 배치는 X군의 모든 전투 단위인 $x_1, \cdots x_m$를 고려해야한다. 그러므로 계수 b_{ij}는 다음과 같이 계산할 수 있다.

$$b_{ij} = u_{ij}\,\beta_{ij} \tag{5.5}$$

여기서 u_{ij}는 y_j 전투단위가 상대 전투단위인 x_i와 교전 시 무기체계 고유의 살상률이고 β_{ij}는 상대 전투단위인 x_i와 교전하기 위하여 y_j의 전투단위 일부를 부여하는 화력배치 인자로서 $0 \le \beta_{ij} \le 1$가 된다. 한편 이들 전투단위 배치 비율은 전부 더하면

$$\sum_{i=1}^{m} \beta_{ij} = 1 \tag{5.6}$$

를 반드시 만족한다. 위의 식으로부터 마찬가지로 계수 $a_{ij} = v_{ij}\alpha_{ij}$를 유추할 수 있다. v_{ij}는 x_j 전투단위가 상대 전투단위인 y_i와 교전 시 무기체계의 고유의 살상률이고 α_{ij}는 상대 전투단위인 y_i와 교전하기 위하여 x_j의 전투단위 일부를 부여하는 화력배치 인자로서 $0 \le \alpha_{ij} \le 1$가 된다. 식 (5.6)과 같이 $\sum_{i=1}^{n} \alpha_{ij} = 1$을 만족한다.

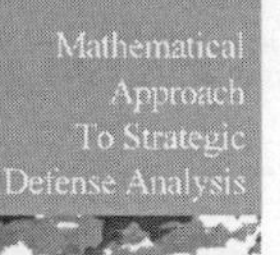

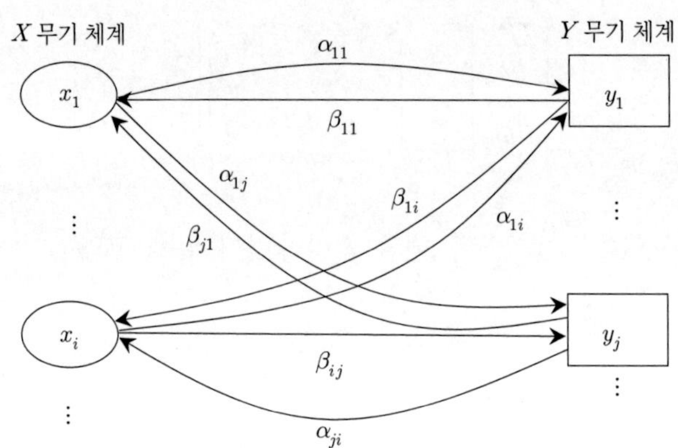

그림 5.1 제병과 협동 전투 교전 모델

식 (5.1)에서 모델링한 미분방정식을 하나의 행렬 방정식

$$\frac{d\mathrm{X}}{dt} = \mathrm{X}' = C\mathrm{X} \tag{5.7}$$

로 단순화할 수 있는데, 여기서 $\mathrm{X} = \begin{pmatrix} \mathbf{x} \\ \mathbf{y} \end{pmatrix}$, $C = \begin{pmatrix} O & -B \\ -A & O \end{pmatrix}$ 이다. 식 (5.7)의 수치적으로 적분값을 구하는 방법은 다양하지만 가장 간단한 공식을 유도하기 위하여

$$\frac{1}{\Delta t}(\mathrm{X}_{\mathrm{n}+1} - \mathrm{X}_{\mathrm{n}}) = C\mathrm{X}_{\mathrm{n}} \tag{5.8}$$

이고, 이 식으로부터

$$\mathrm{X}_{\mathrm{n}+1} = (I + \Delta t C)\mathrm{X}_{\mathrm{n}} \tag{5.9}$$

을 유추할 수 있다. 여기서 X_{n}, $\mathrm{X}_{\mathrm{n}+1}$는 각각 시간 t_n과 t_{n+1}에서 상태벡터 X의 값들이고, $\Delta t = t_{n+1} - t_n$으로 수치 적분에 사용되는 시간차이다. 만약 Δt 시간에 일부 전투력이 증강되거나 철수한다면 식 (5.9)는 전투력의 증강 또는 철수에 따른 행렬 D_n에 대하여

$$\mathrm{X}_{\mathrm{n}+1} = (I + \Delta t C)\mathrm{X}_{\mathrm{n}} + D_n \tag{5.10}$$

으로 다시 모델링할 수 있다. 대부분의 전투 교전에 관한 복잡한 컴퓨터 모델링은 식 (5.10)처럼 단순한 표현에 기반을 두고 있다.

만약 행렬 C의 i번째 행이 전부 0이면, 해당되는 전투력 $X_i'=0$이고, 그림 5.2에서 보는 것처럼 X군의 두 전투부대와 Y군 1개의 전투부대가 단순 교전하는 상황에서 X_i 전투력은 상대방과 교전을 하지 않는 것으로 해석할 수 있다. 이러한 경우 행렬 C의 i행은 없애야하고, 상수 X_i의 전투력이 곱해지는 i열은 행렬 D_n으로 전환되어야한다.

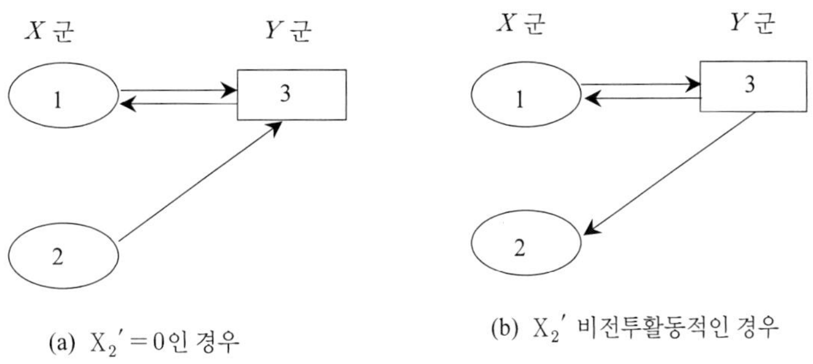

(a) $X_2'=0$인 경우 (b) X_2' 비전투활동적인 경우

그림 5.2 2대1 교전 사례

그러므로 이 경우에 가장 기본이 되는 전투 모델링 방정식은 식 (5.10)이 되고, 행렬 C의 크기는 $(m+n)\times(m+n)$인 정방행렬에서 1행 1열이 줄어든 $(m+n-1)\times$ $(m+n-1)$행렬이 된다. 이와 같은 원리에 의해 $(m+n)\times 1$ 행렬 D_n은 $(m+n-1)\times 1$ 행렬로 줄어든다. 한편 그림 5.2의 b)에서 보는 것처럼 j번째 열이 모두 0인 경우 전투력 X_i는 비전투활동적인 상황으로 해석된다. 이 경우 식 (5.9)가 다른 특별한 변동 없이 적용된다.

5.2 우위 모수(superiority parameters)

제병과 협동 전투교전모델을 제어하는 방정식은 식 (5.7)에서 주어진

$$\frac{dX}{dt}=CX \tag{5.11}$$

이다. 이 미분방정식에 대한 해의 방향성을 보여줄 수 있는 특성모수를 유도해 내기 위하여 즉, X군이 최초 교전에서 승리를 기대할 수 있는지 행렬 C의 고유벡터 v와 고유

치 λ가 도입된다. 이 행렬 C의 왼쪽 고유벡터 $\mathbf{v}$와 고유치 λ는 행렬 C의 전치행렬 C^T (행과 열을 바꾼 행렬)

$$C^T\mathbf{v} = \lambda\mathbf{v} \tag{5.12}$$

에 의해 결정된다. 고유벡터 $\mathbf{v}$는 X군과 Y군에 해당하는 행벡터로 분할할 수 있다. 즉, 각 군의 행벡터 $\mathbf{u}_1$, $\mathbf{u}_2$와 상수 c_1, c_2에 대하여

$$\mathbf{v} = (c_1\mathbf{u}_1,\ c_2\mathbf{u}_2)^{\mathrm{T}} \tag{5.13}$$

로 다시 쓸 수 있다.

여기서 식 (5.11)은 쌍을 이룬 방정식들의 집합이라는 것을 알아야 한다. 쌍을 이루지 않는 집합들은 서로 관련되지 않는 전술적 교전을 나타내는 방정식들로 이런 이질적인 집합들 자체의 완전한 독립성 때문에 이런 분석에서 제외한다.

[예제 5.1]

아래 그림 5.3에서 쌍을 이룬 교전과 쌍을 이루지 않는 교전을 화살표로 사격방향을 지시하면서 보여주는 예들이다.

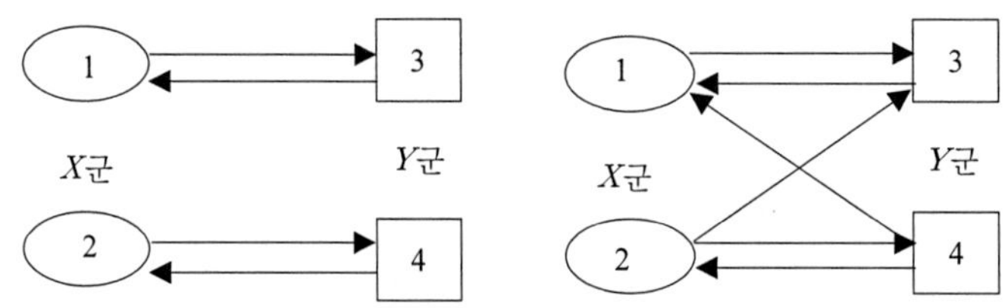

그림 5.3 전술적 교전 쌍을 이룬 경우와 쌍을 이루지 않는 경우의 예

이에 대응되는 소모율 계수를 각각 구하여라.

풀이 우선 먼저 쌍을 이루지 않는 전술적 교전에서 행렬 C의 0이 아닌 계수 $-x$에 대하여 식 (5.7)에서 주어진 $C = \begin{pmatrix} O & -B \\ -A & O \end{pmatrix}$의 형태로부터

$$C=\begin{pmatrix} 0 & 0 & -x & 0 \\ 0 & 0 & 0 & -x \\ -x & 0 & 0 & 0 \\ 0 & -x & 0 & 0 \end{pmatrix}$$

와 쌍을 이룬 전술적 교전에서 행렬 C는 아래와 같이 구해진다.

$$C=\begin{pmatrix} 0 & 0 & -x & -x \\ 0 & 0 & 0 & -x \\ -x & -x & 0 & 0 \\ 0 & -x & 0 & 0 \end{pmatrix}$$

행렬 C가 방정식들이 쌍을 이루는 집합을 나타내는지 아닌지 검증하는 것은 단지 행렬 C의 행과 열들을 재배열하여 둘 또는 그 이상의 영이 아닌 부분 대각행렬과 나머지 행렬들이 모두 영인 부분행렬로 줄일 수 있는지 보여준다. 이런 경우가 아니면 행렬 C는 모두 쌍을 이루는 교전 모델에 대한 방정식들의 집합임을 보여준다.

식 (5.12)에서 주어진 식 $C^T\mathbf{v}=\lambda\mathbf{v}$와 $C=\begin{pmatrix} O & -B \\ -A & O \end{pmatrix}$ 그리고 식 (5.13)의 $\mathbf{v}=(c_1\mathbf{u}_1, c_2\mathbf{u}_2)^T$을 대입하여 다시 정리하면

$$\begin{aligned} C^T\mathbf{v} &= \begin{pmatrix} O & -A^T \\ -B^T & O \end{pmatrix}\begin{pmatrix} c_1\mathbf{u}_1 \\ c_2\mathbf{u}_2 \end{pmatrix} \\ &= \lambda\begin{pmatrix} c_1\mathbf{u}_1 \\ c_2\mathbf{u}_2 \end{pmatrix} \end{aligned} \tag{5.14}$$

가 되고, 여기서 다시 식 (5.14)를 계산하여 정리하면

$$-A^T c_2\mathbf{u}_2=\lambda c_1\mathbf{u}_1, \quad -B^T c_1 u_1=\lambda c_2\mathbf{u}_2 \tag{5.15}$$

로 쓸 수 있다. 식 (5.15)의 처음 식에 B^T를 곱하고, 두 번째 식에는 A^T를 곱하여 다시 정리하면

$$\begin{aligned} B^T A^T c_2\mathbf{u}_2 &= B^T\lambda c_1\mathbf{u}_1 \\ &= \lambda^2 c_2\mathbf{u}_2 \end{aligned}$$

과

$$A^TB^Tc_1\mathbf{u}_1 = \lambda Ac_2\mathbf{u}_2$$
$$= \lambda^2 c_1\mathbf{u}_1$$

가 되고, 다시 단위행렬 I를 도입하여 정리하면

$$(B^TA^T - \lambda^2 I)c_2\mathbf{u}_2 = O \tag{5.16}$$

이고, 같은 방법으로 두 번째 식을 정리하면

$$(A^TB^T - \lambda^2 I)c_1\mathbf{u}_1 = O \tag{5.17}$$

가 됨을 알 수 있다.

예를 들어 만약 행렬 A가 $n\times m$, B가 $m\times n$이고 $m > n$이면 식 (5.16)과 (5.17)은 n개의 공통인 고유치 $\lambda^2 = \mu$가 존재하게 된다. 이와 마찬가지로 식 (5.16)에서는 $m-n$ 개의 고유치는 0이 되며, 이 고유치에 해당하는 고유벡터는

$$A^TB^Tc_1\mathbf{u}_1 = 0 \tag{5.18}$$

으로부터 구할 수 있다. 만약 이 고유치들이 모두 0이 아닌 경우 $2n$개의 고유치 $\lambda = \pm\sqrt{\mu}$를 더하여 $2(m-n)$개의 고유치가 존재하여 전체 $2m$개가 되어 요구되는 $m+n$보다 크다.

식 (5.16)과 (5.17)에서 행렬의 곱 A^TB^T와 B^TA^T는 음이 아니다. 왜냐하면 최초 가정에서 모든 a_{ij}와 b_{ij}들이 양이거나 영이라고 했기 때문이다. 그러므로 (5.16)과 (5.17)는 다른 고유치보다 같거나 큰 음이 아닌 고유치 $\mu = \lambda^2$을 갖는다. 그리고 이 최대의 고유치에 대해 고유벡터 $\mathbf{u}_1, \mathbf{u}_2$는 모두 음이 아닌 성분으로 구성된다. 두 벡터 $c_1\mathbf{u}_1$과 $c_2\boldsymbol{u}_2$는 행렬 C의 부분행렬의 고유벡터들이기 때문에 행렬 C의 고유치 $\mu = \lambda^2$에 해당하는 고유벡터는

$$\mathrm{v} = (\mathrm{c}_1\mathbf{u}_1,\ \mathrm{c}_2\mathbf{u}_2)^{\mathrm{T}} \tag{5.19}$$

이 된다. 벡터 $\mathbf{u}_1, \mathbf{u}_2$들이 식 (5.16)과 (5.17)에 의해 계산되면 적절한 산출 방법들을 사용할 수 있다. 예를 들면 가장 큰 원소를 단위벡터로 만들 수 있는데, 두 행렬벡터 $\mathbf{u}_1, \mathbf{u}_2$ 사이의 실제 크기는 나중에 결정되는 두 인자인 c_1과 c_2에 의해 완성된다. 식 (5.15)을 전

치하여 다시 쓰면

$$-c_2\, \mathrm{u_2}^{\mathrm{T}} A = \lambda c_1\, \mathrm{u_1}^{\mathrm{T}}, \quad -c_1\, \mathrm{u_1}^{\mathrm{T}} B = \lambda\, c_2\, \mathrm{u_2}^{\mathrm{T}} \tag{5.20}$$

가 되고 위의 식의 앞에 각각 $\mathrm{e}=(1\,1\ \ \cdots 1)$을 곱한 후 λ를 소거하면 c_1과 c_2 사이에 다음과 같은 관계식

$$\left(\frac{c_2}{c_1}\right)^2 = \frac{\mathrm{u_1}^T B\,\mathrm{e}}{\mathrm{u_2^T} A\,\mathrm{e}} \frac{\mathrm{u_1}^T \mathrm{e}}{\mathrm{u_2}^T \mathrm{e}} \tag{5.21}$$

을 구할 수 있다. 그러므로 구하고자하는

$$\left(\frac{c_2}{c_1}\right) = -\sqrt{\frac{\mathrm{u_1}^T B\,\mathrm{e}}{\mathrm{u_2^T} A\,\mathrm{e}} \frac{\mathrm{u_1}^T \mathrm{e}}{\mathrm{u_2}^T \mathrm{e}}} \tag{5.22}$$

가 된다. 여기서 마이너스 기호는 식 (5.22)가 식 (5.20)을 만족하도록 선택했기 때문이다. 즉, 행렬 A, B와 행렬 벡터 $\mathrm{u_1}$, $\mathrm{u_2}$ 모두 음이 아니고 또한 고유치 λ가 양수이기 때문이다. 그러나 실제로 최댓값 고유치 λ와 이 고유치에 해당하는 고유벡터 v는 식 (5.14)의 $C^T \mathrm{v} = \lambda \mathrm{v}$에서 직접 계산된다. 특히 Mathematica 나 Maple 수학 프로그래밍을 사용하면 쉽게 계산할 수 있다.

다음은 효율성의 측도로서 $t=0$에서 $\mathrm{X}_0 = (\mathrm{x_0}\ \ \mathrm{y_0})$에 대하여 $\mathrm{v}^T X_0$

$$\begin{aligned} \mathrm{v}^T X_0 &= \left(c_1 \mathrm{u_1^T}\ \ c_2 \mathrm{u_2^T}\right)\left(\mathrm{x_0}\ \ \mathrm{y_0}\right) \\ &= c_1\left(\mathrm{u_1^T x_0} + \frac{c_2}{c_1}\mathrm{u_2^T y_0}\right) \\ &= c_1\left[\mathrm{u_1^T x_0} - \left(\sqrt{\frac{\mathrm{u_1}^T B\,\mathrm{e}}{\mathrm{u_2^T} A\,\mathrm{e}} \frac{\mathrm{u_1}^T \mathrm{e}}{\mathrm{u_2}^T \mathrm{e}}}\right)\mathrm{u_2^T y_0}\right] \end{aligned} \tag{5.23}$$

가 된다. 여기 계산을 편리하게 하기 위하여 $c_1 = 1$로 택할 수도 있다. 왜냐하면 행렬벡터 $\mathrm{u_1}$, $\mathrm{u_2}$는 음이 아닌 행렬이고 $\mathrm{u_1^T x_0}$와 $\mathrm{u_2^T y_0}$는 둘 다 양수이기 때문이다.

이제부터 식 (5.23)을 무차원 모수로 축소시켜 분석하기 위하여 무차원 우위모수 S를 도입하여 $c_1 \mathrm{u_1^T x_0}$로 나누어

$$S = \frac{\mathbf{v}^{\mathrm{T}}\mathbf{X}}{c_1 \mathbf{u}_1^{\mathrm{T}} \mathbf{x}_0} \tag{5.24}$$

와 같이 표준화할 수 있다. 그리고

$$\Phi_0 = \left(\sqrt{\frac{\mathbf{u}_2^{\mathrm{T}} A\mathbf{e}}{\mathbf{u}_1^{\mathrm{T}} B\mathbf{e}} \frac{\mathbf{u}_2{}^{T}\mathbf{e}}{\mathbf{u}_1^{\mathrm{T}}\mathbf{e}}} \right) \frac{u_1^{T}\mathbf{x}_0}{\mathbf{u}_2^{\mathrm{T}}\mathbf{y}_0} \tag{5.25}$$

로 나타내면 식 (5.24)는 다음과 같다.

$$\begin{aligned} S_0 &= \frac{\mathbf{v}^{\mathrm{T}}\mathbf{X}_0}{c_1 \mathbf{u}_1^{\mathrm{T}} \mathbf{x}_0} \\ &= 1 - \left(\sqrt{\frac{\mathbf{u}_1^{\mathrm{T}} B\mathbf{e}}{\mathbf{u}_2^{\mathrm{T}} A\mathbf{e}} \frac{\mathbf{u}_1{}^{T}\mathbf{e}}{\mathbf{u}_2^{\mathrm{T}}\mathbf{e}}} \right) \frac{\mathbf{u}_2^{\mathrm{T}}\mathbf{y}_0}{\mathbf{u}_1^{\mathrm{T}}\mathbf{x}_0} \\ &= 1 - \Phi_0^{-1}. \end{aligned} \tag{5.26}$$

위와 같은 식 (5.26)로 간단히 표현할 수 있다. 무차원 모수 S, S_0와 Φ_0는 행렬벡터 $\mathbf{u}_1$, $\mathbf{u}_2$에 곱하는 임의의 요소들의 선택과는 모두 독립적이다. 우위모수 S는 임의의 시간에서 전투력 수준을 구성하는 가장 우세한 항목의 스칼라 양에 대한 측도이다. 그 측도는

$$\begin{cases} 0 < S_0 < 1.0 & \text{if } 1.0 < \Phi_0 < \infty \\ S_0 = 0 & \text{if } \Phi_0 = 1.0 \\ -\infty < S_0 < 0 & \text{if } 0 < \Phi_0 < 1.0 \end{cases} \tag{5.27}$$

으로 나타난다는 것을 참고하기 바란다.

특히 모수 $\mathbf{v}^{\mathrm{T}}\mathbf{X}_0$ 또는 S_0는 미분방정식을 실제로 풀지 않고도 특정한 전술적 교전에서의 결과를 결정하는 효율성의 측도로 사용할 수 있다. 그러므로 일대일 교전에서처럼 $\Phi_0 > 1$이거나 $S_0 > 0$이면 X군이 승리하고, 반대로 $\Phi_0 < 1$이거나 $S_0 < 0$이면 Y군이 승리한다. 또한 같은 맥락에서 $\Phi_0 = 1$ 또는 $S_0 = 0$이면 양 진영의 전투력이 비례적으로 줄어든다는 것을 보여준다.

참고로 이 전투 모델링에서 승자는 단지 최초 교전에서만 적용되고 단지 어느 쪽이 전투력 손실이 적은지 알려줄 뿐이다. 만약 X군 또는 Y군 중 어느 한쪽이 완전히 전+

멸하였을 때 모델링을 나타내는 행렬 방정식은 새로 계산해야하며, 새 우위모수 S, S_0 가 이어지는 교전에서 재산정 되어야한다.

[예제 5.2]

그림 5.4에서 주어진 것처럼 X군과 Y군의 제병과 협동 전술적 교전상황을 보여준다. 교전을 나타내는 방정식이 다음과 같다고 하자.

$$\begin{pmatrix} x_1{}' \\ y_1{}' \\ y_2{}' \end{pmatrix} = \begin{pmatrix} 0 & -\frac{3}{2} & -1 \\ -\frac{4}{3} & 0 & 0 \\ -2 & 0 & 0 \end{pmatrix} \begin{pmatrix} x_1 \\ y_1 \\ y_2 \end{pmatrix}$$

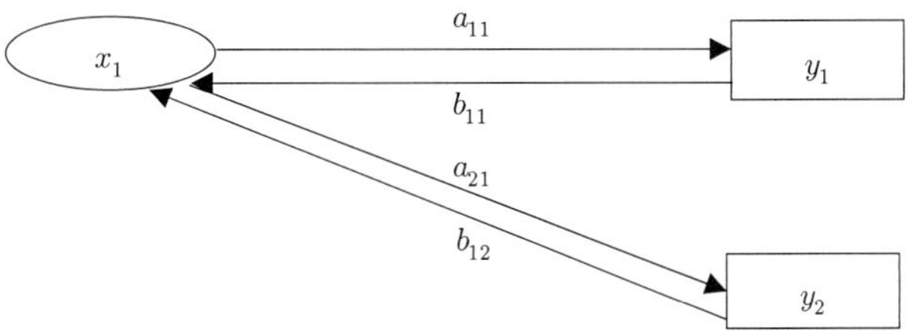

그림 5.4 수치적 1 대 2 전투교전 상황도

(1) 최댓값 고유치 λ, 고유벡터 v와 무차원 변수 Φ_0 각각 구하여라.

$$\begin{pmatrix} 0 & -\frac{3}{2} & -1 \\ -\frac{4}{3} & 0 & 0 \\ -2 & 0 & 0 \end{pmatrix}^T \begin{pmatrix} v_1 \\ v_2 \\ v_3 \end{pmatrix} = \lambda \begin{pmatrix} v_1 \\ v_2 \\ v_3 \end{pmatrix}$$

에서 다음 행렬식을 구하면

$$\det(\lambda I - C^T) = \det \begin{pmatrix} \lambda & \frac{4}{3} & 2 \\ \frac{3}{2} & \lambda & 0 \\ 1 & 0 & \lambda \end{pmatrix} = 0$$

$$\Rightarrow \lambda = \pm 2, 0$$

가 되어 최댓값 고유치 $\lambda = 2$가 된다. 이 고유치에 해당되는 고유벡터 v= (v_1, v_2, v_3)를 구

하면

$$\mathrm{v} = (1, -\frac{3}{4}, -\frac{1}{2})$$

가 됨을 계산할 수 있다. 또한 $\mathrm{u}_1, \mathrm{u}_2$를 각각 구하면

$$\mathrm{u}_1{}^T = (1), \quad \mathrm{u}_2{}^T = \left(1 \ \ \frac{2}{3}\right)$$

임을 구할 수 있다. 따라서 무차원 변수 Φ_0는

$$\Phi_0 = \left(\sqrt{\frac{\mathrm{u}_2^{\mathrm{T}} A \mathrm{e}}{\mathrm{u}_1^{\mathrm{T}} B \mathrm{e}} \frac{\mathrm{u}_2{}^T \mathrm{e}}{\mathrm{u}_1^{\mathrm{T}} \mathrm{e}}}\right) \frac{\mathrm{u}_1^{\mathrm{T}} \mathrm{x}_0}{\mathrm{u}_2^{\mathrm{T}} \mathrm{y}_0}$$

$$= \frac{4}{3} \cdot \frac{x_1}{y_1 + (2/3) y_2}$$

와 같은 식으로 계산할 수 있다.

(2) $\mathrm{X} = (x_1 \ y_1 \ y_2)$에 관한 무차원 시간변수 τ을 $\mathrm{X}_0 = (200\ 100\ 100), (125\ 100\ 100), (100\ 100\ 100)$에 대해 Φ_0를 각각 구하여라.

풀이 위 식에서 $\Phi_0 = \frac{4}{3} \frac{x_1}{y_1 + (2/3) y_2}$에 $x_1 = 200$, $y_1 = 100$, $y_2 = 100$을 대입하여 계산하면 $\Phi_0 = 1.6$을 구할 수 있고, 같은 방법으로 계산하면 $\Phi_0 = 1.0$과 0.8을 구할 수 있다.

(3) 초기 조건 $\mathrm{X}_0 = (200\ 100\ 100)$, $(125\ 100\ 100)$, $(100\ 100\ 100)$에 대해 주어진 미분방정식의 해를 구하고 그래프를 그려라.

풀이 주어진 연립미분방정식을 Maple 프로그램을 이용하여 구하면

(1) 초기 조건 $\mathrm{X}_0 = (200\ 100\ 100)$인 경우의 해는

$$x_1(t) = \frac{75}{2} e^{2t} + \frac{325}{2} e^{-2t}$$

$$y_1(t) = -25e^{2t} + \frac{325}{3}e^{-2t} + \frac{50}{3}$$

$$y_2(t) = -\frac{75}{2}e^{2t} + \frac{325}{2}e^{-2t} - 25$$

가 되고 이 해에 대한 그래프의 개형은 다음과 같다.

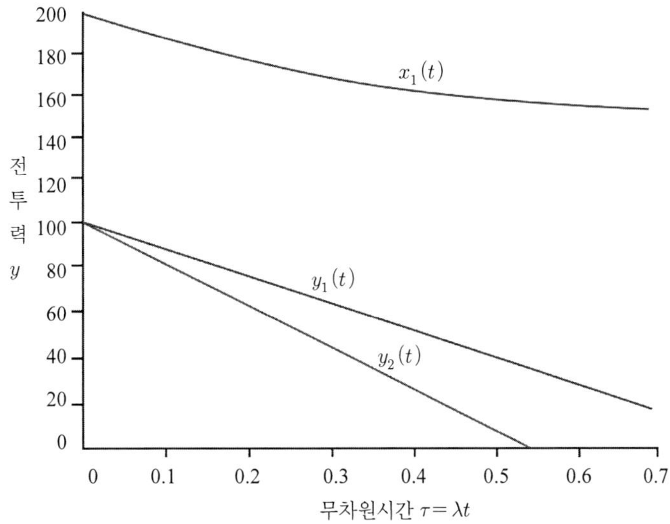

그림 5.5 무차원시간 $\tau = 2t$에 대한 전투력 변화

(2) 초기 조건 $X_0 = (125\ 100\ 100)$인 경우의 해는

$$x_1(t) = 125e^{-2t}$$

$$y_1(t) = \frac{50}{3} + \frac{250}{3}e^{-2t}$$

$$y_2(t) = -25 + 125e^{-2t}$$

가 되고 이 해에 대한 그래프의 개형은 다음과 같다.

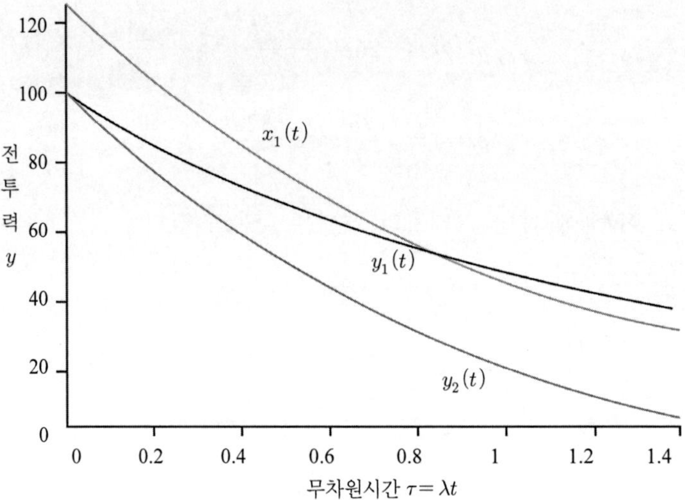

그림 5.6 무차원시간 $\tau = 2t$에 대한 전투력 변화

(3) 초기조건 $X_0 = (100\ 100\ 100)$인 경우의 해는

$$x_1(t) = -\frac{25}{2}e^{2t} + \frac{225}{2}e^{-2t}$$
$$y_1(t) = \frac{25}{3}e^{2t} + 75e^{-2t} + \frac{50}{3}$$
$$y_2(t) = \frac{25}{2}e^{2t} + \frac{225}{2}e^{-2t} - 25$$

가 되고 이 해에 대한 그래프의 개형은 다음과 같다.

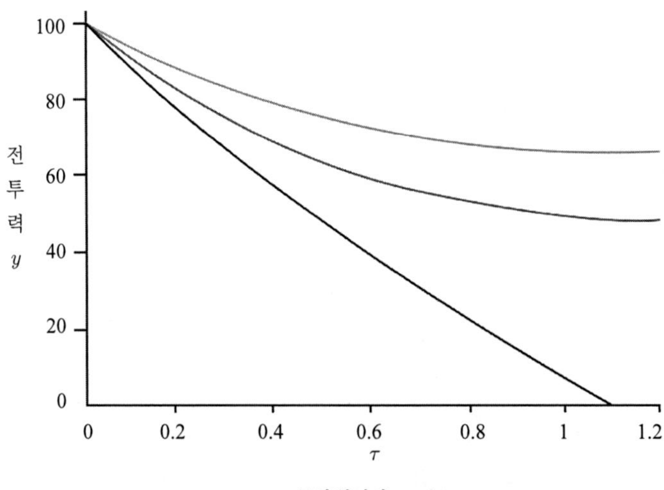

그림 5.7 무차원시간 $\tau = 2t$에 대한 전투력 변화

5.3 지역사격모델의 제병과 협동 교전

이 장의 제 1절에서 제병과 협동 직사화기 교전 모델부터 우위모수에 이르기까지 구체적인 해를 구하는 방법과 모델링 결과 해석 방법에 대해 살펴보았다. 마찬가지로 제3장에서 다루었던 일대일 교전의 지역사격 모델을 제병과 협동 교전 모델로 확장할 수 있다. 다만 해를 구하는 과정이 수치적 접근으로만 일반화할 수 있다. 일대일 지역 사격 교전에서 주어진 미분방정식 (3.29)에 의해

$$\frac{dx}{dt} = -axy$$
$$\frac{dy}{dt} = -bxy$$

로 모델링되는데 직사화기 모델과 비교하여 X군과 Y군의 소모율 계수는 각각 행렬 B와 A이고 $\frac{\mathbf{x}}{M_X} = \left(\frac{x_1}{M_{10}}, \cdots, \frac{x_n}{M_{n0}}\right)^T$와 $\frac{\mathbf{y}}{N_Y} = \left(\frac{y_1}{N_{10}}, \cdots, \frac{y_m}{N_{m0}}\right)$로 모델링할 수 있다. 따라서 제병과 협동 교전에 대한 모델링은 노출되어 있는 병력의 수의 비에 비례하여 감소하기 때문에

$$\begin{aligned} \frac{dx_i}{dt} &= -(\boldsymbol{b_i} \cdot \boldsymbol{y}) \times \frac{x_i}{M_{i0}}, \ 1 \le i \le n \\ \frac{dy_i}{dt} &= -(\boldsymbol{a_j} \cdot \boldsymbol{x}) \times \frac{y_i}{N_{j0}}, \ 1 \le j \le m \end{aligned} \tag{5.28}$$

로 모델링할 수 있다. 이 미분방정식을 X군에 대해 구체적으로 표현하면

$$\begin{aligned} \frac{dx_1}{dt} &= -b_{11}y_1\frac{x_1}{M_{10}} - b_{12}y_2\frac{x_1}{M_{10}} - \cdots - b_{1m}y_m\frac{x_1}{M_{10}} \\ \frac{dx_2}{dt} &= -b_{21}y_1\frac{x_2}{M_{20}} - b_{22}y_2\frac{x_2}{M_{20}} - \cdots - b_{2m}y_m\frac{x_2}{M_{20}} \\ \vdots \quad & \qquad \vdots \qquad\qquad \vdots \qquad\qquad \vdots \\ \frac{dx_n}{dt} &= -b_{n1}y_1\frac{x_n}{M_{n0}} - b_{n2}y_2\frac{x_n}{M_{n0}} - \cdots - b_{nm}y_m\frac{x_n}{M_{n0}} \end{aligned}$$

가 되고 마찬가지 방법으로 Y군에 대해 전개하면

$$\frac{dy_1}{dt} = -a_{11}x_1\frac{y_1}{N_{10}} - a_{12}x_2\frac{y_1}{N_{10}} - \cdots - a_{1n}x_n\frac{y_1}{N_{10}}$$

$$\frac{dy_2}{dt} = -a_{21}x_1\frac{y_2}{N_{20}} - a_{22}x_2\frac{y_2}{N_{20}} - \cdots - a_{2n}x_n\frac{y_2}{N_{20}}$$

$$\vdots \qquad \vdots \qquad \vdots \qquad \vdots$$

$$\frac{dy_m}{dt} = -a_{m1}x_1\frac{y_m}{N_{m0}} - a_{m2}x_2\frac{y_m}{N_{m0}} - \cdots - a_{mn}x_n\frac{y_m}{N_{m0}}$$

여기서 아래첨자 n과 m은 각각 X군과 Y군의 숫자를 나타내고, M_{i0}와 N_{j0}는 각각 시각 $t=0$에서 x_i와 y_j의 값(최초 전투력)을 나타낸다. 소모율계수 a_{ij}와 b_{ij}는 반드시 j 번째 전투력에 의한 화력분포 및 화력 배치요소들을 포함해야 한다. 위의 연립 미분방정식계를 행렬로 다시 쓰면

$$\begin{pmatrix} x_1{}' \\ x_2{}' \\ \vdots \\ x_n{}' \\ y_1{}' \\ y_2{}' \\ \vdots \\ y_m{}' \end{pmatrix} = \begin{pmatrix} \frac{x_1}{M_{10}} & & & & & & & \\ & \frac{x_2}{M_{20}} & & & & 0 & & \\ & & \ddots & & & & & \\ & & & \frac{x_n}{M_{n0}} & & & & \\ & & & & \frac{y_1}{N_{10}} & & & \\ & & & & & \frac{y_2}{N_{20}} & & \\ & 0 & & & & & \ddots & \\ & & & & & & & \frac{y_m}{N_{m0}} \end{pmatrix}$$

$$\times \begin{pmatrix} & & & & -b_{11} & -b_{12} & \cdots & b_{1m} \\ & 0 & & & -b_{21} & -b_{22} & \cdots & b_{2m} \\ & & & & \vdots & \vdots & \vdots & \vdots \\ & & & & -b_{n1} & -b_{n2} & \cdots & -b_{nm} \\ -a_{11} & -a_{12} & \cdots & -a_{1n} & & & & \\ -a_{21} & -a_{22} & \cdots & -a_{2n} & & & & \\ \vdots & \vdots & \vdots & \vdots & & & 0 & \\ -a_{m1} & -a_{m2} & \cdots & -a_{mn} & & & & \end{pmatrix} \begin{pmatrix} x_1 \\ x_2 \\ \vdots \\ x_n \\ y_1 \\ y_2 \\ \vdots \\ y_m \end{pmatrix}$$

와 같이 정리할 수 있다.

이 방정식들은 다음과 같이 행렬 형태로 간략히 쓸 수 있는데

$$X' = [D(X_0)]^{-1} D(X) C X \tag{5.29}$$

여기서 행렬 X와 C는 제 1절 직사화기 모델에서 주어진 식 (5.7)의 행렬과 동일하고 식 (5.29)의 다른 행렬들은 다음과 같다.

(i) X_0는 시간 $t=0$에서 전투력에 대한 열벡터 행렬

(ii) $D(X)$는 전투력에 대한 대각행렬

(iii) $D(X_0)$는 시간 $t=0$에서 전투력에 대한 대각행렬

수치적 해에 대한 식 (5.29)는

$$X_{n+1} - X_n = \Delta t [D(X_0)]^{-1} D(X_n) C X_n$$

으로 표현할 수 있다. 그러므로

$$\begin{aligned} X_{n+1} &= X_n + \Delta t [D(X_0)]^{-1} D(X_n) C X_n \\ &= \left(I_n + \Delta t [D(X_0)]^{-1} D(X_n) C\right) X_n \end{aligned} \tag{5.30}$$

가 된다. 따라서 지역사격 모델에 대한 비선형미분방정식의 수치적해를 구하기 위하여 열벡터 행렬 X_n을 같은 계수를 갖는 대각행렬로 변환하는 과정이 요구된다. 만약 전투 시간 Δt 동안 전장에서 어떤 전투력이 증강되거나 철수한 경우 위의 식 (5.30)은

$$X_{n+1} = \left(I_n + \Delta t [D(X_0)]^{-1} D(X_n) C\right) X_n + D_n \tag{5.31}$$

와 같이 변형된다. 여기서 D_n은 전투력이 증강 또는 철수를 나타내는 행렬이다.

비록 식 (5.24)에서 도입된 우위모수는 선형방정식 X_n에 의해 직사화기 모델에서 유도되었지만 이 모수는 식 (5.29)에서 비선형미분방정식으로 모델링된 경우에 대해서도 유용한 정보를 제공해 준다. 왜냐하면 $X' = CX$ (직사화기 모델) 와 $X' = [D(X_0)]^{-1} D(X) C X$ (지역사격모델) 사이의 밀접한 유사성을 보여주고 있기 때문이다. 둘 다 CX에 비례하며, 단지 시간이 증가함에 따라 $D(\boldsymbol{X})$에 의해 점진적으로 변형되고 있을 뿐이다.

5.4 게릴라전 모델의 제병과 협동

이 절에서는 게릴라전 모델의 제병과 협동 교전에 대한 수학적 모델링에 대해 살펴보겠다. 주요 가정은 X군은 지역 사격 형태의 방어를 하고 있으며, Y군은 직사화기 모델로 공격하고 있는 상황이다. X군의 지역사격은 단순히 Y군의 위치 정보를 정확히 알지 못하는데 그 이유가 있다. 그러므로 게릴라전 모델은 매복해 있는 Y군과 노출되어 있는 X군 사이의 직사화력 대 지역사격을 묘사하는 모델링이다. 이미 식 (3.32)에서 일대일 게릴라전 모델에서 본 것처럼

$$\frac{dx}{dt} = -ay$$
$$\frac{dy}{dt} = -bxy$$

로 표현된다. 이 모델을 제병과 협동 게릴라전 모델로 변형하면

$$\begin{aligned} \frac{dx_i}{dt} &= -(\boldsymbol{b_i} \cdot \boldsymbol{y}), \qquad 1 \le i \le n \\ \frac{dy_i}{dt} &= -(\boldsymbol{a_j} \cdot \boldsymbol{x}) \times \frac{y_i}{N_{j0}}, \ 1 \le j \le m \end{aligned} \tag{5.32}$$

로 표현 할 수 있다. 이를 좀 더 수학적으로 쉽게 표현하면 X군에 대한 연립 미분방정식은

$$\frac{dx_1}{dt} = -b_{11}y_1 - b_{12}y_2 - \cdots - b_{1m}y_m$$

$$\frac{dx_2}{dt} = -b_{21}y_1 - b_{22}y_2 - \cdots - b_{2m}y_m$$

$$\vdots \qquad \vdots \qquad \vdots \qquad \vdots$$

$$\frac{dx_n}{dt} = -b_{n1}y_1 - b_{n2}y_2 - \cdots - b_{nm}y_m$$

이고 같은 방법으로 Y군에 대한 연립 미분방정식은

$$\frac{dy_1}{dt} = -a_{11}x_1\frac{y_1}{N_{10}} - a_{12}x_2\frac{y_1}{N_{10}} - \cdots - a_{1n}x_n\frac{y_1}{N_{10}}$$

$$\frac{dy_2}{dt} = -a_{21}x_1\frac{y_2}{N_{20}} - a_{22}x_2\frac{y_2}{N_{20}} - \cdots - a_{2n}x_n\frac{y_2}{N_{20}}$$

$$\vdots \qquad \vdots \qquad \vdots \qquad \vdots$$

$$\frac{dy_m}{dt} = -a_{m1}x_1\frac{y_m}{N_{m0}} - a_{m2}x_2\frac{y_m}{N_{m0}} - \cdots - a_{mn}x_n\frac{y_m}{N_{m0}}$$

가 된다.

지역 사격 모델과 마찬가지로 아래첨자 n과 m은 각각 X군과 Y군의 숫자를 나타내고, M_{i0}와 N_{j0}는 각각 시각 $t=0$에서 x_i와 y_j의 값(최초 전투력)을 나타낸다. 소모율계수 a_{ij}와 b_{ij}는 반드시 j번째 전투력에 의한 화력분포 및 화력 배치요소들을 포함해야 한다. 위의 연립 미분방정식계를 행렬로 다시 쓰면

$$\begin{pmatrix} x_1{}' \\ x_2{}' \\ \vdots \\ x_n{}' \\ y_1{}' \\ y_2{}' \\ \vdots \\ y_m{}' \end{pmatrix} = \begin{pmatrix} 1 & & & & & & \\ & 1 & & & \mathbf{0} & & \\ & & \ddots & & & & \\ & & & 1 & & & \\ & & & & \frac{y_1}{N_{10}} & & & \\ & & & & & \frac{y_2}{N_{20}} & & \\ & \mathbf{0} & & & & & \ddots & \\ & & & & & & & \frac{y_m}{N_{m0}} \end{pmatrix}$$

$$\times \begin{pmatrix} & & & & -b_{11} & -b_{12} & \cdots & b_{1m} \\ & \mathbf{0} & & & -b_{21} & -b_{22} & \cdots & b_{2m} \\ & & & & \vdots & \vdots & \vdots & \vdots \\ & & & & -b_{n1} & -b_{n2} & \cdots & -b_{nm} \\ -a_{11} & -a_{12} & \cdots & -a_{1n} & & & & \\ -a_{21} & -a_{22} & \cdots & -a_{2n} & & & & \\ \vdots & \vdots & \vdots & \vdots & & & \mathbf{0} & \\ -a_{m1} & -a_{m2} & \cdots & -a_{mn} & & & & \end{pmatrix} \begin{pmatrix} x_1 \\ x_2 \\ \vdots \\ x_n \\ y_1 \\ y_2 \\ \vdots \\ y_m \end{pmatrix}$$

와 같이 정리할 수 있다. 이 방정식들은 다음과 같이 행렬 형태로 간략히 쓸 수 있는데

$$X' = [D(Y_0)]^{-1} D(Y_m) C X \tag{5.33}$$

여기서 행렬 X와 C는 제1절 직사화기 모델에서 주어진 식 (5.7)의 행렬과 동일하고 식 (5.33)의 다른 행렬들은 다음과 같다.

(i) $Y_0 = (1\,1 \cdots 1\, N_{10}\, N_{20} \cdots N_{m0})$

(ii) $Y_m = (1\,1 \cdots 1\, y_1\, y_2 \cdots y_m)$

(iii) $D(Y_0)$는 Y_0의 대각행렬

(iv) $D(Y_m)$는 Y_m의 대각행렬

수치적 해에 대한 식 (5.33)는

$$X_{n+1} - X_n = \Delta t [D(Y_0)]^{-1} D(Y_m) C X_n$$

으로 표현할 수 있다. 그러므로

$$\begin{aligned} X_{n+1} &= X_n + \Delta t [D(Y_0)]^{-1} D(Y_n) C X_n \\ &= \left(I_n + \Delta t [D(Y_0)]^{-1} D(Y_n) C\right) X_n \end{aligned} \tag{5.34}$$

가 된다. 따라서 지역사격 모델에 대한 비선형미분방정식의 수치적해를 구하기 위하여 열벡터 행렬 X_n을 같은 계수를 갖는 대각행렬로 변환하는 과정이 요구된다. 만약 전투시간 Δt 동안 전장에서 어떤 전투력이 증강되거나 철수한 경우 위의 식 (5.34)은

$$X_{n+1} = \left(I_n + \Delta t [D(Y_0)]^{-1} D(Y_n) C\right) X_n + D_n \tag{5.35}$$

와 같이 변형된다. 여기서 D_n은 전투력이 증강 또는 철수를 나타내는 행렬이다.

마찬가지로 식 (5.24)에서 도입된 우위모수는 선형방정식 X_n에 의해 직사화기모델에서 유도되었지만 이 모수는 식 (5.34)에서 비선형미분방정식으로 모델링된 경우에 대해서도 유용한 정보를 제공해 주며, 우위모수 S는 전투의 진행과정에서 사용할 수 있다. 다만 중요한 차이점은 $S=0$일 때 균형점을 나타내지는 않는다. 이는 일대일 게릴라전 모델에서 $S \geq 1 - 1/\sqrt{2}$일 때 X군은 패하지 않는다.

5.5 제병과 협동 교전 모델링의 소모율 방정식

우리는 해석적 측면에서 각 편제화기나 단위 부대별 전투력을 구성하고 있는 모델을 세부적인 방정식으로 5장 1절의 식 (5.1)을 분할하여 연구할 경우도 있다. X군의 경우 식 (5.1)에서 각각의 x_i에 대한 소모율 미분방정식을

$$\frac{dx_i}{dt} = -\sum_{j=1}^{m_y} \beta_{ij} y_j \tag{5.36}$$

로 나타낼 수 있는 반면 Y군의 전투력에 대한 소모율 미분방정식은

$$\frac{dy_j}{dt} = -\sum_{i=1}^{n_x} \alpha_{ji} x_i \tag{5.37}$$

로 주어진다. α_{ji}와 β_{ij}는 X군의 i번째 단위 전투력에 의한 Y군의 j번째 단위 전투력의 소모율 계수와 반대로 Y군의 j번째 단위 전투력에 의한 X군의 i번째 단위 전투력의 소모율 계수이다. 따라서 지금까지 살펴본 것과 같이 $n_x + m_y$개의 소모율 미분방정식으로 표현할 수 있다.

일반적으로 이런 연립미분방정식의 해는 선형인 경우에 해를 구할 수 있다. 즉 어떤 의미에서 매우 제한된 조건하에서 연립미분방정식의 해석적인 해를 구할 수 있음을 보여준다. 그러나 근사적인 수치해를 구할 수 있기 때문에 전투력이 너무 작지 않으면 분석적 측면에서 많이 도입하여 사용하고 있다. 근사식은 다음과 같이

$$x_i(k+1) \approx x_i(k) - \sum_{j=1}^{m_y} \beta_{ij} y_j \Delta t$$

$$y_j(k+1) \approx y_j(k) - \sum_{i=1}^{n_x} \alpha_{ji} x_i \Delta t$$

나타낼 수 있고, Δt는 시간 증분이며 $k = 0, 1, \cdots$으로 색인한다.

때때로 두 집단의 전투력에 의한 소모율이 상호 작용하는 특성에 기반을 두고 분리하여 해석하는 경우가 더 유용할 수도 있다. Y군은 집중공격에 의해 소모되는 전투력 y_m^Q과 지역 공격에 의해 소모되는 전투력 y_m^L의 두 부분집합으로 구성된다고 가정하자. 마

찬가지로 X군도 같은 방법으로 나누자. 이 경우 소모율 미분방정식(attrition differential equation, ADE)의 형태는

$$\frac{dx_i^Q}{dt} = -\sum_{j=1}^{m_y^Q} \beta_{ij}^Q y_j^Q - \sum_{j=1}^{m_y^L} \beta_{ij}^L x_i^Q y_j^L$$

$$\frac{dx_i^L}{dt} = -\sum_{j=1}^{m_y^Q} \beta_{ij}^Q y_j^Q - \sum_{j=1}^{m_y^L} \beta_{ij}^L x_i^L y_j^L$$

$$\frac{dy_j^Q}{dt} = -\sum_{j=1}^{n_x^Q} \alpha_{ji}^Q x_i^Q - \sum_{j=1}^{n_x^L} \alpha_{ji}^L y^Q x_i^L$$

$$\frac{dy_j^L}{dt} = -\sum_{j=1}^{n_x^Q} \alpha_{ji}^Q x_i^Q - \sum_{j=1}^{n_x^L} \alpha_{ji}^L y_j^L x_i^L$$

가 된다.

5.6 확률적 제병과 협동 교전 모델링

제 4장에서 순차적 전투교전 모델을 다루었다. 이 모델에서는 서로 순차적으로 두 전투원들이 교전하는 상황으로 교전의 결과는 사건의 순서에 의하여 결정된다. 이와 비슷한 상황으로 여러 명의 전투원이 여러 개의 표적(적 전투원)을 대상으로 교전하는 경우이다. 하나의 표적에 한명이 공격하는 일대일 교전 모델과 대비되는 것으로 다수 대 다수의 교전 모델로 설명된다. 표적 생존 확률과 표적 살상 확률에 대한 수학적 모델링은 공격자 위치에서 뒤에서 사격하지 않는 경우 전개될 수 있다. 그러나 공격자와 표적의 역할들은 어떤 특정한 구간에서 어떤 특정한 사격에 의해 그 역할이 바뀔 수 있다. 그 결과 상호 교전에 대한 보다 일반적인 해를 만들어 내기 위하여 적절하게 조합될 수 있다. 4장 1절에서 다루었던 순차적 전투교전 모델은 공격자의 단발 사격에 이어서 방어자의 대응으로 단발 사격하는 일대일 교전의 특수한 상황이라 볼 수 있다.

확률적 제병과 협동 교전 모델에 대한 수학적 모델링은 이미 알려진 일대일 교전에서

공격자의 효율성으로부터 유추하게 될 것이다. 왜냐하면 전투교전에서 여러 개의 표적이 있기 때문에 다양한 표적에 대해 공격자의 표적제압 임무부여 방법은 교전의 전반적인 효율성을 결정하기 때문이다. 전투에서 사용되는 표적 할당 방법은 상황 인식과 가용한 지휘, 통제, 통신의 효율성에 의해 영향을 받는다. 이 절에서는 기본적 세 가지 표적 할당 방법인 균등 할당에 의한 임무부여, 랜덤 할당에 의한 임무부여, 사격 후 관측 재사격 할당에 의한 임무부여를 소개하고자 한다. 표적에 대해 사격 후 관측 재사격 할당에 의한 임무부여 방법이 세 가지 방법 중에서 가장 효율적이라는 것을 알 수 있지만 일반적으로 이것을 수행하기는 대단히 어렵다. 왜냐하면 매우 효과적인 지휘 통제와 파괴된 표적에 대한 완벽한 정보를 알아야 되기 때문이다.

다음은 표적을 공격하는 m명의 전투병과 각각 J번 사격(미사일, 소총, 기타 편제화기 등)으로 구성된 교전에 대한 몇 가지 기본적인 관계들을 살펴보자. 만약 전체 사격을 한 횟수가 N이라고 하면

$$N = mJ \tag{5.38}$$

로 계산할 수 있다. 표적을 파괴하는 i번째의 확률을 p_i, $i = 1, 2, \cdots, N$으로 나타내자. 그러면 i번째 사격에서 표적이 파괴되지 않을 확률은 $1 - p_i$가 되고, 처음부터 k번째 사격까지 표적이 생존할 확률은

$$S(k) = (1 - p_1)(1 - p_2) \cdots (1 - p_k) = \prod_{i=1}^{k} (1 - p_i) \tag{5.39}$$

가 될 것이다. 만약 m명의 공격자가 모두 같은 종류의 무기를 사용했다면 $p_i = p$, $(\forall i)$가 되어 k번 사격에 대한 표적 생존 확률은

$$S(k) = (1 - p)^k \tag{5.40}$$

가 될 것이다. 이 경우 만약 전체 표적의 수가 T라고 하면 공격에 의한 표적의 생존할 것으로 기대되는 수는

$$E_S = TS(k) \tag{5.41}$$

로부터 구할 수 있다.

가장 간단한 경우로 모든 무기가 동일할 때, 가장 효과적인 방법 중의 하나가 그림

5.8에서 보는 것처럼 가능하면 균등하게 표적을 할당하는 것이다.

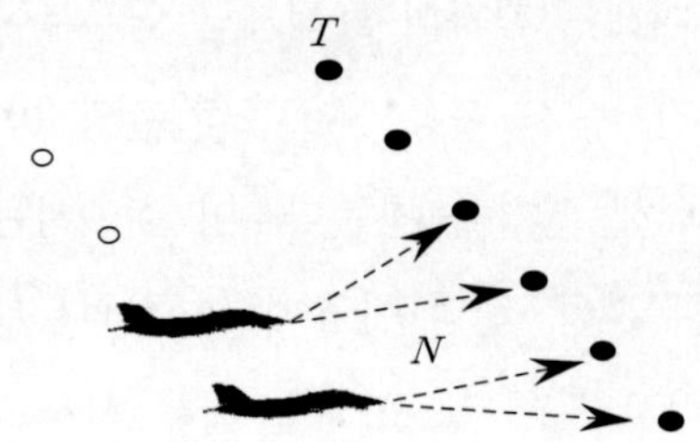

그림 5.8 표적 균등 할당 : 균등한 N번 사격

만약 N이 T의 정수배라고 하면 각 표적은 정확히

$$\ell = \frac{N}{T} \tag{5.42}$$

번 사격이 할당될 것이고, 각 표적이 생존할 확률은

$$S_{[\ell]}(\ell) = (1-p)^{\ell} = (1-p)^{N/T} \tag{5.43}$$

가 될 것이다. 한편 만약 ℓ이 정수가 아니면 비율 $\ell = \dfrac{N}{T}$는

$$\ell = [\ell] + F \tag{5.44}$$

로 표현할 수 있다. 여기서 $[\ell]$는 ℓ보다 작으면서 가장 큰 정수이고, F는 비율 ℓ의 나머지 부분이다. 이 경우는 최적의 표적은 $[\ell]+1$사격을 FT 표적들에 할당되고 $[\ell]$사격은 $(1-F)T$개의 표적에 할당된다. 그러므로 평균생존확률(average survival probability) S_U는

$$S_U(\ell) = FS_{[\ell]}([\ell]+1) + (1-F)S_{[\ell]}([\ell]) \tag{5.45}$$

으로 계산된다. 아래 첨자 U는 이 확률이 표적을 균등 할당한 것임을 언급하기 위해 표현한 것이다. 식 (5.43)을 식 (5.45)에 대입하면

$$S_U(\ell) = (1-p)^{[\ell]}(1-pF) \tag{5.46}$$

가 되고 공격으로부터 예상되는 생존 표적의 수는

$$n_U = TS_U(\ell) \tag{5.47}$$

이 될 것이다.

만약 N/T가 정수이면 각 표적들은 동일한 수의 사격으로 공격을 받을 것이고, 각 표적은 동일한 생존 확률 $1-p$을 가지게 될 것이다. 이러한 경우 전체 T개의 표적에서 정확히 i표적들이 생존할 확률은 이항분포

$$S_{Ui} = \binom{T}{i}\left[(1-p)^{N/T}\right]^{i}\left[1-(1-p)^{N/T}\right]^{T-i} \tag{5.48}$$

로부터 구할 수 있다.

만약 m명의 공격자가 균등하게 T개의 표적을 할당 받아서 즉, $m = T$인 경우 그림 5.9에서 보는 것처럼 모든 공격자는 할당된 표적에 J번의 사격을 가한다면, 식 (5.46)으로부터

$$S_{UJ}(\ell) = (1-p_J)^{[\ell]}(1-p_J F) \tag{5.49}$$

가 되고, 여기서 $p_J = 1-(1-p)^J$는 J번 표적에 사격을 가한 후 살상될 확률이다.

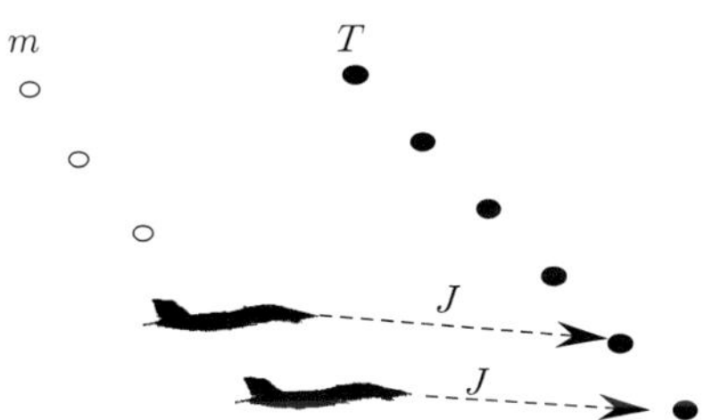

그림 5.9 m명의 공격자가 각 J번 사격하는 표적 균등 할당

다음으로 고려되는 표적 할당은 완전히 랜덤한 경우이다. 전체 N번의 사격에서 각각의 사격은 전체 T개의 표적에서 무작위로 선택하여 표적을 할당하는 방법으로 그림 5.10에서 보는 것처럼 표적에 다른 공격자가 얼마나 사격하는지 그리고 표적이 제압되었는지 등을 고려하지 않는다.

이런 경우 공격자가 표적을 선택할 확률과 특정한 표적을 제압할 확률은 p/T가 되며, 이 값은 특정한 표적을 선택할 확률 $1/T$와 이 특정한 표적을 실제로 공격하여 제압할 확률 p와의 곱이다. 따라서 선택한 표적을 선택한 공격자의 공격에서 생존할 확률은 $1-p/T$가 된다. 최종적으로 전투에서 생존하기 위하여 선택된 표적은 독립적인 N번의

사격에서 반드시 생존해야 된다. 그래서 임의로 선택된 표적이 생존할 확률은

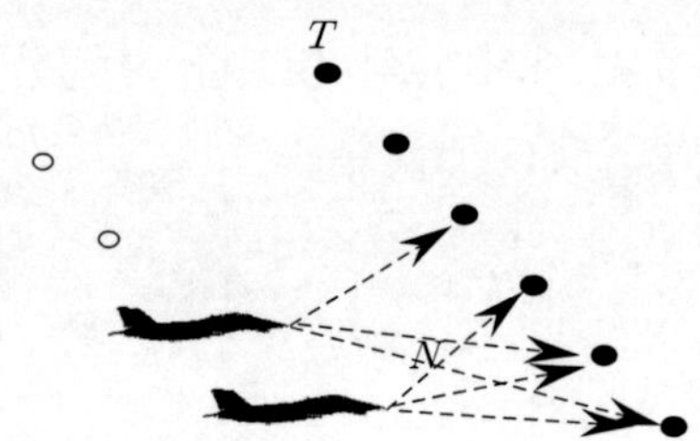

그림 5.10 랜덤표적할당 : 랜덤 N번 사격임무

$$S_R = \left(1 - \frac{p}{T}\right)^N \tag{5.50}$$

가 되고, 여기서 아래 첨자 R은 랜덤으로 부여된 표적에 대한 확률임을 나타내기 위해 사용되었다. 이제까지 내용을 정리하면 예상되는 표적의 생존 개수 E_R은

$$E_R = TS_R \tag{5.51}$$

이 된다.

p/T가 비교적 1보다 작은 수이기 때문에 임의의 표적이 생존할 확률로 식 (5.50)은 지수적으로 근사할 수 있다. S_R의 이항전개

$$\begin{aligned} S_R &= \left(1 - \frac{p}{T}\right)^N \\ &= 1 - \frac{N}{1!}\frac{p}{T} + \frac{N(N-1)}{2!}\left(\frac{p}{T}\right)^2 - \cdots + \left(\frac{p}{T}\right)^N \end{aligned}$$

와 지수함수에 대한 급수 전개

$$\exp\left(-\frac{pN}{T}\right) = 1 - \frac{Np}{T} + \frac{1}{2!}\left(\frac{Np}{T}\right)^2 - \cdots$$

를 비교하면 분명하게

$$S_R \cong S_R^* = \exp\left(-\frac{pN}{T}\right) \tag{5.52}$$

근사할 수 있고, 여기서 S_R^*는 근사값이다. 근사값 S_R^*의 장점은 식 (5.50)에서 두 개의

변수 N과 T가 나타나는 반면 여기서는 하나의 변수 N/T만 나타난다는 것이다. 특히 근사값 S_R^*은 N과 T가 비교적 크면 상당히 정확하다는 것이다. 예를 들어, $2 < N/T < 4$이고 $T > 30$이면 근사에서 사용된 오차는 0.0044보다 작다고 하며, 특히 보다 큰 T의 값에서는 오차를 더욱 줄일 수 있다. 이 말은 보다 작은 N과 T를 포함하는 계산에 대해서는 정확한 식 (5.50)의 $S_R = \left(1 - \frac{p}{T}\right)^N$를 사용해야 된다.

균등 표적 할당에서처럼 유사한 모델링이 T개의 표적에 N번 사격하는 랜덤 표적할당에서도 유추할 수 있다. 공격자가 N번의 사격으로 T개의 표적에서 정확히 i개가 생존할 확률 S_{Ri}는

$$S_{Ri} = \binom{T}{i} \sum_{j=0}^{T-i} (-1)^j \binom{T-i}{j} \left[1 - (i+j)\frac{p}{T}\right]^N ; \quad i = 0, 1, \cdots, T \tag{5.53}$$

으로 주어진다. 지금까지 논의된 임무부여는 독립적으로 랜덤하게 N번 사격하는 표적할당에 대한 것이었다. 보다 제한적인 랜덤 표적할당은 m명이 공격자가 T개의 표적을 독립적으로 랜덤하게 표적제압 임무를 할당 받는 경우이다. 그러나 일단 한번 표적을 부여받게 되면 그림 5.11에서 보는 것처럼 공격자는 하나의 표적에 J번 모두 사격하게 된다.

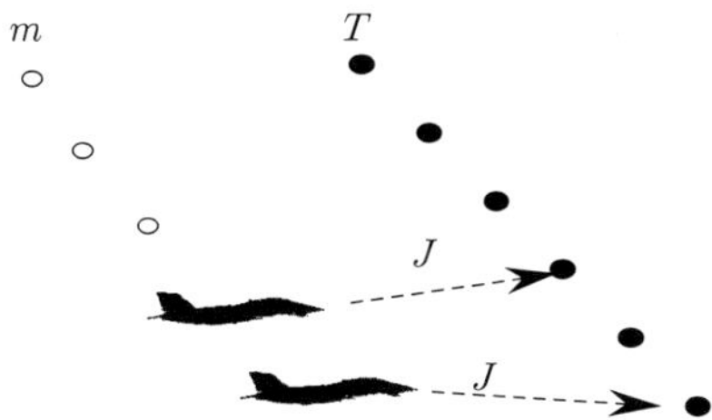

그림 5.11 m명의 공격자가 각 J번 사격하는 표적 랜덤 할당

따라서 식 (5.50)의 결과를 적용하여 생존확률 S_J를 구하면

$$S_J = \left(1 - \frac{p_J}{T}\right)^m \tag{5.54}$$

이 되고, 여기서 $p_J = 1 - (1-p)^J$는 한 번의 공격에서 J번 사격에 대한 표적 살상(제압) 확률이다.

마지막 세 번째로 표적 할당방법으로 공격자에 의한 사격 후 관측 재사격에 의한 표

적 임무부여(shoot-look-shoot assignment)로 전투 수행에 대한 지휘통제가 각각의 사격에 대한 결과 즉, 표적이 파괴되었는지 아니면 놓쳤는지를 실시간으로 접할 수 있는 능력과 아직 생존하고 있는 표적에만 사격을 가할 수 있는 능력을 갖추고 있다는 가정에 기반을 두고 있다. 이 말은 표적 제압의 완벽해야 한다는 것을 의미한다. 사격 후 관측 재사격에 대한 전형적인 교전 모델이 그림 5.12에서 보여준다. 앞에서 논의한 것처럼 전체 표적 수를 T, N번의 사격 그리고 살상확률을 p라 하지만 공격자의 수는 정하지 않는다. 이 말은 N번의 사격은 공격자들 상호간의 임의의 방식으로 적절한 분포를 이루며 실시한 것으로 생각할 수 있다는 것이다.

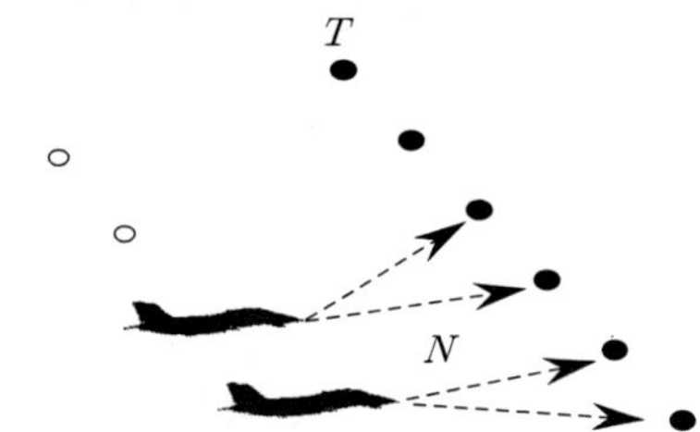

그림 5.12 공격자의 사격후 관측 재사격 임무

이항분포의 정의를 사용하여 전체 N번 사격에서 정확히 i개의 표적을 살상할 확률 P_i는 표적의 개수 T에 대하여

$$P_i = \binom{N}{i} p^i (1-p)^{N-i}, \quad N \geq T \tag{5.55}$$

로 주어진다. 파괴된 예상표적의 개수는

$$T_{SLS} = \sum_{i=0}^{T} iP_i + \sum_{i=T+1}^{N} TP_i, \quad N \geq T \tag{5.56}$$

로 결정되며, 아래첨자 SLS는 이 수가 사격 후 관측 재사격에 의한 것임을 보여준다. 특히 $i \leq T$이면 i개의 표적이 파괴되고, 반면 $i > T$이면 정확히 T표적이 파괴된다는 것을 알아야 한다. 그러므로 생존하는 표적의 예상 개수는

$$E_{SLS} = T - T_{SLS} = TS_{SLS} \tag{5.57}$$

로 계산되고, 여기서 생존확률 S_{SLS}는

$$S_{SLS} = \frac{T - T_{SLS}}{T} = 1 - \sum_{i=0}^{T} \frac{i}{T} P_i - \sum_{i=T+1}^{N} P_i \tag{5.58}$$

로 주어진다. 식 (5.58)을 간단히 하면 다음과 같다.

$$S_{SLS} = \sum_{i=0}^{T} \left(1 - \frac{i}{T}\right) P_i, \quad N \geq T \tag{5.59}$$

한편, $N < T$이면 생존확률 S_{SLS}에 해당하는 식은

$$S_{SLS} = 1 - \frac{PN}{T} \tag{5.60}$$

으로 주어진다.

예로 아래 표는 주어진 살상확률 $p = 0.5$인 경우 랜덤, 균등 사격 후 관측 재사격에 의한 표적 부여에 대한 생존확률표이다.

표적부여 전술		$T=1$	$T=2$	$T=3$	$T=4$	$T=5$
$N=1$	랜덤	0.5000	0.7500	0.8333	0.8750	0.9000
	균등	0.5000	0.7500	0.8333	0.8750	0.9000
	사격관측 재사격	0.5000	0.7500	0.8333	0.8750	0.9000
$N=2$	랜덤	0.2500	0.5625	0.6944	0.7656	0.8100
	균등	0.2500	0.5000	0.6667	0.7500	0.8000
	사격관측 재사격	0.2500	0.5000	0.6667	0.7500	0.8000
$N=3$	랜덤	0.1250	0.4219	0.5787	0.6699	0.7290
	균등	0.1250	0.3750	0.5000	0.6250	0.7000
	사격관측 재사격	0.1250	0.3125	0.5000	0.6250	0.7000
$N=4$	랜덤	0.0625	0.3164	0.4823	0.5862	0.6561
	균등	0.0625	0.2500	0.4167	0.5000	0.6000
	사격관측 재사격	0.0625	0.1875	0.3542	0.5000	0.6000
$N=5$	랜덤	0.0313	0.2373	0.4019	0.5129	0.5905
	균등	0.0313	0.1875	0.3333	0.4375	0.5000
	사격관측 재사격	0.0313	0.1094	0.2396	0.3828	0.5000

T: 표적의 수, N: 사격 횟수

이 표에서 볼 수 있듯이 사격 후 관측 재사격에 의한 표적 임무부여가 가장 우수하다는 것을 알 수 있다. 즉 공격에 의한 생존 확률이 가장 작은 반면 랜덤 표적 부여 방식이 가장 비효율적임을 보여준다. 예상하는 것과 같이 $T=1$ 즉, 한 개의 표적에 대해서는 위 세 가지 전술 모두가 동일한 결과를 얻게 한다.

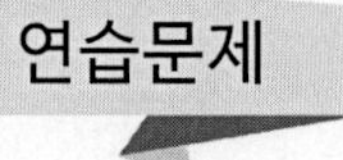

연습문제

1. 다음에 주어진 수학적 전투모델에 대하여 물음에 답하여라.

(a) $\begin{pmatrix} x' \\ y' \end{pmatrix} = \begin{pmatrix} 0 & -1 \\ -2 & 0 \end{pmatrix}\begin{pmatrix} x \\ y \end{pmatrix},\ \boldsymbol{X_0} = \begin{pmatrix} x \\ y \end{pmatrix}_{t=0} = \begin{pmatrix} 100 \\ 125 \end{pmatrix}$

(b) $\begin{pmatrix} x' \\ y' \end{pmatrix} = \begin{pmatrix} 0 & -1 \\ -2 & 0 \end{pmatrix}\begin{pmatrix} x \\ y \end{pmatrix},\ \boldsymbol{X_0} = \begin{pmatrix} x \\ y \end{pmatrix}_{t=0} = \begin{pmatrix} 100 \\ 100 \end{pmatrix}$

(c) $\begin{pmatrix} x' \\ y' \end{pmatrix} = \begin{pmatrix} 0 & -1 \\ -1 & 0 \end{pmatrix}\begin{pmatrix} x \\ y \end{pmatrix},\ \boldsymbol{X_0} = \begin{pmatrix} x \\ y \end{pmatrix}_{t=0} = \begin{pmatrix} 100 \\ 125 \end{pmatrix}$

(d) $\begin{pmatrix} x' \\ y' \end{pmatrix} = \begin{pmatrix} 0 & -1 \\ -1 & 0 \end{pmatrix}\begin{pmatrix} x \\ y \end{pmatrix},\ \boldsymbol{X_0} = \begin{pmatrix} x \\ y \end{pmatrix}_{t=0} = \begin{pmatrix} 125 \\ 100 \end{pmatrix}$

(1) 위에 주어진 전투 모델링들에 대한 수치적 해를 구하여라.

(2) 제3장에서 주어진 란체스터 확정형 모델에 대한 미분방정식의 정확한 해를 구하여 비교하여라.

2. 다음에 주어진 대부대 전투모델 $\boldsymbol{X'} = \boldsymbol{CX}$에 대하여 물음에 답하여라. 여기서 $\boldsymbol{X} = (\boldsymbol{x}, \boldsymbol{y})$, $\boldsymbol{x} = (x_1, x_2)$, $\boldsymbol{y} = (y_1, y_2)$이고 $\boldsymbol{X_0}$는 초기 전투원 또는 무기체계 수이다.

(a) $C = \begin{pmatrix} 0 & 0 & -1 & -2 \\ 0 & 0 & -2 & -1 \\ -3 & -1 & 0 & 0 \\ -2 & -2 & 0 & 0 \end{pmatrix},\ \boldsymbol{X_0} = (100\ 100\ 75\ 50)$

(b) $C = \begin{pmatrix} 0 & 0 & -1 & -2 \\ 0 & 0 & -2 & -1 \\ -3 & -1 & 0 & 0 \\ -2 & -2 & 0 & 0 \end{pmatrix},\ \boldsymbol{X_0} = (100\ 100\ 100\ 100)$

(c) $C = \begin{pmatrix} 0 & 0 & -1 & -2 \\ 0 & 0 & 0 & -1 \\ -1 & -1 & 0 & 0 \\ -1 & -1 & 0 & 0 \end{pmatrix},\ \boldsymbol{X_0} = (200\ 100\ 75\ 500)$

(d) $C = \begin{pmatrix} 0 & 0 & -10 & -0.2 \\ 0 & 0 & -0.1 & -1 \\ -10 & -0.2 & 0 & 0 \\ -0.1 & -1 & 0 & 0 \end{pmatrix},\ \boldsymbol{X_0} = (20\ 100\ 10\ 200)$

(1) 각 전투 모델링에 대한 교전 상황을 도식하여라.

(2) 전투 모델링에 대한 직사화기전투 교전에 대한 수치해를 구하여라.

(3) 각 전투 모델링에 대한 우위모수 S_0를 구하여라.

(4) 각 전투 모델링에 대한 무차원 모수 Φ_0를 구하여라.(컴퓨터 이용)

3. 다음 대부대 지역사격 교전모델에 대하여 수치적 해를 구하여라. 여기서 $\boldsymbol{X}=(\boldsymbol{x},\boldsymbol{y})$, $\boldsymbol{x}=(x_1,x_2)$, $\boldsymbol{y}=(y_1,y_2)$이고 $\boldsymbol{X}_0$는 초기 전투원이다.

$$C=\begin{pmatrix} 0 & 0 & -1 & -2 \\ 0 & 0 & 0 & -1 \\ -1 & -1 & 0 & 0 \\ -1 & -1 & 0 & 0 \end{pmatrix},\ \boldsymbol{X}_0=(200\ 100\ 75\ 500)$$

4. 다음 대부대 게릴라전 교전모델에 대하여 수치적 해를 구하여라. 여기서 $\boldsymbol{X}=(\boldsymbol{x},\boldsymbol{y})$, $\boldsymbol{x}=(x_1,x_2)$, $\boldsymbol{y}=(y_1,y_2)$이고 $\boldsymbol{X}_0$는 초기 전투원 이다.

$$C=\begin{pmatrix} 0 & 0 & -1 & -2 \\ 0 & 0 & 0 & -1 \\ -1 & -1 & 0 & 0 \\ -1 & -1 & 0 & 0 \end{pmatrix},\ \boldsymbol{X}_0=(200\ 100\ 75\ 500)$$

memo

Chapter 6

전략적 방어 모델

이 장은 원래 1984년 미 레이건 대통령 시절 전략방어구상(SDI, 일명 스타워즈)으로 위성 체계와 레이저 무기 등을 이용한 구소련의 대륙간탄도미사일(ICBM)을 우주에서 격파하는 방어체계 구상으로 다탄두 미사일인 MIRV 공격에 대한 계층 방어를 포함하여 탄도미사일 계층방어의 전반적인 효율성을 분석한다. 이 개념을 응용하여 국가미사일방어(NMD)와 전구미사일방어(TMD)까지 확장하여 적용하겠다. 특히 게임이론을 적용하여 공격자와 방어자간의 서로 다른 전략에 따른 대륙간탄도미사일 방어까지 수학적 접근방법으로 다루겠다.

6.1 미국의 미사일 방어체계 구상

미국의 미사일 방어시스템에 대한 전반적인 전개 과정에 대한 내용으로 1989년에 조지 부시대통령은 SDI 프로그램을 지속하겠다고 천명하였다.

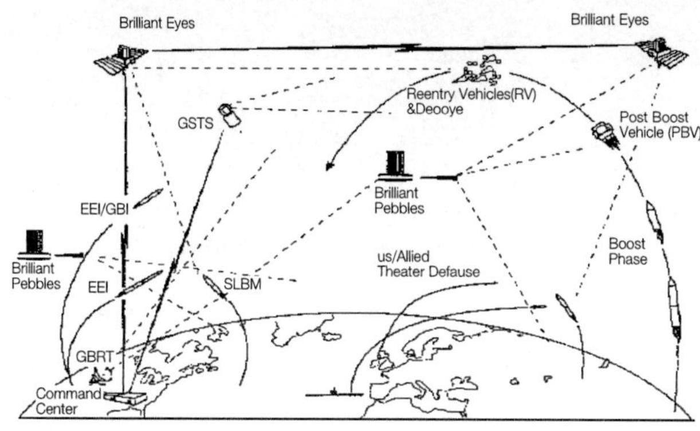

그림 6.1 미국의 SDI 기본 개념

아버지 부시 대통령은 취임 뒤 레이건 전 대통령의 SDI를 계속적으로 추구하겠다고 했으나, 제 3세계의 탄도미사일 확산에 대한 위협 대응으로 방향을 선회, GPALS(전지구적 제한공격방어계획 ; 제한적 탄도미사일 방위전략)을 구상하였다.

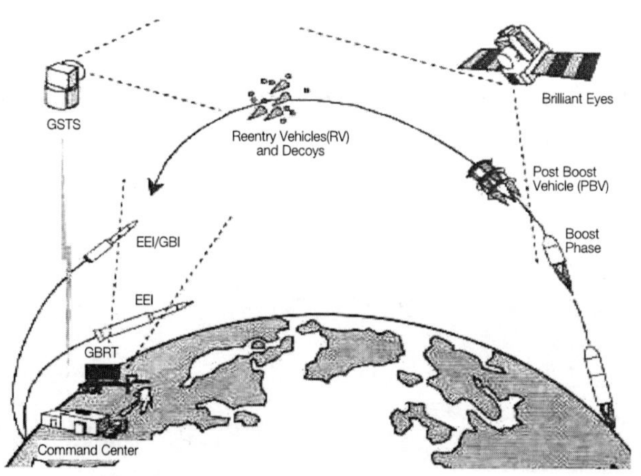

그림 6.2 GPALS 아키텍쳐 : 전략탄도미사일에 대한 지상 기지의 방어

미 국방부가 GPALS를 구상한 이후 1991년 12월 5일에 조지 부시는 국방부에 미사일 방어체제 개발을 위임하는 법안에 서명했고, 다시 후임 미 대통령인 클린턴이 1993년 5월에 TMD(전역미사일방어체제)구상을 발표하였다. 클린턴 행정부는 실효성이 의심스럽고 엄청난 비용이 드는 공화당의 스타워즈 개념을 비판하고, 우주요격체계 부분을 삭제하여 미국 본토뿐만 아니라 세계 곳곳에 주둔한 미군 보호를 명분으로 내세워 TMD 구상을 제안했다. 그 이후 2001. 5. 1에 다시 조지. W. 부시 대통령은 미사일 방어(MD)체제 구축을 공식적으로 발표했고, 부시 행정부는 미사일 기술이 30여개국에 확산됐다는 사실을 근거로 동맹국 안보까지 아우르는 탈냉전 시대 방위 전략으로 MD를 발표하였다.

특히 자칭 불량국가(rogue state)들의 미사일 위협이라는 새로운 위협에 맞서 MD체제 구축에 나설 것이라고 선언하였다. MD는 크게 탄도미사일 발사 전단계, 발사 후 점화단계, 대기권 재돌입단계로 구분해 대응방안을 개발 중이나 위협의 실체에 비해 비용이 많이 든다는 것이 약점이었다.

탄도미사일방위(BMD)체제는 미사일 방어체제(MD)라고도 하는데 적이 발사한 탄도미사일을 위성으로 탐지, 공중에서 요격시킨다는 개념의 방어체제로 미국이 1993년부터 본격적인 개발에 착수했다. 이것은 미소 냉전 당시 로널드 레이건 미국 대통령이 추진했던 SDI의 축소형으로 볼 수 있는데 적국의 미사일로부터 미 본토를 지키는 국가미사일방위(NMD)와 해외 주둔 미군과 동맹국들을 보호하기 위한 전역미사일방위(TMD)등 두 가지가 있다. BMD체제는 크게 지휘본부, 탐지·추적 장치, 요격체계 3부분으로 구성된다. 미국정부는 BMD계획을 추진하면서 중·단거리 미사일에 대해서는 패트리어트 미사일의 성능을 개선한 PAC-III를 요격미사일로 사용하고 장거리 미사일을 겨냥하는 요격미사일로는 미 해군의 고공요격미사일과 전역고고도지역방어(THAAD) 미사일을 사용하기로 잠정 결정한 바 있다.

BMD는 적 미사일의 격추지점에 따라 대기권내의 하층방어와 대기권 밖의 상층방어로 나뉜다. 상층방어는 적의 미사일이 발사되어 이륙, 상승하거나 고고도에서 중간 비행 중일 때 이지스 순양함이나 지상에서 요격미사일을 발사해 이를 파괴하는 것이다. 반면 하층방어는 미사일이 저고도로 내려와 목표물에 근접했을 때 이를 격추시킨다는 것이다. 특히 지난 걸프전때 사용된 패트리어트 미사일의 성능을 개선한 PAC-II(사정거리 10km)와 호크 미사일을 사용한다.

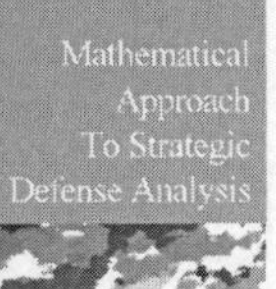

상층방어를 위해서 NMD나 TMD 지휘본부는 마하 10 이상의 속도로 날아가는 미사일을 거대한 레이더로 포착한 뒤 THAAD 미사일을 발사하며 이 미사일은 고도 100~160km에서 적의 미사일을 폭파시키게 된다. 이때 MIRV와 같은 다탄두 미사일의 경우 진짜와 가짜 탄두를 구분하는 기술이 핵심을 이룬다.

동아시아지역 TMD는 북한의 다단계 로켓 발사로 위협을 느낀 미국과 일본이 최근 본격적인 연구를 시작했으며 중국과 북한, 러시아 등은 이에 강력히 반발하고 있다. 러시아는 이 방어체제의 개발이 지난 1972년 체결된 탄도탄요격미사일(ABM) 협정에 위배되지 않는 경우에 한해 TMD 개발을 용인하겠다고 1997년 미국과 합의했으나 1998년부터는 TMD가 이 협정에 위배된다는 우려를 표명하고 있다. 현재 미국은 AML, 레일건, 충돌위성, 지상발사 레이저시스템, 해군 TMD(함대와 우방국 방어) 등의 첨단 기술에서 어느 정도 성과를 거두고 있으나 미사일 외에는 아직 추가적인 개발이 요구되고 있다.

6.2 전략적 방어 구상 : 계층 방어

이 절에서는 계층 방어(layered defense)의 기본 개념을 분석한다.

기본 가정

(1) 방어자는 n계층에서 침투하는 미사일을 가로챌 수 있는 능력을 보유하고 있다.
(2) 인터셉터(요격기, 요격 미사일 등)는 무작위로 발사될 수 있다. 즉 기지에 전개하고 있는 인터셉터는 앞의 계층방어를 통과한 공격 미사일에 대해 무작위로 발사된다.

인터셉터의 무작위 발사에 대한 가정은 어떤 면에서 란체스터 전투 모델링의 지역사격 모델과 유사하다. 특정한 변환에 의해 순서 없이 발사되는 모델을 계획된 발사 모델로 전환하여 개선할 수 있다. 균등한 표적 임무부여 같은 전구미사일 방어에 대한 분석은 다음 장에서 살펴보겠다. 어떤 인터셉터는 다중 발사 능력을 보유하고 있기 때문에 각각의 발사는 하나의 인터셉터로 간주하여 카운트한다. 주어진 수의 계층에 대하여 n-계층방어망을 침투 통과하는 미사일의 수를 최소화하는 계층들 사이에서 가로채는 능력

에 비례하는 최적화 방법이 유일하게 존재한다는 것을 보여줄 수 있다.

공격자의 잠재능력은 공격하는 미사일의 수 N_0에 의해 측정된다. 여기서 i번째 계층을 침투 통과한 미사일의 개수를 N_i로 나타내자. 한편 이와 대비되는 방어자의 능력은 신뢰도와 개별 미사일의 단발 사격 명중률의 곱에 의해 모든 유효한 인터셉터들을 합하여 얻어진 것으로 측정한다. 즉 i번째 계층의 인터셉터에 대하여 유효 개수 d_i는

$$d_i = \sum_r r_{ir} p_{ir} \tag{6.1}$$

으로부터 계산되고, 여기서 합은 i번째 계층의 모든 인터셉터들에 의해 수행되며, r_{ir}과 p_{ir}은 각각 i번째 계층의 r번째 인터셉터의 신뢰도와 단발사격 명중확률이다. n계층 방어에 대한 인터셉터의 배치도는 아래 그림 6.3과 같다.

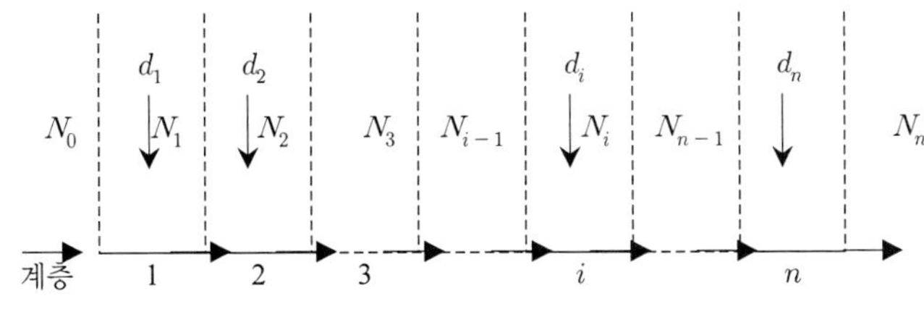

그림 6.3 n–계층방어

따라서 그림 6.3에서 $n-$계층 방어의 전체 능력 d_0은

$$d_0 = \sum_{i=1}^{n} d_i \tag{6.2}$$

에 의해 계산된다. 만약 개별 인터셉터의 단발 명중확률이 p라면 100% 신뢰도를 보이는 인터셉터의 랜덤 발사에서 미사일의 생존할 확률은

$$p_0 = 1 - \frac{p}{N} \tag{6.3}$$

이고, N은 공격하는 미사일의 수이다. 여기서 p/N은 두 확률 p와 $1/N$의 곱임을 명심하기 바란다.

정리 6.1

각 인터셉터의 단발 명중확률이 p이고, 인터셉터의 신뢰도 r, 인터셉트에 참여한 개수 K라 할 때, 미사일이 생존할 확률 P_S는

$$P_S = \exp\left(-\frac{d}{N}\right) \tag{6.4}$$

이 된다. 여기서 $d = rpK$이다.

증명 식 (6.3)에서처럼 하나의 미사일이 생존할 확률이 $p_0 = 1 - \frac{p}{N}$이므로 개별 인터셉트의 신뢰도가 r이고 전체 참여한 인터셉트의 수가 K이므로 rK개의 인터셉트가 발사되었다고 할 수 있다. 따라서 미사일이 생존할 전체 확률 P_S은

$$P_S = \left(1 - \frac{p}{N}\right)^{rK} \tag{6.5}$$

가 된다. 이항정리와 테일러급수를 전개한 아래 두 식을 비교하면

$$\left(1 - \frac{p}{N}\right)^{rK} = 1 - \frac{rpK}{N} + 0\left(\frac{p}{M}\right)^2 - \cdots$$

$$\exp\left(-\frac{rpK}{N}\right) = 1 - \frac{rpK}{N} + 0\left(\frac{p}{M}\right)^2 - \cdots$$

$\frac{p}{N} \ll 1$이 되기 때문에 많은 수의 미사일이 공격하는 경우, $d = rpK$로 두고 서로 비교하면

$$\left(1 - \frac{p}{N}\right)^{rK} \cong \exp\left(-\frac{rpK}{N}\right) = \exp\left(-\frac{d}{N}\right)$$

가 되어 증명이 끝난다.

식 (6.4)에 의하여 j번째 계층 방어를 침투 통과하는 공격 미사일의 예상 개수는

$$N_j(d_1, d_2, \cdots, d_j) = N_{j-1}\exp\left(-\frac{d_j}{N_{j-1}}\right) \tag{6.6}$$

가 될 것이다. 여기서 N_0는 첫 계층 방어망을 침투하게 될 공격 미사일 전체 개수로서 정의한다. 이상적인 엄격한 분석은 확률변수 N_j의 전체 분포는 N_j의 기댓값을 구할 수

있을 때 가능하다.

다음은 각 계층 방어에서 인터셉터의 효율적 배치에 대해 알아보자.

정리 6.2

X군은 총 N_0개의 공격 미사일을 n-계층 방어 시스템을 구축하고 있는 Y군을 향해 발사하였다고 가정하자. 이 때 각 i-계층 방어망을 통과 침투한 공격 미사일의 개수를 N_i라 하면 방어의 효율성의 극댓값 d_i은

$$d_i = N_{i-2} - N_{i-1} \tag{6.7}$$

로, 즉, i 계층에 배치된 인터셉터의 수는 $i-1$ 계층 방어에서 파괴된 예상 미사일의 개수와 같다.

증명 최적의 방어에 대하여 위 정리의 문제는

$$N_n(d_1, d_2, \cdots, d_n)$$

을 제약 조건

$$g(d_1, d_2, \cdots, d_n) = d_1 + d_2 + \cdots + d_n - d_0 = 0$$

에 대하여 최소화 하는 문제와 같다. 이 문제를 푸는 가장 기본적인 방법은 제 1장에서 소개된 라그랑지 승수법을 적용하면 된다. 즉 최적의 인터셉트를 배치는

$$\nabla N_n = \lambda \nabla g \tag{6.8}$$

의 해가 될 것이고, 여기서 λ는 라그랑지 승수이다. 식 (6.8)을 다시 풀어 쓰면

$$\begin{aligned}\left(\frac{\partial N_n}{\partial d_1} \; \frac{\partial N_n}{\partial d_2} \; \cdots \; \frac{\partial N_n}{\partial d_n}\right) &= \lambda\left(\frac{\partial g}{\partial d_1} \; \frac{\partial g}{\partial d_2} \; \cdots \; \frac{\partial g}{\partial d_n}\right) \\ &= \lambda(1 \;\; 1 \;\; \cdots \;\; 1).\end{aligned}$$

가 되고 이 식으로부터 n보다 적거나 같은 모든 i와 j에 대하여

$$\frac{\partial N_n}{\partial d_i} = \frac{\partial N_n}{\partial d_j} \tag{6.9}$$

를 만족한다. 다변수 함수의 연쇄법칙을 적용하면

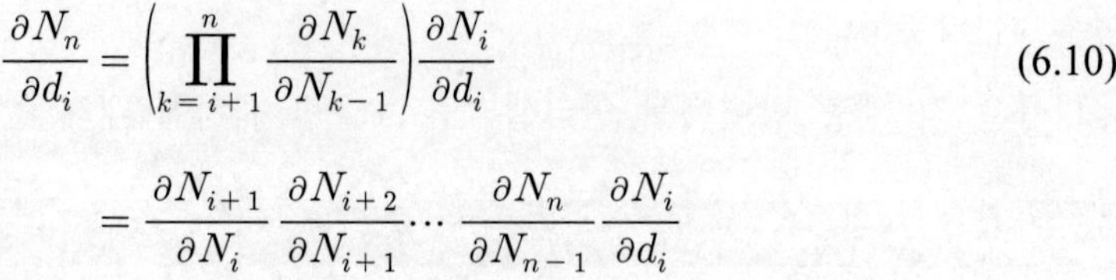

$$\frac{\partial N_n}{\partial d_i} = \left(\prod_{k=i+1}^{n} \frac{\partial N_k}{\partial N_{k-1}}\right)\frac{\partial N_i}{\partial d_i} \tag{6.10}$$

$$= \frac{\partial N_{i+1}}{\partial N_i}\frac{\partial N_{i+2}}{\partial N_{i+1}}\cdots\frac{\partial N_n}{\partial N_{n-1}}\frac{\partial N_i}{\partial d_i}$$

가 되고 같은 방법으로

$$\begin{aligned}\frac{\partial N_n}{\partial d_{i-1}} &= \left(\prod_{k=i}^{n}\frac{\partial N_k}{\partial N_{k-1}}\right)\frac{\partial N_{i-1}}{\partial d_{i-1}} \\ &= \frac{\partial N_i}{\partial N_{i-1}}\frac{\partial N_{i+1}}{\partial N_i}\cdots\frac{\partial N_n}{\partial N_{n-1}}\frac{\partial N_{i-1}}{\partial d_{i-1}}\end{aligned} \tag{6.11}$$

를 만족한다. 그러므로 식 (6.10)과 식 (6.11)을 식 (6.9)에 대입하여 정리하면

$$\frac{\partial N_i}{\partial d_i} = \frac{\partial N_i}{\partial N_{i-1}}\frac{\partial N_{i-1}}{\partial d_{i-1}} \tag{6.12}$$

가 되고, 식 (6.6)에 다시 대입하여 정리하면

$$\begin{aligned}\exp\left(-\frac{d_i}{N_{i-1}}\right) &= \frac{\partial N_i}{\partial d_i} \\ &= \frac{\partial N_i}{\partial N_{i-1}} \cdot \frac{\partial N_{i-1}}{\partial d_{i-1}} \\ &= \left(1+\frac{d_i}{N_{i-1}}\right)\exp\left(-\frac{d_i}{N_{i-1}}\right) \cdot \exp\left(-\frac{d_{i-1}}{N_{i-2}}\right)\end{aligned}$$

가 되고

$$1 = \left(1+\frac{d_i}{N_{i-1}}\right)\exp\left(-\frac{d_{i-1}}{N_{i-2}}\right) \tag{6.13}$$

을 유도할 수 있다. 따라서 식 (6.6)과 식 (6.13)으로부터

$$d_i = N_{i-2} - N_{i-1}$$

로 최적화 된다. 즉, i 계층에 배치된 인터셉터의 수는 $i-1$ 계층 방어에서 파괴된 예상 미사일의 개수와 같다.

[예제 6.1]

X군은 총 100개의 공격 미사일을 4-계층 방어 시스템을 구축하고 있는 Y군을 향해 발사하였다고 가정하자. Y군은 1-계층에 45개의 인터셉터를 배치하고 있다면 나머지 계층에 배치할 최적의 인터셉터의 개수를 각각 구하여라.

풀이 정리 6.2에서부터 다음과 같은 8가지 방정식을 구할 수 있다. 최적화 방법을 통해 구해야 되나 단순 식으로 구하면

$$N_1 = N_0 \exp(-\frac{d_1}{N_0}) \qquad d_2 = N_0 - N_1 = 36$$

$$= 100\exp(-\frac{45}{100}) = 63.7628 \equiv 64,$$

$$N_2 = N_1 \exp(-\frac{d_2}{N_1}) = 36.466 \equiv 37, \qquad d_3 = 64 - 37 = 27$$

$$N_3 = N_2 \exp(-\frac{d_3}{N_2}) = 17.835 \equiv 18, \qquad d_4 = 37 - 18 = 19$$

$$N_4 = N_3 \exp(-\frac{d_4}{N_3}) = 6.263 \equiv 6, \qquad d_0 = d_1 + d_2 + d_3 + d_4 = 127$$

와 같이 구할 수 있다. 사실 8개의 독립변수는 각 계층을 침투 통과하는 공격미사일의 개수인 N_1, $N_2, \cdots, N_4$와 방어자의 각 계층에 배치한 인터셉터의 개수인 $d_1, d_2, \cdots, d_4$로 공격 미사일 N_0와 방어자의 인터셉터의 수 d_0에 의하여 반복적으로 구할 수 있다.

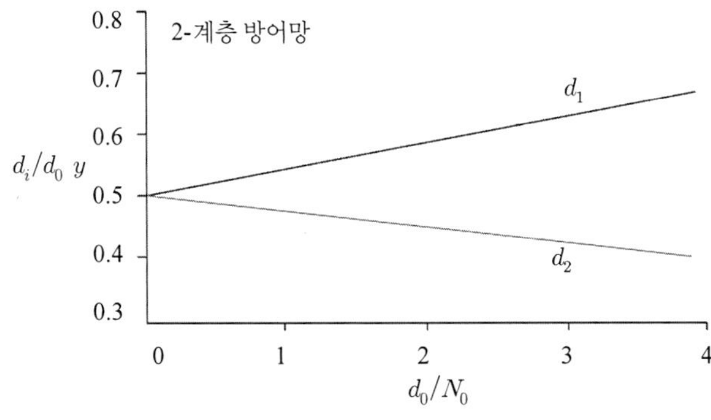

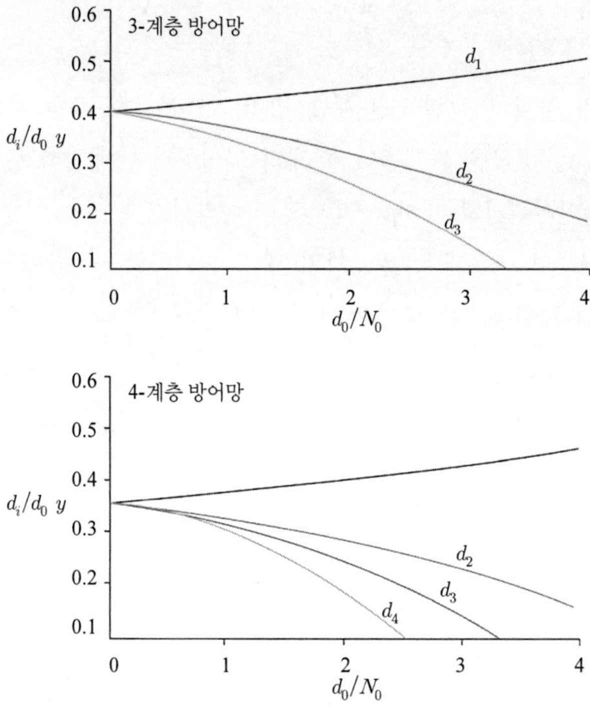

그림 6.4 각 계층방어에 대한 인터셉터 배치도

인터셉터의 배치에 관한 방정식은 방어력/공격력의 잠재적 비율을 나타내는 무차원 모수 d_0/N_0의 항으로 풀 수 있다. 위의 그림 6.4는 2-계층 방어, 3-계층 방어, 4-계층 방어망에서 무차원 모수 d_0/N_0에 대한 침투 확률을 보여준다. 여기서 중요한 모수는 n-계층 방어 시스템에서 생존하여 침투하는 미사일의 수 N_n이다. 아래 그림 6.5는 방어/공격 비율 d_0/N_0에 대한 N_n/N_0의 그래프이다. d_0/N_0가 증가할수록 침투 통과하는 공격 미사일의 수는 상당히 감소한다. 특히 2-계층 방어보다 더 많은 경우 대륙간 탄도 미사일 방어에 대한 효율성이 무척 크다고 알려져 있다.

d_0/N_0 값의 범위가 1보다 작을 경우에는 계층방어를 침투 통과하는 공격 미사일의 너무 큰 비율을 차지하기 때문에 실질적인 작전에서는 관심도가 떨어진다. 즉, 방어 자체의 의미를 상실하기 때문이다. 물론 $d_0 = 0$인 경우 계층방어 자체가 없기 때문에 모든 미사일이 통과되는 상황이 된다.

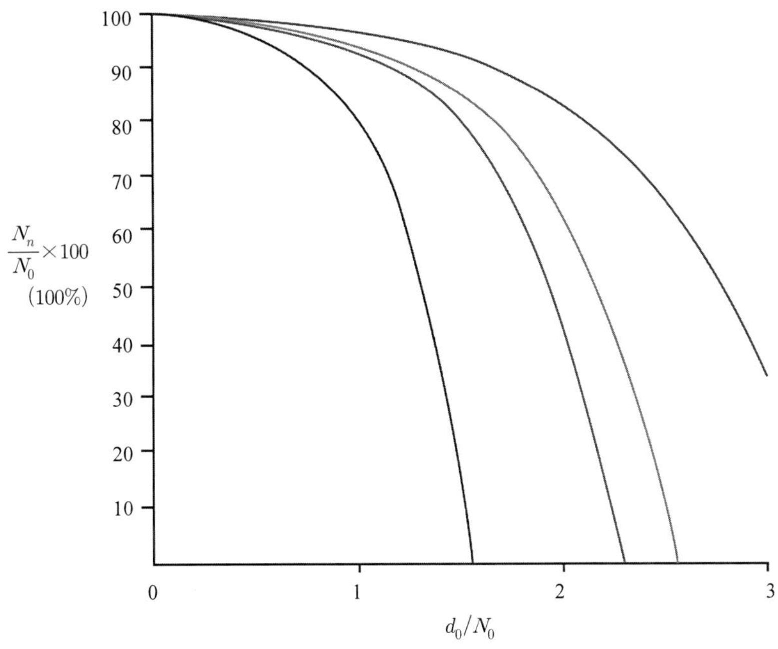

그림 6.5 각 계층방어에서 공격 미사일의 침투율

6.3 다탄두 미사일(MIRVed) 공격에 대한 계층방어 모델링

러시아를 포함한 군사 강국들은 다탄두(MIRVed) 미사일을 보유하고 있고 이러한 다탄두 미사일은 탄두 내에 가짜 탄두까지 포함하고 있어 방어하는데 다소 어려움이 있다. 특히 공격미사일은 몇 개의 독립적인 목표를 향해 탄두가 전개되며, 다양한 위장 탄두를 포함하고 있어 신뢰할 만한 판별법이 없다면 방어자의 인터셉터들은 공격 대상이 될 수도 있다. 앞 절에서 분석방법과 같은 패턴으로 계층방어를 분석하고자 몇 가지 미사일의 특성에 따른 가정이 필요하다.

기본 가정

(1) 방어자는 n계층에서 침투하는 미사일을 요격할 수 있는 능력을 보유하고 있다.
(2) 인터셉터는 랜덤로 발사될 수 있다. 즉, 기지에 전개하고 있는 인터셉터는 앞의

계층방어를 통과한 공격미사일에 대해 랜덤으로 발사된다.
(3) 첫 i번째 계층 방어망을 통과한 각 공격미사일 N_i는 α_i개 탄두가 전개(유인 미사일)된다.

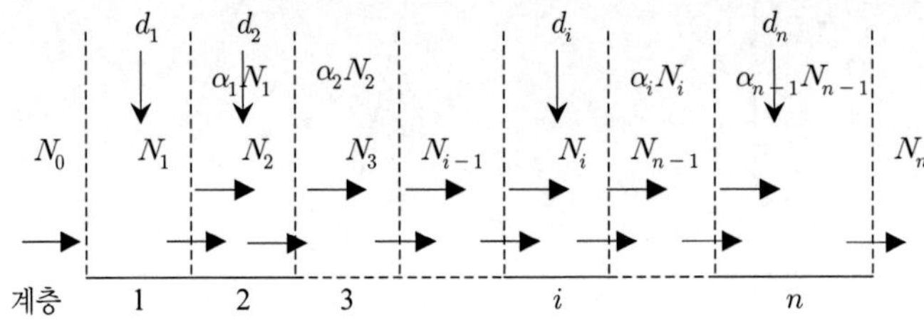

그림 6.6 다탄두미사일에 대한 n−계층방어

더 이상 탄두나 유인 탄두가 없을 때, $\alpha_i = 1$이 된다. 그러면 식 (6.6)은 다음과 같이 변형된다.

$$N_j(d_1, d_2, \cdots, d_j) = \alpha_{j-1} N_{j-1} \exp\left(-\frac{d_j}{\alpha_{j-1} N_{j-1}}\right) \tag{6.14}$$

정리 6.3

X군은 총 N_0개의 다탄두공격미사일을 n-계층 방어 시스템을 구축하고 있는 Y군을 향해 발사하였다고 가정하자. 이 때 각 i-계층 방어망을 통과 침투한 미사일의 개수를 N_i라 하고 다탄두는 α_i라고 할 때, 방어 효율성의 극댓값 d_i은

$$d_i = \alpha_{i-2} N_{i-2} - \alpha_{i-1} N_{i-1} \tag{6.15}$$

로 i 계층에 배치된 인터셉터의 수는 $i-2$계층과 $i-1$계층 방어망을 통과한 탄두나 유인탄두의 차와 같다.

증명 최적화 방법은 정리 6.2의 증명과 마찬가지로 라그랑지 승수법을 적용하여 다탄두 미사일 공격에 대한 해를 구할 수 있다. 또한 정리 6.2를 증명하는 가운데 나온 식 (6.13)도 유사하게 아래와 같이 변형할 수 있다.

$$1 = \alpha_{i-1}\left(1 + \frac{d_i}{\alpha_{i-1} N_{i-1}}\right) \exp\left(-\frac{d_{i-1}}{\alpha_{i-2} N_{i-2}}\right) \tag{6.15}$$

따라서 반복적인 관계로부터 식 (6.14)인

$$d_i = \alpha_{i-2}N_{i-2} - \alpha_{i-1}N_{i-1}$$

을 유도할 수 있다. 자세한 증명은 독자들에게 연습문제로 남겨둔다.

정리 6.3에서 설명하는 내용은 정리 6.2와 달리 방어자의 인터셉터의 배치 수는 $i-1$계층에서 파괴될 예상 탄두의 수와 같지 않다. 또한 각 계층의 인터셉터 d_i는 반드시

$$d_i \geq 0 \tag{6.16}$$

이라 조건을 만족해야한다.

다탄두 미사일이 아닌 일반 미사일 공격에 대한 모델링과 서로 비교하기 위하여 4-계층 방어망에 대한 모델링으로 가정하여 분석해보도록 하겠다. 다탄두 미사일이 처음 두 계층을 통과하였고, 각 공격 미사일 당 다탄두의 수를 α로 나타내면 예제 6.1과 같이 8개의 비선형 방정식

$$N_1 = N_0 \exp(-\frac{d_1}{N_0}), \qquad d_2 = N_0 - N_1$$

$$N_2 = N_1 \exp(-\frac{d_2}{N_1}), \qquad d_3 = N_1 - \alpha N_2$$

$$N_3 = \alpha N_2 \exp(-\frac{d_3}{\alpha N_2}), \qquad d_4 = \alpha N_2 - N_3$$

$$N_4 = N_3 \exp(-\frac{d_4}{N_3}), \qquad d_0 = d_1 + d_2 + d_3 + d_4$$

을 세울 수 있다. 특히 $\alpha = 1$인 경우의 인터셉터의 배치는 그림 6.4에서 보는 것과 같고, 다탄두 $\alpha = 10$인 경우의 인터셉터의 배치는 그림 6.7과 같이 배치된다.

그림 6.4와 그림 6.7에서의 차이점을 비교해 보자. 단일탄두 즉, $\alpha = 1$인 경우는 각 계층에 인터셉트가 d_i개씩 배치되었지만 다탄두의 개수가 $\alpha = 10$인 경우에는 처음 두 계층에 인터셉트가 실제적으로 배치되었다. 이것을 해석해 보면 미사일이 각 계층을 통과하여 여러 개로 분산되어 전개되기 전에 앞의 계층방어에서 파괴해야 효과적이기 때문이다. 다음 그림 6.8은 공격미사일이 단일탄두 $\alpha = 1$일 때와 다탄두의 수가 각각 $\alpha = 4,\ 10$인 경우의 방어망을 통과하는 탄두의 수에 대한 비율에 따른 비교 그림이다.

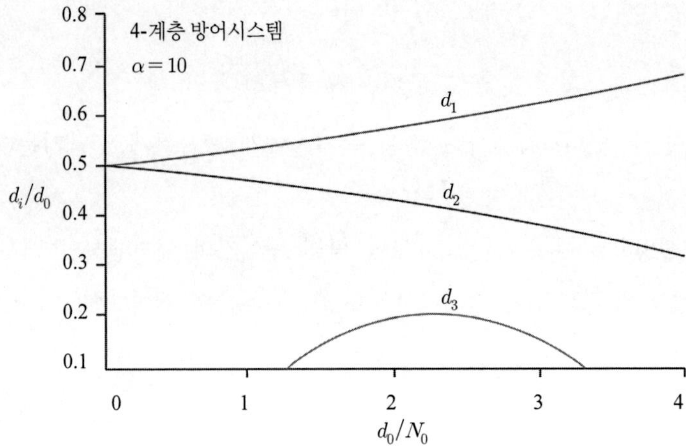

그림 6.7 다탄두 수 $\alpha = 10$에 대한 인터셉터의 배치

아래 그림에서 보는 것처럼 10개의 다탄두에 대한 방어 대 공격 비율의 범위가 2.5에서 3사이에 있어야 효과적인 방어망이라는 것을 보여주고 있다. 이 보다 작은 비율의 방어망 시스템은 타당성이 높은 것으로 받아들이기 어렵고 또한 방어 작전을 수립할 수도 없을 것이다.

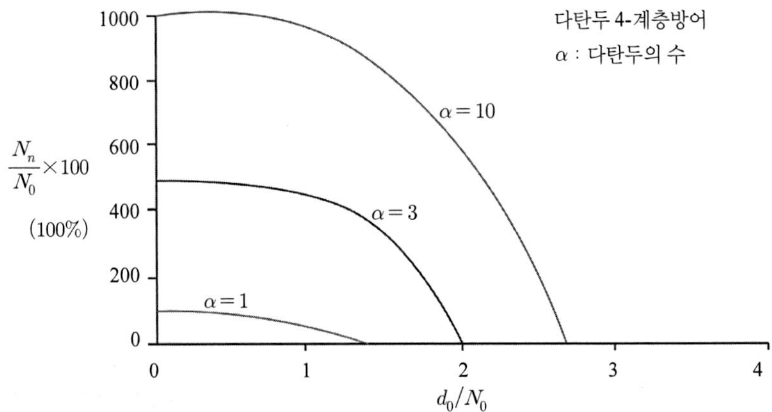

그림 6.8 다탄두 $\alpha = 1,3,10$에 대한 미사일 침투 예상도

6.4 대탄도 미사일(ABM) 방어

ICBM 발사대(사일로)에 대한 궁극적인 방어는 국방 전략을 설계하는 의사결정자에게는 상당히 중요하고 국가 전체의 국방정책과 정치적 상황 등 고려해야 될 것들이 많다. 특히 가상 적국의 다양한 공격에 대비하여 발사대의 생존성 향상에 대한 몇 가지 기본적인 원칙을 고려해 두어야한다. 이런 전략미사일 방어 원칙에는 다중 엄폐물 같은 고정식 방어, 이동식 발사대, 또는 대탄도미사일(ABM) 같은 능동 방어들을 포함한다. 만약 아군의 미사일 방어에 대해 남아있는 미사일로 보복 공격하는 것을 허용할 때 방호된 발사대의 수가 비교적 적게 생존할 수 있어도 방어망은 성공적이라 할 수 있다. 결과적으로 가상 공격자는 공격에 의한 분명한 전략적 이득이 없고, 또한 방호된 발사대에 대한 최초 공격에 대한 어떤 인센티브도 없다. ABM 방어는 발사대나 전략 미사일 같은 표적에 효과적이지만 살상 목적의 지역표적에는 적합하지 않다. 왜냐하면 공격하는 미사일의 수가 매우 적게 침투하게 되어도 방어자 측의 인적, 물적 피해는 재앙에 이르기 때문이다. 지역 방어에 대해서는 앞 절에서 논의한 계층방어가 효과적이고 종심 방어는 말 그대로 최종 단계의 방어라 볼 수 있다.

아직 우리나라에서는 ICBM과 같은 전략 미사일이 없고, 최근 북한의 대포동 미사일 등을 고려해 패트리어트 미사일 정도가 배치될 것으로 판단된다. 최근 성주에 사드 1개 포대가 전개되어 고고도 미사일 방어체제의 일부를 갖추고 있다. 이 절에서는 이론적으로 미국을 중심으로 어떤 대탄도 미사일 방어 전략과 모델링에 대해 접근해본다. 특히 이 절은 이미 알려진 프리제미에네키의 책을 참고하여 접근해 보았다.

ABM 방어는 방어된 사이트에 대해 인터셉터의 최적 배치로 공격에 대해 생존하는 발사대의 수를 증가시킬 수 있다. 따라서 차기 국방정책을 입안하게 될 군사 전문가들의 입장에서 인터셉터의 배치 전략과 공격자 입장에서 대기권 재진입 발사체의 분포 등 공격과 방어에 대한 최적의 전략들을 토의해 보고자 한다. 이는 공격과 방어를 중심으로 생각할 수 있기 때문에 제1장에서 다루었던 게임이론을 적용하여 단순하게 분석해 볼 수 있다.

게임이론을 적용하기 위해서 양측 플레이어들 구성이 필요한데, 모델링을 위하여 방어자의 전략을 B로 나타내며, 그 원소들은 음이 아닌 정수로서 $b_0, b_1, \cdots, b_i, \cdots$로 표시하자.

여기서 각 b_i는 i개의 ABM 인터셉터에 의해 방호된 발사대의 수를 의미한다. 특히 b_0는 방호되지 않는 발사대의 수를 말하고, b_1은 하나의 인터셉터에 의해 방호된 발사대의 수 등을 나타낸다. 이렇게 정의한 인터셉터의 분포를

$$\sum_{i=1} b_i = b \text{ 와 } \sum_{i=1} i b_i = b_D \tag{6.17}$$

로 정의하자. 여기서 b는 전체 발사대의 수, b_D는 가용한 인터셉터의 수가 된다. 같은 방법으로 공격자의 전략을 A로 나타내고, 그 원소들은 음이 아닌 정수로서 $a_0, a_1, \cdots, a_j, \cdots$로 표시하며, 각 a_j는 j개의 미발사대를 공격한 상대방 발사대의 수를 나타낸다. 그러면 식 (6.17)을 고려하여 공격자는 적절한 수의 전략 미사일을 발사하여 공격하게 될 것이다. 공격자의 미사일의 분포는

$$\sum_{j=1} a_j = b \text{ 와 } \sum_{j=1} j\, a_j = a_A \tag{6.18}$$

가 되고, 여기서 a_A는 공격 미사일의 수이다.

그러므로 게임이론을 적용해 보면 방어측의 전략 B와 공격측의 전략 A는 인터셉터와 공격 미사일의 배치 및 임무부여 등의 조합 가능한 모든 전략의 구성을 나타낸다고 할 수 있다. 그러나 현재까지 알려진 전략 중에서 공격과 방어 간에 가용 여건을 고려한 전략으로서 미국 네브라스카 대학의 물리학 교수인 사르토리(Sartori, L)에 의해 제안된 전략으로 각각의 같은 수의 사이트가 일정하게 같은 수의 인터셉터에 의해 방호되고, 같은 수의 사이트가 일정하게 같은 수의 미사일에 의해 공격받는 쌍방의 전략에 대해 알아보자. 이 쌍방의 전략에 대한 최적화를 위해 공격자의 전략을 $A = \{a_0, a_1, a_2 = a_1, \cdots, a_q = a_1\}$, 방어자의 전략을 $B = \{b_0, b_1, b_2 = b_1, \cdots, b_p = b_1\}$라고 가정하자.

정리 6.4

공격자의 전략을 A, 방어자의 전략을 B라 하고, 식 (6.17)과 (6.18)을 만족한다고 하자. 그러면 최소의 생존 발사대의 수 $\min \mathsf{C}(B, A)$는 $a_0 = a_{p+2} = a_{p+3} = \cdots = 0$일 때,

$$\min \mathsf{C}(B, A) = \frac{2b_D}{p} - \frac{2b_D\, a_A}{bp(p+1)} \; ; \; p \geq \frac{2b_D}{b} \tag{6.19}$$

이다. 여기서 p는 모든 $b_i \neq 0$이 되는 양수이다.

증명 공격자의 전략 $A=\{a_0,a_1,a_2=a_1,\cdots,a_q=a_1\}$와 방어자의 전략 $B=\{b_0,b_1,b_2$ $b_1,\cdots,b_p=b_1\}$에 대하여 식 (6.17)과 (6.18)을 대입하여 계산하면

$$
\begin{aligned}
b_0 &= b-\frac{2b_D}{p+1},\ b_1=\frac{2b_D}{p(p+1)} \\
a_0 &= b-\frac{2a_A}{q+1},\ a_1=\frac{2a_A}{q(q+1)}
\end{aligned}
\tag{6.20}
$$

가 되고, 여기서 p와 q는 b_0,b_1과 a_0,a_1이 모두 양수가 되는 최대의 자연수이다. 여기서 i개의 인터셉터에 의해 방호되는 발사대가 j개의 미사일에 의해 공격 받을 때, $i\ge j$이면 생존이 가능할 것이다. 따라서 정확히 j개의 미사일에 의해 임의의 발사대가 공격받을 확률은 $\frac{a_j}{b}$가 되고 발사대가 생존할 필요충분조건은 $i\ge j$이다. 따라서 i개의 인터셉터에 의해 방호되는 발사대가 생존할 확률 p_i는

$$p_i=\sum_{j=0}^{i}\frac{a_j}{b}=\frac{1}{b}\sum_{j=0}^{i}a_j \tag{6.21}$$

가 되고, 식 (6.21)을 해석해 보면 전체 발사대의 수에 대하여, 공격 미사일 $j\le i$ 개가 할당된 발사대의 수에 대한 비율이다. 그러므로 이 공격과 방어 전략에 대해 예상되는 생존 발사대의 수는

$$\mathrm{C}(\mathrm{B},\mathrm{A})=\sum_i p_i b_i=\frac{1}{b}\sum_i\sum_{j=0}^{i}a_j b_i \tag{6.22}$$

가 된다. 따라서 식 (6.22)에 식 (6.20)과 식 (6.21)을 대입하여 정리하면

$$
\begin{aligned}
\mathrm{C}(B,A) &= \frac{2b_D}{p}-\frac{2b_D a_A}{bp(p+1)}+a_0\left(1-\frac{2b}{bp}\right) \\
&\quad +\frac{2b_D}{bp(p+1)}(a_{p+2}+2a_{p+3}+\cdots)
\end{aligned}
\tag{6.23}
$$

가 된다. 따라서 $a_0=a_{p+2}=a_{p+3}=\cdots=0$이므로 식 (6.23)에서 구하고자 하는 식 (6.19)

$$\min \mathrm{C}(B,A)=\frac{2b_D}{p}-\frac{2b_D\,a_A}{bp(p+1)}\ ;\ p\ge\frac{2b_D}{b}$$

를 구할 수 있다.

정리 6.4에서 볼 수 있듯이 $\min \mathrm{C}(B,A)$는 공격자가 채택한 어떤 특정한 전략에 의존하지 않는다.

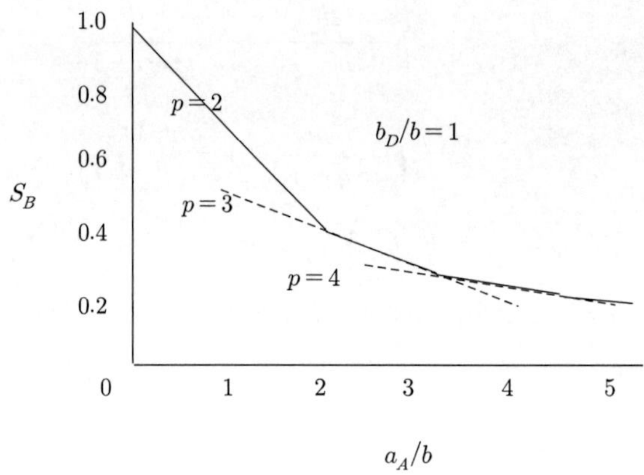

그림 6.9 $b_D/b=1$인 공격미사일의 최대-최소 생존 발사대의 분포

식 (6.19)를 방어자의 전략에 대한 생존하는 발사대의 수로 정규화하여 다시 정리하면

$$S_B = 1/b \max \min \mathrm{C}(B,A)$$

$$= \max \min \left[\frac{2b_D}{b}\frac{1}{p} - \frac{2b_D}{b}\frac{a_A}{b}\frac{1}{p(p+1)} \right];\ p \geq \frac{2b_D}{b} \tag{6.24}$$

로 쓸 수 있다. 식 (6.24)의 최대-최솟값에 대하여 $b_D/b=1$인 경우 a_A/b의 함수로 그래프를 그림 6.9에서 볼 수 있다.

다음은 공격자의 전략에서 정리 6.4를 재해석해보면 다음과 같은 결론을 유도할 수 있다. 즉 공격 전략에 따른 생존 발사대의 수를 결정하기 위하여 식 (6.22)에 대입하여 정리하면 다음 정리를 유도할 수 있다.

정리 6.5

공격자의 전략을 A, 방어자의 전략을 B라 하고, 식 (6.17)과 (6.18)을 만족한다고 하자. 그러면 최소의 생존 발사대의 수 $\max \mathrm{C}(B,A)$는 $b_{q+1} = b_{q+2} = \cdots = 0$일 때,

$$\max \mathrm{C}(B,A) = \left[1 - \frac{2a_A}{b(q+1)}\right] b + \frac{2b_D\, a_A}{bq(q+1)} \tag{6.25}$$

이다. 여기서 q는 모든 $a_i \neq 0$이 되는 양수이다.

증명 식 (6.21)에 의하면 i개 인터셉터에 의해 방호되는 발사대가 생존할 확률 p_i는

$$p_i = \sum_{j=0}^{i} \frac{a_j}{b} = \frac{1}{b} \sum_{j=0}^{i} a_j$$

이고 식 (6.22)에 의해

$$\begin{aligned} \mathrm{C}(\mathrm{B}, \mathrm{A}) &= \frac{1}{b} \sum_{i} \sum_{j=0}^{i} a_j b_i \\ &= \frac{1}{b} \left[a_0 b_0 + (a_0 + a_1) b_1 + (a_0 + a_1 + a_2) b_2 + \cdots \right] \\ &= \left[1 - \frac{2a_A}{b(q+1)} \right] b + \frac{2a_A b_D}{bq(q+1)} - b_{q+1} \left[1 + \frac{2a_A}{bq(q+1)} \right] \\ &\quad - b_{q+2} \left[1 + \frac{4a_A}{bq(q+1)} \right] - \cdots \end{aligned}$$

와 같이 전개할 수 있다. 따라서 최댓값은

$$b_{q+1} = b_{q+2} = \cdots = 0$$

일 때 얻을 수 있다. 그러므로 구하는 최댓값은

$$\max \mathrm{C}(B, A) = \left[1 - \frac{2a_A}{b(q+1)} \right] b + \frac{2b_D a_A}{bq(q+1)}$$

이 된다.

정리 6.4에서처럼 식 (6.25)를 공격자의 전략에 대해 생존하는 발사대의 수로 정규화하여 다시 정리하면

$$\begin{aligned} S_A &= \frac{1}{b} \min \max \mathrm{C}(B, A) \\ &= \min \max \left\{ \left[1 - \frac{2a_A}{b(q+1)} \right] + \frac{b_D}{b} \frac{2a_A}{b} \frac{1}{q(q+1)} \right\} \end{aligned} \tag{6.26}$$

와 같이 되고, 아래 그림은 $a_A/b = 1$에 대한 b_D/b의 함수의 그래프이다.

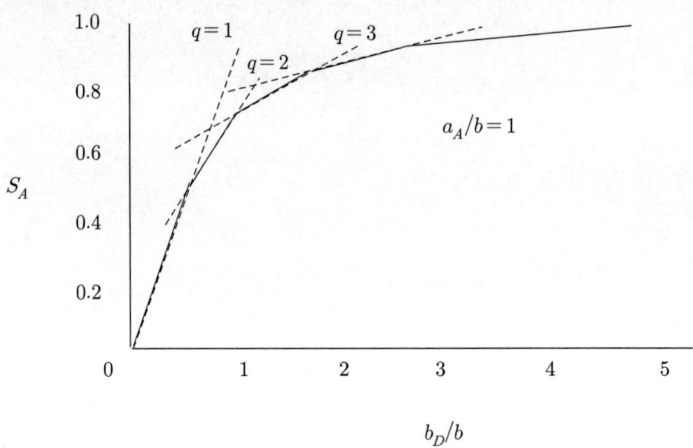

그림 6.10 $a_A/b=1$인 공격미사일의 최소–최대 생존 발사대의 분포

6.5 최적의 방공망 비행 침투로

전략 폭격기나 전술 비행기가 상대방의 방공망을 침투하여 임무를 수행하고자 할 때 적의 대공화기에 최대한 노출되지 않고 주어진 임무를 완수할 것을 요구한다. 따라서 작전계획을 세우는 의사결정권자는 가능한 최대의 생존 확률을 극대화하도록 최적의 루트를 선택해야한다. 그림 6.11에서 보는 것처럼 주어진 임무는 A지점에서 목표지점 B까지 최적의 루트를 찾아서 비행하는 것이다.

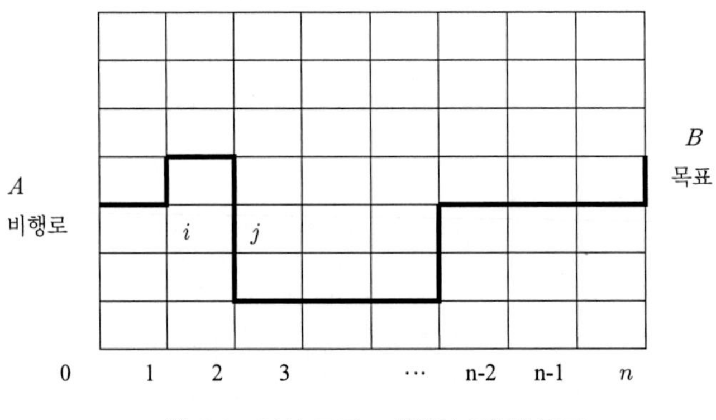

그림 6.11 이산 프로그래밍의 2차원 격자

이 모델링의 주요 목적은 생존확률이 가장 높은 비행 침투로를 선정하는 것이다. 이를 위해 의사결정자들이 고려해야 될 몇 가지 가정들이 있다.

가정(공중 기동 침투로 최적화)

(i) A지점에서 B지점까지 대공 방어망이 형성되어 있다.
(ii) 비행로상의 임의의 구간에서 살상확률과 단위 거리당, 또는 단위 시간당 실제 확률 또는 확률밀도함수가 알려져 있다.
(iii) 비행 루트의 선택에 따라 다른 생존확률이 적용된다.

공중 기동계획을 세우기 위해 방어지역 전체에 대해 그림 6.11에서 보는 것처럼 항공 침투가 가능한 루트를 2차원 격자로 세분화하고, 이산 동역학 프로그래밍을 사용하여 최적화하는 방법을 사용한다. 그리고 침투는 격자를 따라서 한다고 가정하자. 물론 보다 정확한 모델링은 대각선을 따라 비행할 때이나 모델링을 단순화하여도 일반화할 수 있기 때문에 이 방법을 도입한다. 즉, 격자를 보다 세분화하면 대각선으로 비행하는 경우에도 확장할 수 있다. 각 격자를 따라 비행할 때의 살상확률을 p_{ij}, 즉 $i \rightarrow j$ 루트를 따라 비행할 때 살상확률이라 하자. 그러면 이 $i \rightarrow j$ 루트에서의 생존확률은 $1-p_{ij}$가 된다. 따라서 각 격자를 통과할 때 살상확률을 서로 독립이라 볼 수 있기 때문에 A지점에서 B지점까지 생존확률 P_S는

$$P_S = \prod_{i,j}(1-p_{ij}) \tag{6.27}$$

로 주어진다.

정의 6.6

선분 $i-j$ 구간의 확률밀도함수가 f_{ij}이고, ℓ_{ij}를 선분의 길이라 할 때 **구간 살상확률(segment kill probability)** p_{ij}는

$$p_{ij} = \int_0^{\ell_{ij}} f_{ij}(s)ds \tag{6.28}$$

이고, 또한 선분 $i-j$ 구간을 횡단하여 침투하는 항공기의 소요 시간이 t_{ij}이고, 구간의 확률밀도함수를 g_{ij}라고 할 때 **구간 살상확률** q_{ij}는

$$q_{ij} = \int_0^{t_{ij}} g_{ij}(t)dt \tag{6.29}$$

로 표현한다.

만약 정의 6.6에서 확률밀도함수 f_{ij}와 g_{ij}가 모두 상수이면 구간 살상확률 p_{ij}와 q_{ij}는 각각

$$p_{ij} = f_{ij}\,\ell_{ij}$$

이며, $i-j$ 구간을 비행하는 항공기의 등속도 v_{ij}에 대해

$$q_{ij} = g_{ij}\,t_{ij} = g_{ij}\frac{\ell_{ij}}{v_{ij}} \quad \text{(속도=거리/시간)}$$

로 쉽게 계산할 수 있다. 모든 i와 j에 대해 $p_{ij} \le 1$이고, 만약 $p_{ij} = 1$ 또는 $P_S = 0$이면 이 항공기는 격추된 것이다.

식 (6.27)에서 양변에 자연로그를 취하면

$$\begin{aligned} \ln P_S &= \ln\left(\prod_{i,j}(1-p_{ij})\right) \\ &= \ln(1-p_{Aj}) + \ln(1-p_{ij}) + \cdots + \ln(1-p_{mB}) \\ &= \sum_i \sum_j \ln(1-p_{ij}) \end{aligned} \tag{6.30}$$

가 된다. 모든 i와 j에 대하여 $\ln(1-p_{ij}) \le 0$이기 때문에 새로운 변수 T을 도입하여

$$T = -\ln P_S = \sum_i \sum_j \tau_{ij} \tag{6.31}$$

로 정의하자. 여기서 $\tau_{ij} = -\ln(1-p_{ij})$이다. 변수 T를 항공기가 구간 $i-j$를 비행하는 구간의 성분들로 이루어진 위협함수(threat function)로 정의한다. 이 함수는 선택한 침투로를 통해 비행할 때 생존확률

$$P_S = e^{-T} \tag{6.32}$$

를 찾는데 이용된다. 특히 T는 침투하는 항공기가 비행하는 모든 구간의 성분 τ_{ij}들을

더하여 구해지기 때문에 각 구간의 성분 τ_{ij}는 잠재 위협함수 Φ에 대하여

$$\tau_{ij} = \int_i^j \Phi(s)ds \tag{6.33}$$

로 선적분을 이용하여 구할 수 있다.

최적의 침투로는 함수 T가 최소일 때이다. 따라서 문제는 T를 최소화하는 가능한 루트들을 연결하는 성분들을 찾는 것이다. 이런 최적화를 이해하기 위하여 $0-n$까지 비행경로를 격자로 나누어 생각해 보자.

아래 그림 6.12에서 라인 0에서 1로 이동하는 경우 $\sum_i \sum_j \tau_{ij}$를 최소화하는 침투로를 선택할 수 있다. 그러면 이 침투로가 옳은 선택인가? 그렇게 확신하지는 못할 것이다. 왜냐하면, 진입로에서 i지점까지 어떤 구간은 τ_{ij}가 매우 큰 확률값을 보이고 있어 피해야 되는 구간을 지나게 된다. 즉, 어떤 특정한 구간에서 작은 값을 생각하기 보다는 전체적으로 살펴보고 침투로를 선택해야 한다. 각 구간의 선택은 다음 단계에 미치는 영향을 고려하여 선택해야 된다. 이런 의미에서 항공기 침투로는 목표지점에서부터 역으로 산정하여 가장 작은 τ_{ij}가 되는 구간을 선택하면 된다는 것을 알 수 있다.

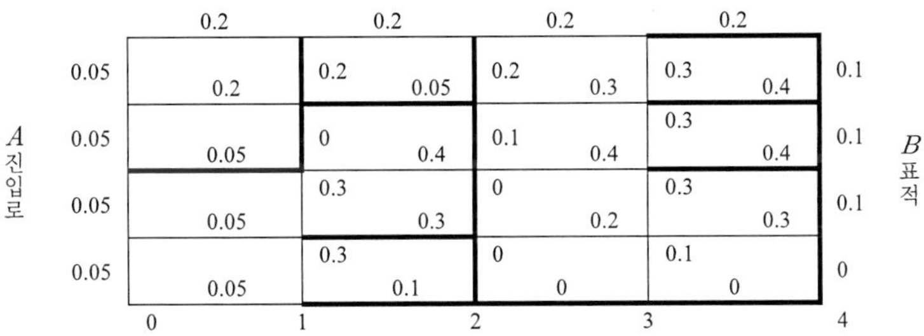

그림 6.12 대공 방어방 침투로 최적화 : τ_{ij}의 값

[예제 6.2]

그림 6.12와 아래 그림 6.13에서 최적화 침투로[3]와 직선 침투로에 대하여 각각 생존 확률을 구하여라.

3) J.S. Przemienieki "mathematical methods in defense anaysis" second edition p167 fig 6.16 참조.

풀이 그림 6.12에서보면 마지막 단계는 3과 4 라인에 있다. 그리고 마지막 목표에서 살펴보면 3단계 라인에는 5개의 다른 루트가 있다. 각 위치에서 $\sum_{ij}\tau_{ij}$ 값을 최소화하는 루트를 찾을 수 있다. 그림 6.12에서처럼 진하게 그 루트를 표시하였다.

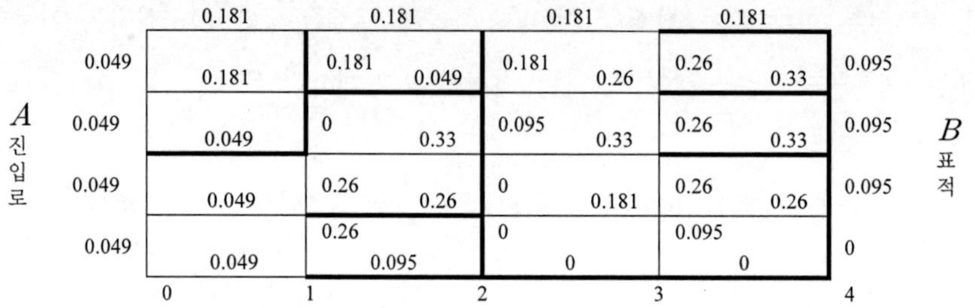

A 진입로	0.181	0.181	0.181	0.181	B 표적
0.049	0.181	0.181 / 0.049	0.181 / 0.26	0.26 / 0.33	0.095
0.049	0.049	0 / 0.33	0.095 / 0.33	0.26 / 0.33	0.095
0.049	0.049	0.26 / 0.26	0 / 0.181	0.26 / 0.26	0.095
0.049	0.049	0.26 / 0.095	0 / 0	0.095 / 0	0
0	1	2	3	4	

그림 6.13 각 구간별 살상확률 : p_{ij}의 값

계속해서 2단계 라인에서 같은 방법으로 $\sum_{ij}\tau_{ij}$ 값을 최소화하는 루트를 찾는다. 계속해서 이런 방법으로 찾아오면 최종적으로 $\sum_{ij}\tau_{ij}$ 값을 최소화하는 루트를 찾게 된다. 따라서 A에서 B까지 최적의 루트를 구하면

$$T_{\text{최적}} = \sum_{10\text{구간}} \tau_{ij}$$

$$= 0.1 + 0 + 0 + 0 + 0 + 0 + 0.1 + 0.05 + 0 + 0.05$$

$$= 0.3$$

이 되고, 이에 대응하는 생존 확률은

$$P_{S_{\text{최적}}} = e^{-T_{\text{최적}}} = e^{-0.3} = 0.74$$

가 된다. 한편 A에서 B까지 직선 라인을 선택할 경우

$$T_{\text{직선}} = \sum_{4\text{구간}} \tau_{ij}$$

$$= 0.05 + 0.4 + 0.4 + 0.4$$

$$= 1.25$$

이고, 이에 대응되는 생존 확률은

$$P_{S_{직선}} = e^{-T_{직선}} = e^{-1.25} = 0.29$$

와 같이 구할 수 있다.

이 예제에서 설명하는 것은 만약 최적의 루트를 선택할 경우 4대의 침투 항공기 중 1대 정도는 미션을 수행하는 도중 격추될 가능성이 있다는 것을 보여준다. 반면 직선 루트를 선택할 경우 3대중에서 2대는 격추될 수 있다는 것을 보여준다.

일반적으로 고위협 잠재함수는 그곳이 언덕이거나 높은 고지군을 이루고 있을 때 통상 나타난다. 사실 위의 그림 6.12을 이용하여 입체적으로 그림을 그려 보면 저공비행할 수 있는 계곡에서는 낮은 위협 잠재함수 군을 이룬다.

여기서 살펴본 2차원 최적화 분석은 각 구분 공간으로 확장하여 3차원 공간에서까지도 적용할 수 있다. 여기서 각 구간의 τ_{ij}는 고도에도 의존하게 됨에 따라 적절한 변수들을 고려해야 된다.

6.6 항공 침투에 대한 대공방어

이 절은 미해사 교재로 사용되는 해군운영분석의 일부 내용을 포함하여 정리하였다. 항공 침투에 대한 지대공미사일(surface to air missile, SAM) 방어의 두 가지 경우를 고려해 보겠다. 저고도 침투 비행에 대한 대공방어로 침투 항공기가 최저 사거리와 최고 사거리 사이의 SAM 사이트로 접근하여 직접 공격 사격하는 경우도 있다. 두 번째는 침투 항공기가 대공 방어망 사이트에서 일정한 거리 x를 보정하며, 일정한 속도로 비행하는 방어에 대한 설명이다.

미사일 사이트의 대공 방어망으로 직접 침투하는 경우에 대해서 몇 가지 고려해야 될 가정이 있다.

가정 : SAM 사이트의 직접 침투(direct penetration of SAM site)

(i) 처음 인터셉트는 최대 사거리 R_{max}에서 진입하는 동안 발생하여 $R_1 = R_{max}$가 된다.

(ii) 두 번째 인터셉트를 결정하는데 사격-관측 후 재사격 절차를 지체 없이 수행한다.

(iii) 만약 인터셉트를 성공하여 침투 항공기가 격추되면 미사일 발사를 중지하고, 그렇지 않으면 2단계를 계속 수행한다.

단계 (ⅱ)의 의미는 하나의 미사일이 침투 항공기를 인터셉트하자마자 다른 미사일이 동시에 발사된다는 것이다. 물론 성공적으로 침투 항공기를 격추하게 되면 단계 iii)에서처럼 더 이상 미사일은 발사되지 않는다. 지대공 미사일의 속도를 V, 침투 항공기의 속도를 U로 나타내자.

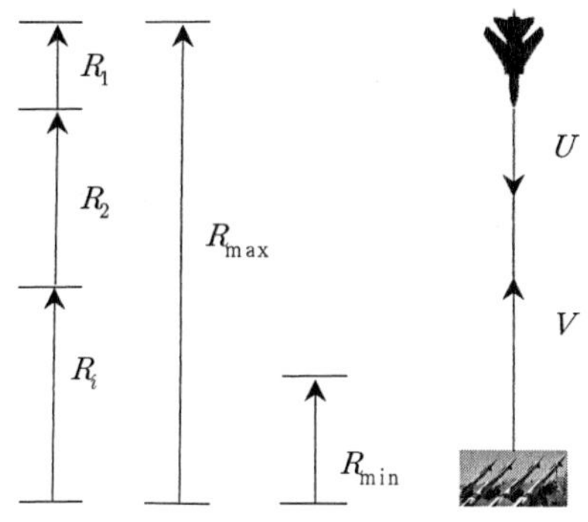

그림 6.14 진입하는 항공기와 미사일의 속도와 방향

그러면 두 번째 인터셉트는

$$R_2 = Vt = R_{max} - Ut \tag{6.34}$$

에서 발생한다. 식 (6.34)에서 $t = R_{max}/(U+V)$가 되어 다시

$$R_2 = Vt = \frac{R_{max}}{1 + U/V} \tag{6.35}$$

가 된다. 반복적으로 R_3에 대해 계산하면 일반적인 n번째 인터셉터에 대해서 다음 식

$$R_n = R_{\max}(1+U/V)^{1-n} \tag{6.36}$$

으로 표현된다.

정리 6.7

주어진 조건하에서 지대공미사일 사이트로 직접 진입하는 침투 항공기에 대한 지대공미사일의 최대 발사 수는

$$N_{진입} = \left[-\frac{\ln(R_{\min}/R_{\max})}{\ln(1+U/V)}\right]+1 \tag{6.37}$$

로 주어지고, $[x]$는 x보다 작거나 같은 최대 정수, 즉 가우스함수이다.

증명 식 (6.36)에서 주어진 $R_n = R_{\max}(1+U/V)^{1-n}$이기 때문에 분명히 $R_n \geq R_{\min}$이다. 그러므로

$$\frac{R_{\max}}{R_{\min}} \geq \left(1+\frac{U}{V}\right)^{n-1} \tag{6.38}$$

를 만족한다. 양변이 모두 1보다 크기 때문에 자연로그를 취하면

$$\ln\frac{R_{\max}}{R_{\min}} \geq (n-1)\ln\left(1+\frac{U}{V}\right)$$

이 된다. 따라서 구하고자하는 미사일의 수는

$$n \leq -\frac{\ln(R_{\min}/R_{\max})}{\ln(1+U/V)}+1$$

을 만족한다. 이 수 n의 의미는 진입하는 침투 항공기에 대한 지대공미사일의 최대 발사 수

$$N_{진입} = \left[-\frac{\ln(R_{\min}/R_{\max})}{\ln(1+U/V)}\right]+1$$

로 주어지고, $[x]$는 x보다 작거나 같은 최대 정수, 즉 가우스함수이다.

마찬가지로 지대공미사일 기지(SAM site)를 진출하여 비행하는 경우에는 그림 6.15에서 볼 수 있다.

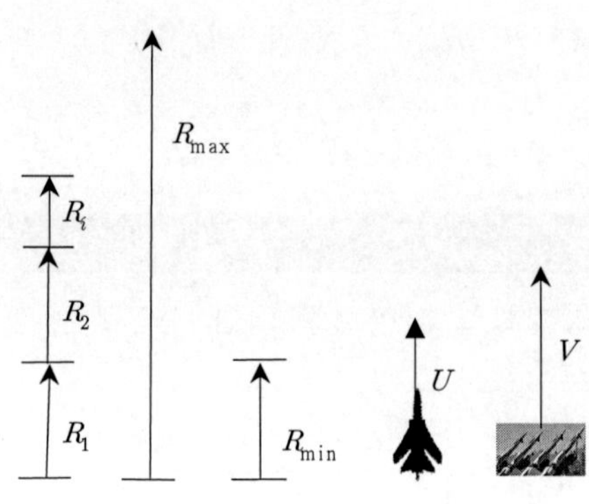

그림 6.15 SAM site를 진출하는 항공기와 미사일의 속도와 방향

진입하는 항공기와는 반대로 $R_1 = R_{min}$이 되고, 두 번째 인터셉트는

$$R_2 = Vt = R_{min} + Ut$$

가 되고, 다시 t에 대해 정리하면

$$R_2 = \frac{R_{min}}{1 - U/V}$$

가 된다. 같은 방법으로 계속 반복하여 R_3를 계산하면, 일반적으로 n번째 인터셉트에 대해서는

$$R_n = R_{min}(1 - U/V)^{1-n}$$

이 됨을 알 수 있다.

정리 6.8

주어진 조건하에서 지대공미사일 사이트에서 앞으로 진출하여 침투하는 항공기에 대한 지대공미사일의 최대발사 수는

$$N_{진출} = \left[\frac{\ln(R_{min}/R_{max})}{\ln(1 - U/V)}\right] + 1 \tag{6.39}$$

로 주어지고, $[x]$는 x보다 작거나 같은 최대 정수로 가우스함수이다.

증명 위에서 $R_n = R_{min}(1 - U/V)^{1-n}$이기 때문에 분명히 $R_n \le R_{max}$이다. 그러므로

$$\frac{R_{\max}}{R_{\min}} \geq \left(1 - \frac{U}{V}\right)^{1-n}$$

을 만족한다. 그러므로 양변에 자연로그를 취하면

$$\ln\frac{R_{\max}}{R_{\min}} \geq (1-n)\ln\left(1 - \frac{U}{V}\right)$$

이 된다. 여기서 $\ln(1 - U/V)$가 음수이기 때문에 구하고자하는 미사일의 수는

$$n \leq \frac{\ln(R_{\min}/R_{\max})}{\ln(1 - U/V)} + 1$$

을 만족한다. 마찬가지 이 수 n의 의미는 진출하는 침투 항공기에 대한 지대공 미사일의 최대 발사 수

$$N_{진출} = \left[\frac{\ln(R_{\min}/R_{\max})}{\ln(1 - U/V)}\right] + 1$$

로 계산할 수 있고, $[x]$는 x보다 작거나 같은 최대 정수인 가우스함수이다.

정리 6.9

주어진 조건하에서 지대공미사일 사이트로 직접 진입하여 다시 앞으로 진출하여 침투하는 항공기에 대한 지대공미사일의 최대 발사 총 개수는

$$N_{전체} = \left[-\frac{\ln(R_{\min}/R_{\max})}{\ln(1 + U/V)}\right] + \left[\frac{\ln(R_{\min}/R_{\max})}{\ln(1 - U/V)}\right] \tag{6.40}$$

로 주어지고, $[x]$는 x보다 작거나 같은 최대 정수, 즉 가우스함수이다.

이 정리의 증명은 식 (6.37)과 식 (6.39)를 더하면 구할 수 있다.

다음은 침투하는 항공기가 미사일 방어기지를 통과하지 않고 어떤 항로로 비행한다면 두 가지 가능한 형태의 추적 과정과 인터셉트 과정이 있을 것이다. 아래 그림 6.16은 이런 상황에 대한 모습을 보여준다.

침투하는 항공기를 추적하는 과정에서 미사일은 표적(침투항공기)을 지향하여 일정한 속도로 유도된다. 표적을 지향하는 위치는 인터셉트 지점까지 일정하게 변한다. 반면 인터셉트 과정에서는 표적의 속도 U와 방향뿐만 아니라 지대공미사일(SAM)의 속도 V도

사잇각 λ를 계산하기 위하여 알아야한다. 인터셉트 지점은 SAM과 표적이 교차하는 공간의 한 지점에서 발생한다.

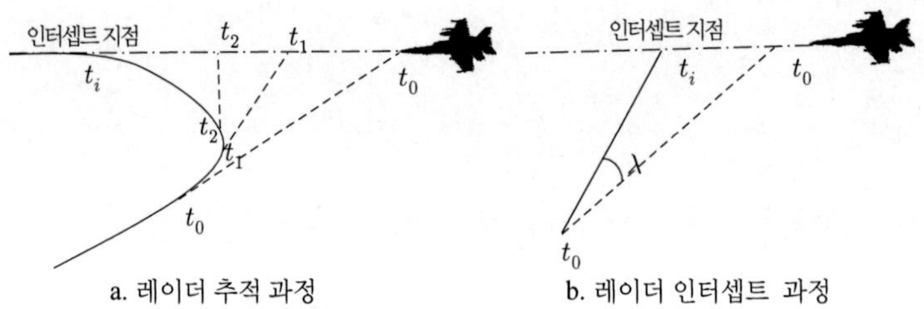

그림 6.16 추적과 인터셉트 비행 도식

그림 6.16에서 보는 것처럼 인터셉트 과정은 미사일 비행시간이 비교적 적게 소요되고, 사격-관측 재사격 순서를 보다 신속하게 수행되기 때문에 방어자 입장에서는 더 선호한다.

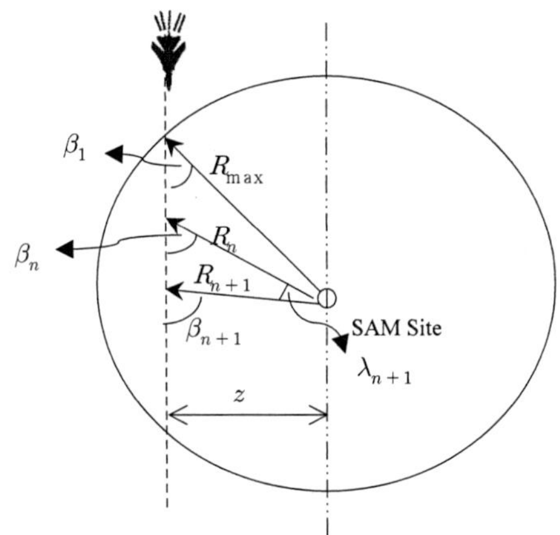

그림 6.17 침투 항공기에 대한 SAM 발사 시리즈 인터셉트 도식

정리 6.10

그림 6.17에서처럼 처음 인터셉트는 SAM의 최대사거리 R_{max}에서 발생한다고 하자. 만약 침투 항공기의 속도 U, SAM의 속도 V에 대하여 n번째 인터셉트와 $n+1$번째 인터셉트의 사잇각 λ_{n+1}은

$$\lambda_{n+1} = \sin^{-1}\left(\frac{U}{V}\sin\beta_n\right) \tag{6.41}$$

이고, 비행 방향과 SAM 사이트가 이루는 각 β_{n+1}은

$$\beta_{n+1} = \beta_n + \lambda_{n+1} \tag{6.42}$$

이다.

증명 주어진 조건에서 처음 인터셉트는 최대 사거리 $R_{\max} = R_1$에서 발생하므로 비행기 진행방향과 SAM 사이트가 이루는 각 β_1은

$$\beta_1 = \sin^{-1}\frac{z}{R_1}$$

이 된다. 이와 같이 귀납적 방법으로 계속해서 사인법칙을 적용하면

$$\frac{\sin\lambda_{n+1}}{S_{n+1}} = \frac{\sin\beta_n}{R_{n+1}} \tag{6.43}$$

을 만족한다. 여기서 $n+1$번째 인터셉트에 대한 비행시간 t_{n+1}, SAM의 속도 V와 비행기의 속도 U에 대하여

$$S_{n+1} = Ut_{n+1}, \quad R_{n+1} = Vt_{n+1} \tag{6.44}$$

이다. 따라서 식 (6.43)과 식 (6.44)에 의해

$$\frac{\sin\lambda_{n+1}}{S_{n+1}} = \frac{\sin\beta_n}{R_{n+1}} \Rightarrow \sin\lambda_{n+1} = \frac{S_{n+1}}{R_{n+1}}\sin\beta_n = \frac{U}{V}\sin\beta_n$$

이므로 λ_{n+1}에 대해 정리하면

$$\lambda_{n+1} = \sin^{-1}\left(\frac{U}{V}\sin\beta_n\right)$$

이 된다. 한편 그림 6.17에서

$$\beta_{n+1} = \beta_n + \lambda_{n+1}$$

을 만족한다.

이 증명에서 다시 사인법칙을 이용하면 다음 두 가지 부가적인 식

$$R_{n+1} = R_n\frac{\sin\beta_n}{\sin\beta_{n+1}}, \quad S_{n+1} = R_n\frac{\sin\lambda_{n+1}}{\sin\beta_{n+1}}$$

을 유도할 수 있다.

보정된 값 z, SAM의 최대 사거리 R_1 그리고 속도 U, V에 대하여 교차점은 비행 경로 상에 위치한다. 당연히 SAM 미사일의 최대 사거리를 초과할 수 없기 때문에 $R_n > R_1$인 경우의 상황은 발생할 수 없다. 또한 그림 6.17에서 보는 것처럼 β_{n+1}은 결코 π를 초과할 수 없다. 즉,

$$\beta_{n+1} < \pi$$

를 만족해야 한다.

이제까지 침투 항공기에 대한 분석은 인터셉트의 고려 대상을 2차원에 기반을 두었다. 그러나 SAM의 우산 범위 내에서 인터셉트의 위치로부터 유도된 방정식은 일정한 고도 H상을 비행하는 표적에 대해서도 적용된다. 만약 항공기의 비행항로와 미사일 사이트 간의 가장 가까운 지점을 D라 하고, 2차원 분석에서 z를 $\sqrt{D^2+H^2}$로 대치하면 3차원 분석으로 확대 적용할 수 있다. 그러면 SAM의 비행경로는 침투 항공기와 SAM 사이트의 비행 선상을 통과하는 평면에 존재하게 될 것이다.

연습문제

1. 정리 6.3의 증명 $1 = \alpha_{i-1}\left(1 + \frac{d_i}{\alpha_{i-1}N_{i-1}}\right)\exp\left(-\frac{d_{i-1}}{\alpha_{i-2}N_{i-2}}\right)$으로부터 식 (6.15) $d_i = \alpha_{i-2}N_{i-2} - \alpha_{i-1}N_{i-1}$을 유도하여라.

2. 방어자의 전체 발사대 수를 b, 작전 투입 가능한 인터셉터의 수를 b_D라 하고, a_A를 공격 미사일의 수라고 하자.

a) $b_{D/b} = 1,\ a_A/b = 1$	b) $b_D/b = 2,\ a_A/b = 1$
c) $b_D/b = 1,\ a_A/b = 2$	d) $b_D/b = 1,\ a_A/b = 1.5$

(1) 위의 비율로 주어질 때 안전이 보장되는 미사일 발사대의 비율을 구하여라.

(2) 이 목표를 달성하기 위해 필요한 방어 전략은 무엇인가?

3. 공격자의 전략 과 방어자의 전략이 다음과 같을 때 물음에 답하여라.

a) $A = \frac{1}{2}b(0,1,1,1)$ $B = \frac{1}{2}b(0,1,1)$	b) $A = \frac{1}{3}b(0,1,1,1)$ $B = \frac{1}{2}b(0,1,1)$
c) $A = \frac{1}{2}b(0,1,1,1)$ $B = \frac{1}{3}b(0,1,1)$	d) $A = \frac{1}{3}d(0,1,1,1)$ $B = \frac{1}{3}d(0,1,1)$

(1) 방어된 전체 발사대의 수를 b라고 할 때 미사일 발사대의 비율을 구하여라.

(2) 이 방어 전략이 최적이라고 할 수 있는가. 그러면 인터셉터의 수를 b_D와 공격 미사일의 수 a_A의 값을 b로 나타내어라.

memo

Chapter 7

전구미사일 방어체계

현재 우리나라에는 주변국들의 이해관계에 의해 탄도 미사일방어 체계에 대한 구체적인 전략을 공개하기는 제한되고 있지만 일명 KAMD (Korea Air and Missile Defense)라는 한국의 공중 미사일 방어체계를 구상하고 이에 대한 운용개념을 정립하고 있다. 미사일 방어(MD, Missile Defense)란 적국이 발사한 미사일을 공중에서 요격미사일로 파괴하는 개념으로 가장 진보된 기술을 보유하고 있는 미국의 MD 체계가 고도 10~1,000km의 넓은 범위를 포함하는 고고도 방어시스템이라면 KAMD는 10~30km의 비교적 낮은 저고도에서 탄도미사일 등을 요격하는 전략적 방어체계이다. 한국형 KAMD는 미국의 MD가 방어하고자하는 대륙간 탄도미사일(ICBM)보다, 북한에서 남한으로 날아오는 단거리 탄도미사일(SRBM) 등의 비행고도가 낮은 미사일에 대한 대응전략이기 때문이다. 한편 국방부는 2015년부터 KAMD와 함께 타격순환체계인 킬 체인(Kill Chain)의 구축을 시작한다고 밝혔다. 킬 체인은 적의 공격 징후를 미리 탐지하여 선제공격하는 방위 시스템으로 KAMD 더불어 킬체인을 2020년대까지 완성할 계획을 갖고 있다.

이 장에서는 KAMD의 체계에 대한 방어전략을 수학적으로 분석하는 것이 아니라, 미국에서 개발되어 이미 공개적으로 논의되어 잘 알려진 전구미사일방어(Theater Missile Defence, TMD)와 탄도미사일방어(National Ballistic Missile Defence, NBMD) 체계에서 제안된 탄도미사일의 계층방어에 대한 전반적인 효율성 분석을 중심으로 다룬다. 특히 앞 장에서 다루었던 대륙간 탄도미사일의 전략적 방어개념까지 확장하면서 5장에서 다루었던 세 가지 표적 할당 방법인 랜덤 표적임무부여 전술, 균등 표적임무부여 전술, 사격-관측-재사격 표적 임무부여 전술들이 미사일과 전차에 대한 전역 방어에도 사용할 수 있기 때문에 이 전술들을 중심으로 수학적 방법으로 분석하겠다. 이런 방어 전술 중 랜덤 전술, 균등전술은 주로 로켓추진 인터셉터에 적용되고, 마지막 사격-관측-재사격 전술은 지향성 레이저 무기 시스템 같은 경우에 주로 이용된다. 마지막으로 단일 계층방어와 이중 계층방어 사이의 차이점을 심층 비교 검토하고, 공격 미사일의 침투 불가 확률도 다루어 보겠다.

7.1 전구미사일 방어의 개념

대륙간 탄도미사일에 대한 계층방어의 기본개념은 단거리 탄도미사일이나 군 전투 작전지역에서 크루즈 미사일 또는 심지어 지상 및 공중전에서도 적용할 수 있다. 탄도미사일에 대응하기 위해 미국에서 제안한 방어 전략은 크게 두 가지 범주로 국가미사일방어(National Missile Defense, NMD)와 전구미사일방어(Theater Missile Defense, TMD)가 있다. 이 두 가지 방어 전략은 요격 미사일의 사거리가 장거리, 중거리에서 단거리에 이르기까지 인터셉트를 배치하기 위해 전략적으로 구분하고 있다. 1999년에 미국은 패트리어트 시스템으로 전구미사일 방어 구상을 도입하였으나 TMD 시스템에 대해 큰 진척을 보이지 못했다. 그러나 2017년 초 북한의 ICBM 위협과 주한미군의 안전을 확보하기 위해 한국에 고고도미사일방어체계(THAAD)를 1개 포대를 배치하기에 이르렀다. 그러나 중국과 러시아 등 한반도의 주변국들은 일제히 강력하게 반발하고 있는 것으로 알려져 있다. 한편 이러한 미사일과 요격 시스템 등 놀랄만한 기술, 탐지, 추적, 통제 지원 시스템 등의 발전으로 현재의 THAAD(Terminal High Altitude Area

Defense)에 이르게 되었다.

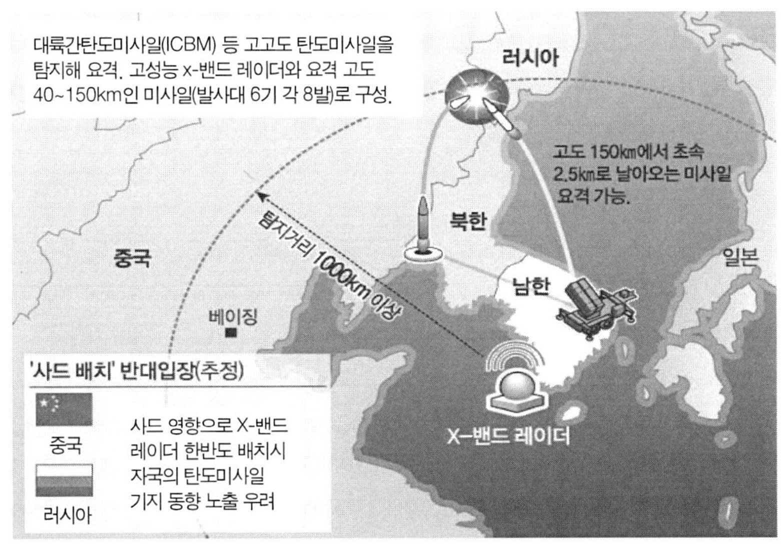

그림 7.1 고고도미사일방어(THAAD) 체계 개념도[4)]

현재 미국에서 공개된 주요 다섯 가지 TMD 프로그램은 1) PAC-3(Patriot Advanced Capacity-3)로 날아오는 탄도 미사일을 40km 상공에서 직접 요격하는 무기 체계이며, 한국의 하층 방어 체계인 KAMD의 핵심 타격 수단으로 꼽힌다. 우리나라는 최근 미국과 합의한 '조건에 기초한 전작권 전환'에 따라 2020년대 초반까지 KAMD와 함께 북한의 핵과 미사일 기지, 이동식 미사일 탑재 차량(TEL) 등을 탐지하고 무기를 선정해 타격하는 '킬체인'을 구축함으로써 미국으로부터 전작권을 넘겨받을 것으로 보인다. 2) 해군지역 탄도미사일 방어(TBMD), 3) 앞에서 설명한 고고도미사일방어(THAAD), 4) 중거리 지대공 미사일방어시스템(MEADS, Navy, Theater Wide, Medium Extended Air Defense)으로 이 시스템은 적의 전술탄도미사일, 크루즈미사일, UAV, 항공기로부터 기동 부대와 고정 시설을 보호하기 위해 고안되었다. 5) 우주설치 레이저(Space Based Laser)이다. 이 무기 시스템은 보잉 747을 변형하여 YAL-1A 공격 레이저를 탑재한 항공기로 구성되어 있다. 이 전략 항공기는 세계 최초의 고에너지 레이저 체계를 갖춘 전략 작전 비행선이다.

---

4) 연합뉴스에서 제공한 신문지상의 도면.

표 7.1 미국의 미사일 방어 프로그램

순서	시스템	탄두형태	방어 반경
1	저층 점표적방어 패트리어트 PAC-2 패트리어트 PAC-3	폭발 착발	10-15km 40-50km
2	해군지역 탄두미사일 방어	폭발-파편	50-100km
3	고고도미사일방어(THAAD)	착발	100km 이상
4	중거리 지대공 미사일 방어 (MEADS)	착발	300km 이상
5	항공기 방어(airborne defense) 항공 레이저, YAL-1A 공격 레이저 전략기	지향성 에너지	300km 이상

이 고에너지 레이저 시스템은 TBM이 발사대에서 엄청난 추진력을 보이는 발사단계 또는 비행 초기단계의 레이저 무기에 취약한 상황에서 TBM을 파괴하는데 사용된다. 항공기 탑재 레이저 무기는 수백 킬로 떨어진 곳의 TBM을 발사하는 동안 파괴할 수 있다. 이 무기체계는 1메가와트급 화학적 산소 요오드 레이저(COIL)이고, 총 14개의 모듈을 포함하며 20-40개의 TBM을 파괴할 수 있는 충분한 화학적 연료를 보유하고 있다.

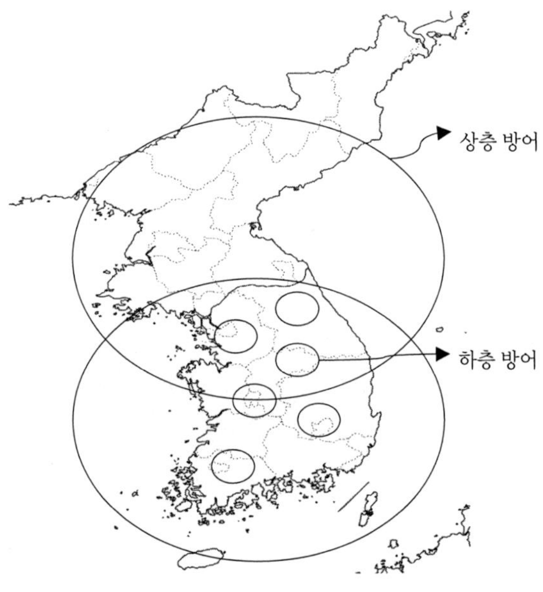

그림 7.2 한국의 가상 2중 계층방어 모형

이중 계층방어의 전형적인 시나리오로 상층 방어지역과 하층 방어지역으로 구성된 우리나라의 TMD 시스템을 들 수 있다. 아래 그림 7.2에서 보는 것처럼 상층 방어에는 THAAD 형태의 요격 미사일로 구성할 수 있고, 하층방어에는 패트리어트 PAC-3에 의해 편성 지원할 수 있다.

또 다른 계층방어의 형태로 공대지 미사일로 무장된 전투기가 장갑차 및 전차를 공격하는 예로 아래 그림 7.3에서 볼 수 있다.

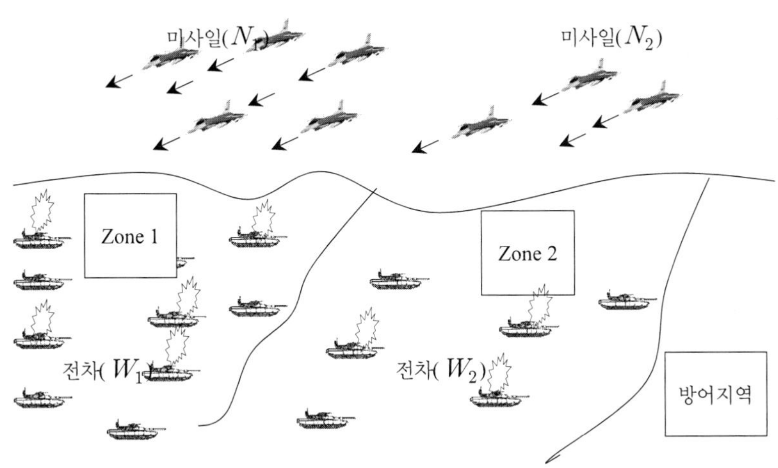

그림 7.3 공지 전투에서 전차 공격에 대한 2지대 방어

7.2 미사일(전차) 침투 확률

제 5장 6절에서 표적임무를 부여하는 방법에 대해 확률적 해석을 알아봤다. 이 모델을 보다 확장하여 전구미사일방어 시스템에 적용하여보자. 앞에서와 마찬가지로 표적 임무부여 방법으로 랜덤(random), 균등(uniform), 그리고 사격-관측-재사격(shoot-look -shoot) 등 이 세 가지에 대해 수학적으로 분석해 보겠다. 랜덤 표적부여 방법에서 표적 획득은 아주 약하게 표적 조정을 하거나 전혀 조정하지 않는 가운데 공격해 오는 미사일이나 전차에 표적 임무를 무작위로 부여한다. 즉 개별표적이 레이더나 관측상에 표적이 나타나자마자 표적이 할당된다는 것을 의미한다. 균등 표적 부여에서는 방어 미사일(요격미사일)이 불필

요한 중복을 최소화하기 위해 발사되기 전에 전체적인 공격 임무가 우선 수행된다. 물론 이 전술이 랜덤으로 사격하는 전술보다는 더 효율성이 높다. 마지막 사격-관측-재사격 전술이 방어 가용 자원을 활용하는데 가장 효율적인 방법이다. 이 전술에서는 만약 표적을 인식하게 되면 인터셉터가 발사되고 피해 발생을 판단하게 된다. 만약 표적이 파괴되지 않으면 두 번째 인터셉터가 같은 표적을 향해 발사된다. 그러나 탄도미사일의 경우에는 표적 획득과 표적의 손실 평가 사이에 불가피한 시간차가 존재한다. 고정표적이나 전차 또는 장갑차 같은 저속 이동 표적에 대해서는 사격-관측-재사격에 의한 표적 부여 전술을 적용하여 요격 미사일로 방어하는 것이 가장 효과적이다. 다른 측면에서 레이저 빔과 같은 지향성 고에너지 무기체계가 사격-관측-재사격 전술에서 가장 효과적이라고 말할 수 있다.

그러나 탄도미사일 방어에서 랜덤 또는 균등 표적 부여를 하더라도 계층방어를 실시하면 그 효율성을 높일 수 있는데, 세부적으로 다중 계층방어의 효율성을 높일 수 있다. 표적 임무부여 중 비교적 좋지 않은 전술이지만 다른 표적 임부 부여 시와 비교하여 효율성의 정도에 대한 측도를 제공해 주는 랜덤 표적부여 전술에 대해 먼저 알아보자.

정리 7.1(랜덤 표적 임무부여)

N개의 요격미사일로 구성된 단일 계층 방어시스템에서 M개의 탄도미사일 공격을 받고 있다고 하자. 랜덤 표적 임무부여 전술로 공격해오는 탄도미사일에 대항하여 요격미사일로 방어할 때, M_1개의 탄두가 침투할 확률은

$$\frac{M_1}{M} = \exp\left(-\frac{pN}{M}\right) \tag{7.1}$$

가 된다. 여기서 p는 하나의 인터셉터가 탄도를 요격할 확률이다.

증명 제 6장의 식 (6.6)에 의하면 j번째 계층 방어를 침투 통과하는 공격 미사일의 예상 개수는 $M_j(d_1, d_2, \cdots, d_j) = M_{j-1}\exp\left(-\frac{d_j}{M_{j-1}}\right)$로 주어지기 때문에 이 식에 $j=1$을 대입하고, 주어진 조건이 단일 계층 방어시스템이기 때문에 전체 공격 미사일 개수는 $M_0 = M$이고, 방어망을 통과하는 미사일은 $d_1 = pN$이 된다. 따라서 방어망을 통과하는 미사일의 개수는 식

$$M_1 = M\exp\left(-\frac{pN}{M}\right) \tag{7.2}$$

으로 계산된다. 그러므로 M_1개의 탄두가 침투할 확률 M_1/M는 식 (7.2)에서

$$\frac{M_1}{M} = \exp\left(-\frac{pN}{M}\right)$$

와 같이 구할 수 있다.

이 정리를 더 확장하여 다중 계층방어시스템에 대해 살펴보자. 특히 2중 계층 방어시스템으로 확장하는 과정을 통하여 일반화할 수 있기 때문에 일반적인 경우는 독자들에게 남겨 놓는다.

정리 7.2(이중 계층방어망의 랜덤 표적 임무부여)

N_1개와 N_2개의 요격미사일로 구성된 이중 계층방어 시스템에서 M개의 탄도 미사일 공격을 받고 있다고 하자. 랜덤 표적 임무부여 전술로 들어오는 탄도에 대항하여 요격미사일로 방어할 때, 첫 번째 계층에서 침투할 탄두의 수 M_1는,

$$M_1 = M\exp\left(-\frac{p_1N_1}{M}\right) \tag{7.3}$$

개이고, 두 번째 계층에서 침투할 탄두의 수 W_2는

$$M_2 = M_1\exp\left(-\frac{p_2N_2}{M_1}\right) \tag{7.4}$$

가 된다. 여기서 p_1은 첫 번째 계층에서 하나의 인터셉터가 탄두를 요격할 확률이고, p_2는 두 번째 계층에서 하나의 인터셉터가 탄두를 요격할 확률이다.

증명 N_1개와 N_2개의 요격미사일로 구성된 이중 계층방어 시스템에서 M개의 탄도 미사일 공격을 받고 있다는 가정에 의해 다시 식 (6.6)을 적용하면 정리 7.1에서처럼 첫 번째 계층에서 침투할 탄두의 수 M_1는,

$$M_1 = M\exp\left(-\frac{p_1N_1}{M}\right)$$

개임을 쉽게 보일 수 있고, 두 번째 계층에서 침투할 탄두의 수 M_2를 구하기 위해 다시 식 (6.6)을 적용하자. 그러면

$$M_2(d_1, d_2) = M_1\exp\left(-\frac{d_2}{M_1}\right)$$

가 된다. 여기서 두 번째 계층방어의 방어력은 $d_2 = p_2 N_2$이므로 이 식 d_2을 위의 식에 대입하여 정리하면

$$M_2 = M_1 \exp\left(-\frac{p_2 N_2}{M_1}\right)$$

가 된다.

정리 7.2에서 두 번째 계층 방어망에서 방어의 효율성을 측정할 수 있는 $p_2 N_2 = M - M_1$이다. 따라서 이중 계층방어망 시스템의 잠재능력지수(defensive potential)는 다음과 같이 정리된다.

$$d_0 = p_1 N_1 + p_2 N_2 \tag{7.5}$$

따름정리 7.3

N_1개와 N_2개의 요격미사일로 구성된 이중 계층방어 시스템에서 M개의 탄도 미사일 공격을 받고 있다고 하자. 랜덤 표적 임무부여 전술로 들어오는 탄도에 대항하여 요격미사일로 방어할 때, 첫 번째 계층에서 침투할 탄두의 수 M_1는,

$$M_1 = M \exp\left(-\frac{p_1 N_1}{M}\right) \tag{7.6}$$

개이고, 두 번째 계층에서 침투할 탄두의 수 M_2는

$$M_2 = M_1 \exp\left(-\frac{p_2 N_2}{M_1}\right) \tag{7.7}$$

가 된다. 여기서 $p_1 = p_2 = p$로 모든 계층 방어에서 인터셉터가 탄두를 요격할 확률이 같다. 또한 이중 계층방어망 시스템의 잠재능력지수(defensive potential)는 다음과 같이 정리된다.

$$d_0 = pN_1 + pN_2 = pN \tag{7.8}$$

여기서 N은 전체 인테셉터의 수이다.

증명 이 따름 정리의 증명은 정리 7.2에서 $p_1 = p_2 = p$를 대입하여 정리하면 된다. 자세한 사항은 독자들에게 맡겨 놓는다.

정리 7.2에서 세 변수 M_1, M_2와 N_1 또는 N_2인 세 비선형 방정식을 점화식으로 풀 수 있다. 여러 가지 요격확률 p에 대하여 두 번째 계층방어를 돌파하는 미사일의 수 M_2를 최소화하는 N_1/N와 N_2/N의 최적의 값을 나타내는 요도를 그림 7.4에서 볼 수 있다.

전투 상황 중에 어떤 특정 계층 방어망이 작동하지 않을 경우에 대해 생각해 보자. 예를 들면 첫 번째 계층방어 시스템이 적 게릴라 침투에 의해 무력화되어 작동되지 않는다고 가정하면

$$M_1 = M,\ M_2 = M\exp\left(-\frac{pN}{M}\right),\ N_1 = 0,\ N_2 = N$$

가 되고, 반대로 두 번째 계층방어 시스템이 적 게릴라 침투에 의해 무력화되어 작동되지 않는다고 가정하면

$$M_1 = M\exp\left(-\frac{pN}{M}\right),\ M_2 = M_1,\ N_1 = N,\ N_2 = 0$$

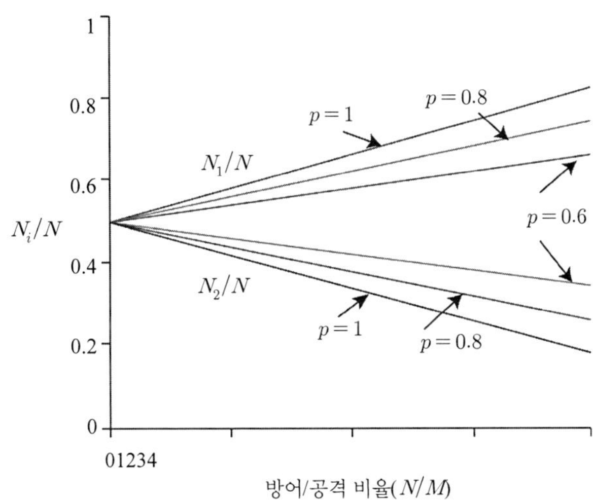

그림 7.4 이중계층방어망에서 N/W와 p에 대한 N_1/N과 N_2/N의 최적의 비율그림 314

가 될 것이다. 비록 이론적으로 최적의 방어에 대해 N_1/N의 비율은 N/M의 값에 따라 조정될 수 있지만 N/M가 0에서 3까지 넓은 범위에 대해 일정한 비율로 사용할 수도 있다. 예를 들면 $N_1/N = 1/2$나 $N_1/N = 2/3$에 대한 결과를 구체적으로 살펴보면 최적의 해가 구별이 되지 않아 거의 일치한다. N_1/N의 비율이 각각의 분리된 공격에 대해 조정할 수

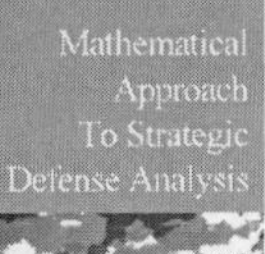

없기 때문에 방어 전술 자체를 단순화할 수 있음을 말한다.

아래 그림 7.5는 단일계층방어와 이중계층방어에서 변수 N/M에 관한 M_1/M와 M_2/M의 값의 변화에 대한 그래프의 개형이다.

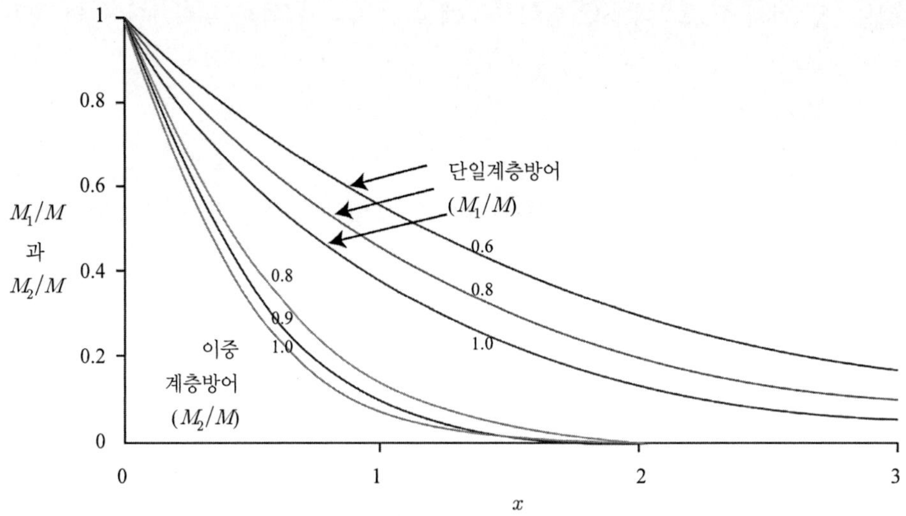

그림 7.5 단일계층방어와 이중계층방어의 효율성 비교

이 그래프에서 볼 수 있듯이 단일 계층 방어망보다 이중 계층방어망이 더 우월하다는 것을 알 수 있다.

정리 7.2에서 최적이 아닌 해에 대하여 식 (7.3)과 식 (7.4)를 변형하면

$$M_1 = M\exp\left(-\frac{pN_1}{N}\frac{N}{M}\right)$$

와

$$\begin{aligned} M_2 &= M_1\exp\left(-\frac{p_2N_2}{M_1}\right) \\ &= M\exp\left(-\frac{p_1N_1}{N}\frac{N}{M}\right)\exp\left(-\frac{p_2N_2}{N}\frac{N}{M_1}\right) \\ &= M\exp\left(-\frac{p_1N_1}{N}\frac{N}{M}\right)\exp\left[-p_2\left(1-\frac{N_1}{N}\right)\frac{N}{M}\exp\left(\frac{p_1N_1}{N}\frac{N}{M}\right)\right] \end{aligned}$$

가 되고 여기서 $N = N_1 + N_2$이다.

정리 7.4(균등 표적 임무부여)

N개의 요격미사일로 구성된 단일 계층 방어시스템에서 M개의 탄도미사일 공격을 받고 있다고 하자. 균등 표적 임무부여 전술로 들어오는 탄도에 대항하여 요격미사일로 방어할 때, W_1개의 탄두가 침투할 확률

$$\frac{M_1}{M}=(1-p)^{[\frac{N}{M}]}\left(1-p\frac{N}{M}+p[\frac{N}{M}]\right) \tag{7.9}$$

가 된다. 여기서 p는 하나의 인터셉터가 탄두를 요격할 확률이고, $[x]$는 가우스함수 즉, x보다 작거나 같은 최대의 정수이다.

증명 제5장 식 (5.45)과 식 (5.46)에서 평균생존확률(average survival probability) S_U는

$$\begin{aligned} S_U(\ell) &= FS_{[\ell]}([\ell]+1)+(1-F)S_{[\ell]}([\ell]) \\ &= (1-p)^{[\ell]}(1-pF) \end{aligned} \tag{7.10}$$

이고, 아래 첨자 U는 이 확률이 표적 균등 할당한 것임을 언급하기 위해 표현한 것이다. 따라서 균등표적부여 단일 계층방어망을 돌파할 공격미사일의 개수 M_1은

$$\begin{aligned} M_1 &= MS_U(\ell) \\ &= M(1-p)^I(1-pF) \end{aligned} \tag{7.11}$$

이다. 여기서 가우스함수 [ ]에 대해 $I=[\frac{N}{M}]$이고, $F=\frac{N}{M}-[\frac{N}{M}]$이다. 따라서 식 (7.11)에 대입하여 정리하면 구하는 식 (7.9)가

$$\frac{M_1}{M}=(1-p)^{[\frac{N}{M}]}\left(1-p\frac{N}{M}+p[\frac{N}{M}]\right)$$

를 유도할 수 있다.

정리 7.4에서 $N/M<1$이면 $[N/M]=0$이므로 식 (7.9)는

$$\frac{M_1}{M}=1-p\frac{N}{M} \tag{7.12}$$

가 된다. 이 경우 단일계층 방어시스템에서 랜덤 표적부여와 균등 표적부여에 의한 방어망 효율성을 비교한 그림은 다음과 같다.

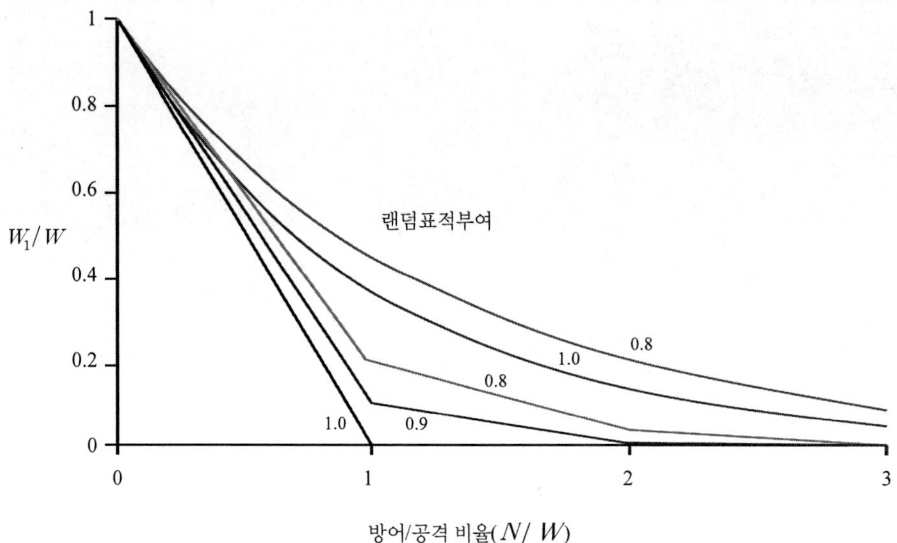

그림 7.6 단일계층방어 시 랜덤표적부여와 균등표적부여의 효율성 비교

이 그림 7.6에서 보는 것처럼 랜덤표적부여 방어 전술보다는 균등표적부여 방어전술이 더 효율적이라는 것을 알 수 있다. 같은 방법으로 이중계층방어 시스템에서 균등표적부여 전술에 대해 알아보자.

정리 7.5(이중 계층방어망의 균등 표적 임무부여)

N_1개와 N_2개의 요격미사일로 구성된 이중 계층방어 시스템에서 M개의 탄도미사일 공격을 받고 있다고 하자. 균등 표적임무부여 전술로 들어오는 탄도에 대항하여 요격미사일로 방어할 때, 첫 번째 계층에서 침투할 탄두의 수 M_1에 대하여,

$$\frac{M_1}{M} = (1-p_1)^{[\frac{N_1}{N}\frac{N}{M}]}\left(1 - p_1\frac{N_1}{N}\frac{N}{M} + p_1[\frac{N_1}{N}\frac{N}{M}]\right) \tag{7.13}$$

이고, 두 번째 계층에서 침투할 탄두의 수 M_2에 대하여

$$\begin{aligned}\frac{M_2}{M} &= \frac{M_1}{M}(1-p_2)^{[(1-\frac{N_1}{N})\frac{N}{M}\frac{M}{M_1}]} \\ &\times\left\{1 - p_2\left(1-\frac{N_1}{N}\right)\frac{N}{M}\frac{M}{M_1} + p_2[\left(1-\frac{N_1}{N}\right)\frac{N}{M}\frac{M}{M_1}]\right\}\end{aligned} \tag{7.14}$$

가 된다. 여기서 $N = N_1 + N_2$이고, p_1은 첫 번째 계층에서 하나의 인터셉터가 탄두를 요격할 확률이고 p_2는 두 번째 계층에서 하나의 인터셉터가 탄두를 요격할 확률이다. 또한 $[x]$는 가우스함수 즉, x보다 작거나 같은 최대의 정수이다.

증명 정리 7.4의 식 (7.9)에서 첫 번째 계층방어망을 통과할 미사일의 수 M_1은

$$M_1 = M(1-p_1)^{[\frac{N}{M}]}\left(1 - p_1\frac{N}{M} + p_1[\frac{N}{M}]\right)$$

을 유도할 수 있고, 여기서 새로운 기호를 아래와 같이 도입하여

$$\frac{N_1}{M} = \frac{N_1}{N}\frac{N}{M}, \quad \frac{N_2}{M_1} = \frac{(N-N_1)}{N}\frac{N}{M_1} = \left(1-\frac{N_1}{N}\right)\frac{N}{M}\frac{M}{M_1}$$

와 같이 정의하면 식 (7.9)는 식 (7.13)과 같이

$$\frac{M_1}{M} = (1-p_1)^{[\frac{N_1}{N}\frac{N}{M}]}\left(1 - p_1\frac{N_1}{N}\frac{N}{M} + p_1[\frac{N_1}{N}\frac{N}{M}]\right)$$

가 된다. 같은 방법으로 $I = [\frac{N_1}{M_1}]$, $F = \frac{N_1}{M_1} - [\frac{N_1}{M_1}]$에 대해

$$\begin{aligned} M_2 &= M_1 S_U(\ell) \\ &= M(1-p_2)^I(1-p_2F) \end{aligned}$$

이므로 대입하여 정리하면

$$\begin{aligned} \frac{M_2}{M} &= \frac{M_1}{M}(1-p_2)^{[(1-\frac{N_1}{N})\frac{N}{M}\frac{M}{M_1}]} \\ &\times \left\{1 - p_2\left(1-\frac{N_1}{N}\right)\frac{N}{M}\frac{M}{M_1} + p_2[\left(1-\frac{N_1}{N}\right)\frac{N}{M}\frac{M}{M_1}]\right\} \end{aligned}$$

를 유도할 수 있다.

한편, 여기서 N, N_1, M에 대하여 $\frac{M_1}{M}$와 $\frac{W_2}{W}$의 값을 구하기 위해서는 1계층과 2계층에서 하나의 인터셉터가 요격할 확률 p_1과 p_2값을 각각 알아야한다.

만약 $N/M < 1$이면 M_1과 M_2에 대한 방정식은

$$\frac{M_1}{M} = 1 - p_1 \frac{N_1}{N} \frac{N}{M} \tag{7.15}$$

와

$$\frac{M_2}{M} = 1 - p_1 \frac{N_1}{N} \frac{N}{M} - p_2 \left(1 - \frac{N_1}{N}\right) \frac{N}{M} \tag{7.16}$$

로 간단히 정리할 수 있다. 또한 $p_1 = p_2 = p$인 경우에는 식 (7.15)는

$$\frac{M_1}{M} = 1 - p \frac{N_1}{N} \frac{N}{M}$$

그리고 식 (7.16)은

$$\frac{M_2}{M} = 1 - p \frac{N}{M}$$

로 간단히 정리할 수 있다.

이중계층방어시스템에서 랜덤 표적부여 전술과 균등표적부여 전술을 비교해보면 단일계층방어시스템에서처럼 균등 표적부여 전술이 미사일 침투를 줄일 수 있음을 알 수 있다. 예를 들면 $N/M = 3$일 때, 침투확률 M_1/M는 0.1에서 0.001로 줄일 수 있다.

다음은 사격-관측-재사격에 의한 표적임무 부여 전술에 대해 앞에서 논의한 결과들 중 특히, 공격하는 미사일이 단일 계층 방어망을 돌파할 확률을 계산하는 공식을 알아보자.

정리 7.6(사격–관측–재사격 표적 임무부여)

N개의 요격미사일로 구성된 단일 계층 방어시스템에서 M개의 탄도미사일 공격을 받고 있다고 하자. 사격-관측-재사격에 의한 표적 임무부여 전술로 들어오는 탄도에 대항하여 요격미사일로 방어할 때, M_1개의 탄두가 침투할 확률

$$\frac{M_1}{M} = \sum_{i=0}^{M} \left(1 - \frac{i}{M}\right) P_i, \quad N \geq M \tag{7.17}$$

가 된다. 여기서 확률 P_i는 다음과 같다.

$$P_i = \binom{N}{i} p^i (1-p)^{N-i}, \quad N \geq M \tag{7.18}$$

증명 제 5장의 식 (5.55)를 적용하면 전체 N번 사격에서 정확히 i개의 표적을 살상할 확률 P_i는 표적의 개수 M에 대하여

$$P_i = \binom{N}{i} p^i (1-p)^{N-i}, \quad N \geq M$$

로 주어진다. 따라서 파괴될 것으로 예상되는 표적의 수는

$$M_{SLS} = \sum_{i=0}^{M} i P_i + \sum_{i=M+1}^{N} M P_i, \quad N \geq M$$

이다. 따라서 단일 방어계층을 돌파할 것으로 예상되는 공격 미사일의 개수 M_1은

$$M_1 = M - M_{SLS}$$

이 된다. 따라서 단일계층 방어망을 통과할 확률 $\frac{M_1}{M}$는

$$\begin{aligned}\frac{M_1}{M} &= \frac{M - M_{SLS}}{M} \\ &= 1 - \sum_{i=1}^{M} \frac{i}{M} P_i - \sum_{i=M+1}^{N} P_i, \quad (\because 1 = \sum_{i=1}^{M} P_i + \sum_{i=M+1}^{N} P_i) \\ &= \sum_{i=0}^{M} \left(1 - \frac{i}{M}\right) P_i, \quad N \geq M\end{aligned}$$

로 주어진다.

만약 $N < M$이면 단일 계층 방어망을 통과할 확률 $\frac{M_1}{M}$는

$$\frac{M_1}{M} = 1 - \frac{pN}{M} \tag{7.19}$$

가 된다. 한편 2중 계층방어망 시스템에 대한 공식 유도는 앞에서 논의한 랜덤 표적부여와 균등표적 부여와 같은 방법으로 유도할 수 있다. 그러나 사격-관측-재사격 전술에 의한 요격 미사일의 속도가 공격 미사일의 속도보다 굉장히 빠르지 않다면 별 의미가 없을 것이다. 즉 첫 번째 인터셉터가 공격 미사일을 요격하지 못했을 경우 두 번째 인터셉터를 발사하기에는 공격 미사일이 표적에 거의 다가와 있기 때문이다. 그러나 지향성 레이저 인터셉터인 YAL-1A 같은 항공 탑재 인터셉터에서는 가능할 것이다.

7.3 공격미사일 침투 저지 확률

대공방어에 의해 한 개의 미사일이 파괴될 확률을 Q로 나타내자. 그리고 공격해 오는 모든 미사일에 대해 파괴할 확률이 모두 동일하게 Q라고 가정할 수 있다. 따라서 하나의 미사일이 방어망을 통과할 확률은 $P=1-Q$가 된다. 앞 절에서 p는 하나의 인터셉터가 공격 미사일을 파괴할 확률이므로 P와 p를 구별하기 바란다. 따라서 앞 절의 기호를 사용하면 단일계층 방어망과 이중계층 방어망에 대해 각각 다음과 같다.

$$P=\frac{M_1}{M} \text{ 또는 } \frac{M_2}{M}$$

공격미사일은 하나의 탄두를 가지고 있거나 또는 다탄두일 수 있다. 물론 다탄두일 경우는 각각의 탄두를 분리된 개별 미사일로 간주한다. 만일 단일 탄두미사일 M개가 공격한다면 방어망에서 모두 파괴될 확률은

$$P_M(0)=QQQ\cdots Q(M\text{배})=Q^M \tag{7.20}$$

로 계산된다. 이와 같은 방법으로 첫 번째 미사일은 방어망을 침투하고 나머지 모든 미사일은 파괴될 확률은

$$PQQ\cdots Q \ (M-1\text{번 곱함})$$

이 된다. 그러므로 M개의 미사일 중 i번째 미사일이 방어망을 침투할 확률은

$$QQ\cdots QPQ\cdots Q \ (i\text{번째 미사일 생존})$$

이므로 M개의 미사일 중 하나가 방어망을 통과할 확률은 위의 경우를 모두 더하면 된다. 즉

$$P_M(1)=M\,PQ^{M-1} \tag{7.21}$$

을 만족한다. 그러므로 같은 방법으로 일반화하면 전체 M개의 공격미사일이 발사되었을 때 방어망을 통과하는 미사일이 x개일 확률을 계산할 수 있다.

정리 7.7(공격미사일 저지확률)

미사일방어에서 인터셉터가 하나의 미사일을 파괴할 확률을 Q라고하자. 전체 M개의 공격미사일에 대하여 x개의 미사일이 방어망을 통과할 확률 $P_M(x)$은 다음과 같다.

$$P_M(x) = \binom{M}{x}(1-Q)^x Q^{M-x} \tag{7.22}$$

증명 이항정리를 사용하면 M개에서 x개를 선택하는 방법의 수는

$$\binom{M}{x} = \frac{M!}{x!(M-x)!}$$

이다. 따라서 M개의 미사일 중에 x개의 미사일이 침투할 확률은

$$\begin{aligned} P_M(x) &= \binom{M}{x} P^x Q^{M-x}, \quad P = 1-Q \\ &= \binom{M}{x}(1-Q)^x Q^{M-x} \\ &= \frac{M!}{x!(M-x)!}(1-Q)^x Q^{M-x} \end{aligned}$$

이 되어 증명은 끝난다.

위의 정리 7.7으로부터 M개의 공격미사일 모두가 방어망에서 파괴될 확률 $P_M(0)$는

$$P_M(0) = Q^M = (1-p)^M \tag{7.23}$$

로 계산할 수 있다. 여기서 확률 P는 표적부여 전술과 N/M의 함수이다.

아래의 그림 7.7은 다양한 P에 대한 미사일 침투 저지확률 $P_M(0)$의 그래프의 개형이다. 하나의 공격미사일이 침투할 확률 $P = 1-Q$에 대하여 침투 저지확률 $P_M(0)$는 공격하는 미사일의 탄두 수(M)가 증가할수록 감소하고, 주어진 탄두 수(M)에 대하여 P값이 감소함에 따라 $P_M(0)$의 값은 증가한다. 식 (7.23)에서 양변에 자연로그를 취하면

$$\ln(P_M(0)) = M \ln(1-P)$$

$$\Rightarrow M = \frac{\ln(P_M(0))}{\ln(1-P)}$$

을 만족한다. 하나의 공격미사일이 침투할 확률 $P=1-Q$는 표적부여 전술과 N/M의 비율에 의한 함수이기 때문에 주어진 공격저지확률 $P_M(0)$에 대하여 수치적으로 N과 M의 관계를 구할 수 있다.

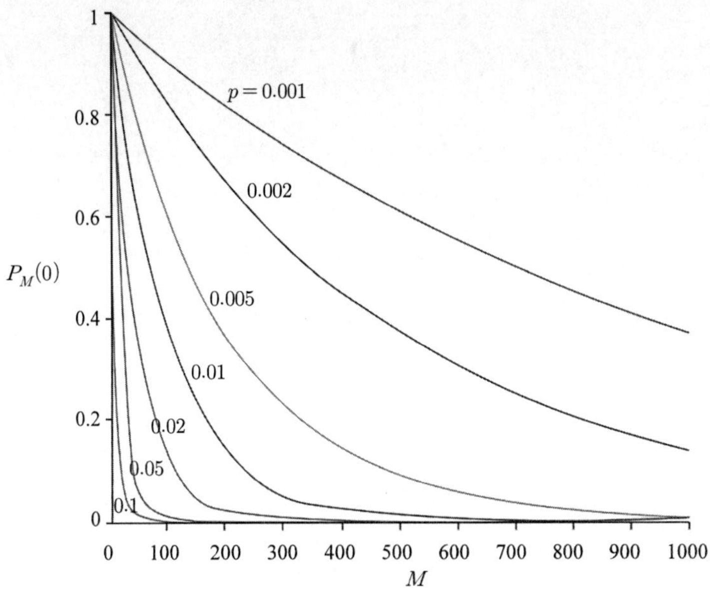

그림 7.7 침투 확률 P에 따른 공격미사일 저지확률

연습문제

1. 따름정리 7.3의 식 (7.8)인 이중 계층방어망 시스템의 잠재능력 지수(defensive potential)가 $d_0 = pN_1 + pN_2 = pN$ 임을 보여라. 여기서 N은 전체 인테셉터의 수이다.

2. 랜덤 표적임무부여에 의한 이중계층방어의 첫 번째 계층방어 시스템이 적 게릴라 침투로 무력화되어 작동되지 않는다면

$$M_1 = M,\ M_2 = M\exp\left(-\frac{pN}{M}\right),\ N_1 = 0,\ N_2 = N$$

가 됨을 증명하여라.

3. 랜덤 표적임무부여에 의한 이중계층방어의 두 번째 계층방어 시스템이 적 게릴라 침투로 무력화되어 작동되지 않는다면

$$M_1 = M\exp\left(-\frac{pN}{M}\right),\ M_2 = M_1,\ N_1 = N,\ N_2 = 0$$

가 됨을 증명하여라.

4. 다음 이중 계층방어에 의한 랜덤 표적임무부여에 의한 공격 미사일의 침투 비율 M_2/M과 N/M을 구하여라.

a) $N_1/N = 1/3,\ p = 0.8$
b) $N_1/N = 1/2,\ p = 0.9$

5. 다음 이중 계층방어에 의한 균등 표적임무부여에 의한 공격 미사일의 침투 비율 M_2/M과 N/M을 구하여라.

a) $N_1/N = 1/3,\ p = 0.8$
b) $N_1/N = 1/2,\ p = 0.9$

참고문헌

[1] 강정흥외, 미분방정식, 북스힐, 2004.

[2] 강정흥, 수학적 국방전력 M&S, 화랑대연구소, 2015.

[3] 강정흥, 수학적 전투모델이론, 교우사, 2015.

[4] Bain L. J. and Engelhardt, Introduction to Probability and Mathematical Statistics, Duxbury press, 1987.

[5] Bexfield, J. N., "Lecture Notes on Many-on-many Engagement Formulas", Airforce Inst. of Technology, Wright-Patterson AFB, OH, 1984.

[6] Bonder, S., "The Lanchester Attrition Rate Coefficient", Operation Research, Vol15 Mar-Apr 1967, pp.221-232.

[7] Bonder, S., "The Mean Lanchester Attrition Rate", Operation Research Vol18 Jan-Feb 1970, pp.179-181.

[8] Deitchman, S.J. "A Lanchester Model of Guerrilla Warfare" Operation Research Vol 10. Nov-Dec. 1962 pp.818-827.

[9] Driels M., Weaponeering : Conventional Weapon System Effectiveness, AIAA, 2004.

[10] Helmbold, R.L., "A Modification of Lanchester's Equation", Operation Research Vol. 13, Sept-Oct. 1965 pp857-859.

[11] Helmbold, R.L., "Decision in Battle: Breakpoint Hypotheses and Engagement Termination Data" Rand Corp. Santa Monica, CA Rept, R-772-PR, June 1971.

[12] Howes, D.R., and Thrall, R.M., "Theory of Linear weights for Heterogeneous Combat Forces" Thrall 능 Associate Rept. to US.Army Strategy and Tactics Analysis Group, Houston, TX, AD 759279 May 1972, pp.27-47.

[13] Newcomb, R.F., "Iwo Jima", Holt, RineHart, & Winston, New york 1965.

[14] Mark, Hans, "Defense Against Ballistic Missiles" AIAA-92-002-CP, 1992.

[15] Naval Operations Analysis 2nd Ed, Naval Inst. Press, Annapolis, MD, 1977.

[16] Przemieniecki, J. S., Mathematical Methods in Defense Analysis, third edition,

AIAA, 2000.

[17] Przemieniecki, J. S., "Mathematical Modeling of combat Engagement of Heterogenous forces", Air forces Inst. of Technology, Rept. AFIT/TR-EN-88-OV2, AD A213 274 Sept. 1988

[18] Taylor, J. T., Force-on-Force Attrition Modeling, MORS, 1981.

[19] Taylor, J. T., Lanchester Models of warfare; vols I, II, Military operation research society of America, 1983.

[20] Washburn, A. R.I., Search and Detection, Military operation Research Society of America, 1981.

[21] Washburn, A. R.I., Combat Modeling, Springer; 2009 edition. (August 26, 2009)

[22] Wilkening, D.A., "A Simple Model for Calculating Ballistic Missile effectiveness" Science and Global Security, Vol8, No2 1999.

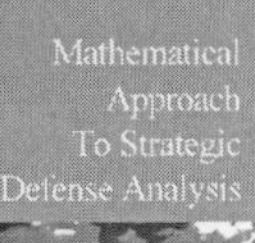

찾아보기

A

B

C

G

K

M

P

S

T

ㄱ

ㄴ

ㄷ

ㄹ

ㅁ

ㅂ

ㅅ

ㅇ

ㅈ

강정흥

- ▷ 육군사관학교 수학과(이학사)
- ▷ 미국 일리노이대 수학과(이학 석 · 박사)
- ▷ 현재. 육군사관학교 수학과 교수

전략적 국방분석 (개정판)

개정판 발행 2020년 8월 25일
개정판 1쇄 발행 2023년 7월 10일

지은이 강정흥
펴낸이 오판근
펴낸곳 (주) 교우
주 소 서울시 동대문구 약령시로 8 교우빌딩 2층 (주)교우
전 화 02-925-2861 / **팩 스** 02-925-2860. **편집부** 02-925-2825
홈페이지&북스토어 www.kyowoo.co.kr / 이메일 kyowoo@kyowoo.co.kr

등 록 1994년 3월 24일 제1994-000013호
ISBN 979-11-251-0211-3 (93410)

Published by Kyowoo Co., Ltd. Printed in Korea

(주) 교우는 보다 혁신적이고 참신한 도서를 다양하게 기획하고 있습니다.
책으로 펴내고자 하는 아이디어나 원고는 메일로 보내주세요.
(주) 교우는 전과정을 책임지고 최선을 다하겠습니다.

값 23,000원

교우미디어는 (주) 교우의 Imprint 사입니다.
수학정원·과학정원은 (주) 교우의 새로운 브랜드명입니다.

잘못된 책은 구입하신 서점에서 교환해 드립니다.